21世纪全国高职高专土建立体化系列规划教材

数字测图技术应用教程

主　编　刘宗波

副主编　王海涛　王建彬

内容简介

本书内容按照高等职业技术院校的教学要求，以培养学生应用技术能力为目标，以“必需、够用”为度，侧重基本理论和基本方法的阐述，加强学生动手能力的培养，贴近生产实际，是一本内容全面、技术先进、符合高等职业技术教育改革方向的专业基础课教材。全书共分8个项目，以大比例尺地面数字测图和地图数字化为主线，介绍了数字测图系统、计算机地图制图基础、地形图数字化、数字地形图应用，以及利用全站仪、GPS-RTK进行野外数据采集为主要手段的数字测图原理和方法，同时简要介绍了多种数字测图软件的应用。

本书可作为高职高专院校测绘工程、水利水电工程、道路与桥梁工程、水文与水资源工程、工业与民用建筑等专业的数字测图教材，也可作为上述专业的函授大专生及自学者的教材，同时还可供从事测绘工作的技术人员参考。

图书在版编目(CIP)数据

数字测图技术应用教程/刘宗波主编．—北京：北京大学出版社，2012.8
(21世纪全国高职高专土建立体化系列规划教材)
ISBN 978-7-301-20334-7

Ⅰ.①数…　Ⅱ.①刘…　Ⅲ.①数字化制图—高等职业教育—教材　Ⅳ.①P283.7

中国版本图书馆CIP数据核字(2012)第192777号

书　　名：数字测图技术应用教程
著作责任者：刘宗波　主编
策划编辑：赖　青　李　辉
责任编辑：姜晓楠
标准书号：ISBN 978-7-301-20334-7/TU・0266
出　版　者：北京大学出版社
地　　址：北京市海淀区成府路205号　100871
网　　址：http://www.pup.cn　　http://www.pup6.cn
电　　话：邮购部62752015　　发行部62750672　　编辑部62750667　　出版部62754962
电子邮箱：pup_6@163.com
印　刷　者：北京虎彩文化传播有限公司
发　行　者：北京大学出版社
经　销　者：新华书店
787毫米×1092毫米　16开本　18印张　414千字
2012年8月第1版　　2019年2月第3次印刷
定　　价：36.00元

北大版·高职高专土建系列规划教材

专家编审指导委员会

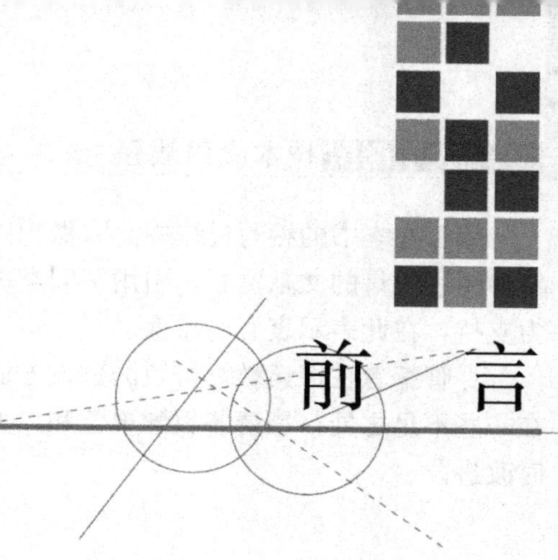

前言

本书编者根据《教育部关于加强高职高专教育人才培养工作的意见》和《面向21世纪教育振兴行动计划》等文件的精神，在编写上打破了传统的学科理论体系，构建了职业核心能力型的课程体系。

本书在内容上力求讲清基本概念，做到基础理论知识适度，突出理论的应用思路、测绘仪器的操作技能和数字化地形图的应用方法，并注重运用图表说明内容和作业技巧，使读者易于理解，加深印象，便于应用。本书以项目为教学单元，密切结合工程实际，以现行的最新规范为依据，每个项目均有学习目标和项目小结，结合项目测试，便于学生巩固理论知识，培养生产实际应用的综合能力。本书引入了全站仪、GPS、制图软件等较多的新技术和新方法，主要具有如下特点。

(1) 本书按照“工学结合”人才培养模式的要求，以工作过程为导向，以项目和工作任务为载体，进行工作过程系统化课程设计。本书突出以能力为本位的指导思想，体现高等职业教育的特点。

(2) 本书内容体现了“理实合一”，即理论和实践有机结合、交替进行，让理论知识为后续实践内容打下基础。本书设置了知识链接和特别提示等模块，穿插案例分析、技能训练，最后是实训，方便学生透彻地理解理论知识在工程中的运用，实现“教、学、做”一体化的教学模式。

(3) 书中所涉及的内容分成了若干个具体的项目，既贯彻先进的高职教育理念，又注意理论的完整性，使学生具备一定的可持续发展的能力，较好地实现了高职院校一直提倡的理论“必需、够用”的原则，对数字测图技术基础知识部分进行了精选和整合，力争做到易懂、好学。

(4) 本书是根据最新的测量规范进行编写的，对传统的测绘内容进行了删减、补充、改进和提高；增添了GPS等测绘新技术，并突出其实用性。

(5) 根据本课程的特殊性以及教学对实践训练的要求，每个项目均安排了技能训练，最后还增加了项目实训，突出技能性和实践性，以指导学生巩固所学的知识，培养学生分析问题和解决问题的能力。

本书由甘肃建筑职业技术学院刘宗波担任主编，并由其负责统稿和定稿；由黑龙江农垦科技职业学院王海涛和广州南方测绘仪器有限公司王建彬担任副主编。

编者在本书的编写过程中力求做到内容简明扼要，文字通俗易懂，插图清晰明了。编者参阅了大量的文献资料，引用了同类书刊中的部分内容，同时得到了相关仪器厂商的大力支持，在此表示衷心的感谢。

尽管编者在探索教材特色的建设方面做出了许多努力，但由于水平有限，书中难免存在一些不足之处，恳请各教学单位和广大读者在使用本书时多提宝贵意见，以便下次修订时改进。

编　者

2012 年 5 月

目　录

项目1

数字测图概述

学习目标

学习本项目，主要掌握数字化测图的概念、研究内容、技术特点和发展历史，包括数字测图系统的构成、工作过程与作业模式以及数字测图技术的理论基础。

学习要求

知识要点	技能训练	相关知识
数字测图的概念及系统构成	(1) 数字测图的基本概念 (2) 数字测图的主要软件 (3) 数字测图的系统构成	(1) 理解数字测图的基本思想 (2) 掌握数字测图的基本概念 (3) 了解数字测图的主要软件 (4) 掌握数字测图系统的构成
数字测图技术的特点	数字测图技术的主要特点	掌握数字测图技术的主要特点
数字测图技术的发展与展望	(1) 数字测图技术的发展历程 (2) 数字测图技术的展望	(1) 了解数字测图技术的发展历程 (2) 掌握数字测图技术的发展方向
本课程的学习要求	(1) 本课程的特点 (2) 本课程的主要内容 (3) 学习本课程的主要目的和方法	(1) 掌握本课程的特点及主要内容 (2) 理解学习本课程的主要目的和学习方法

▶▶项目导入

传统的地形测图(白纸测图)实质上是利用测量仪器对地球表面局部区域内的各种地物地貌特征点的空间位置进行测定，并以一定的比例尺按图示符号将其绘制在图纸上。

这一转化过程几乎都是在野外实现的，即使是整饰工作一般也要在测区驻地完成，因此劳动强度较大；再则，在测图过程中，精度会受到刺点、绘图及图纸伸缩变形等因素的影响而大大降低，且工序繁多，对质量进行管理很难。特别是在当今信息时代，纸质地形图已难以承载更多的图形信息，图纸更新也极为不便，难以适应信息时代经济建设的需要。

随着科学技术的进步、计算机技术的迅猛发展及其向各个领域的渗透，电子全站仪和GPS－RTK等先进测量仪器和技术的广泛应用，数字测图技术得到了突飞猛进的发展，并以高自动化、全数字化、高精度的显著优势逐步取代了传统的手工白纸测图。本项目将对数字测图技术的基本内容做详细介绍。

1.1 数字测图的概念及系统构成

1.1.1 数字测图的基本思想

数字测图技术的基本思想是将采集的各种有关的地物和地貌信息转化为数字形式(这一过程称为数据采集)，通过数据接口传输给计算机进行处理，得到内容丰富的电子地图，需要时由电子计算机的图形输出设备(如显示器、绘图仪)输出地形图或各种专题地图。数字测图技术的基本思想与过程如图 1－1 所示。

目前数据采集的方法主要有野外地面数据采集法、航片数据采集法、原图数字化法等。由于数据采集的方法不同，广义的数字测图技术主要包括全野外数字测图(或称为地面数字测图、内外一体化测图)、地图数字化成图、摄影测量与遥感数字测图。人们接触较多的是全野外数字测图。全野外数字测图技术就是利用全站仪或其他测量仪器在野外进行数字化地形数据采集，在成图软件的支持下，通过计算机加工处理，获得数字地形图的一种方法。其实质是一种全解析、机助测图方法。本书主要介绍全野外数字测图技术。

在地形测绘发展过程中数字测图技术的出现是一次根本性的技术变革，这种变革主要体现在采用图解法测图的最终目的是产生地形图，图纸是地形信息的唯一载体；地形信息的载体是计算机的存储介质(磁盘或光盘)，其提交的成果是可供计算机处理、远距离传输、多方共享的数字地形图数据文件，通过绘图仪可输出数字地形图。另外，利用数字化地形图可以生成电子地图和数字地面模型(DTM)，以数学描述和图像描述的数字地形表达方式，可实现对客观世界的三维描述。更具深远意义的是，数字地形信息作为地理空间数据的基本信息之一，已成为地理信息系统(GIS)的重要组成部分。

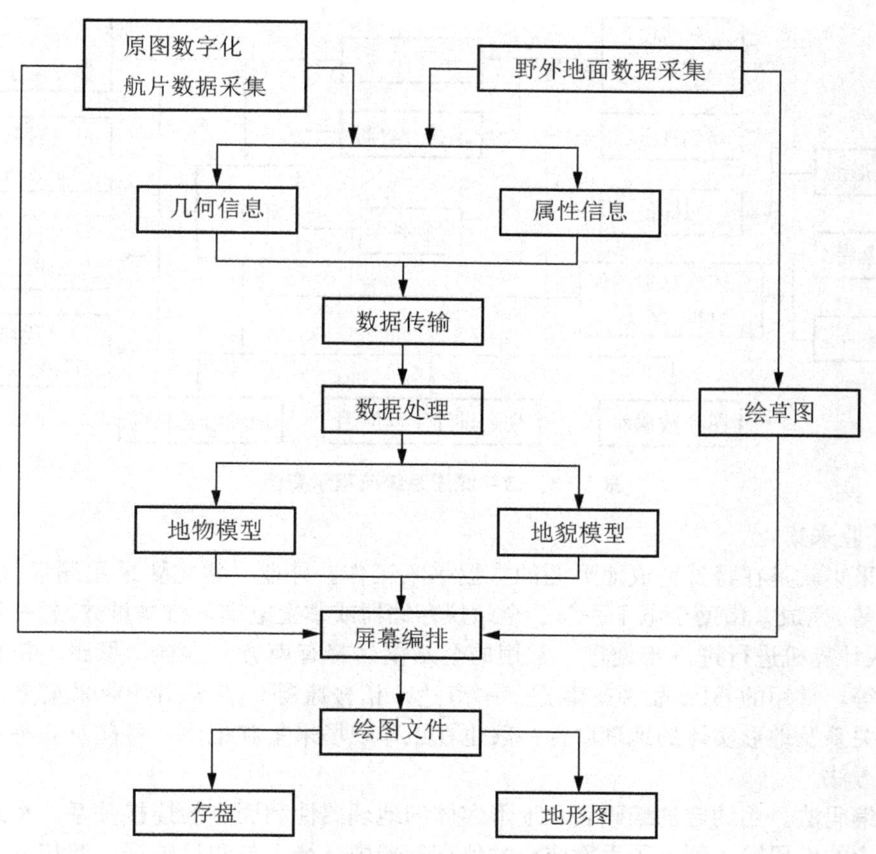

图 1-1 数字测图技术的基本思想与过程

1.1.2 数字测图的系统构成

不论是测绘地形图，还是制作种类繁多的专题图、行业管理用图，只要是测绘数字图，都必须通过数字测图系统来实现。数字测图系统是以计算机为核心，在外连输入、输出设备硬件和软件的支持下，对地形空间数据进行采集、输入、成图、处理、绘图、输出、管理的测绘系统。

数字测图系统主要由数据采集、数据处理和图形输出 3 部分组成。图 1-2 是数字测图系统工作过程框图。图 1-3 是数字测图系统流程示意图。

图 1-2 数字测图系统工作过程框图

1. 数据采集

数据采集工作是数字测图技术的基础，目的是获取数字化成图所必需的数据信息，包括描述地形图实体的空间位置和形状所必需的点的坐标和连接方式，以及地形图实体的地理属性。数据采集主要有外业采集和内业采集两大方法。

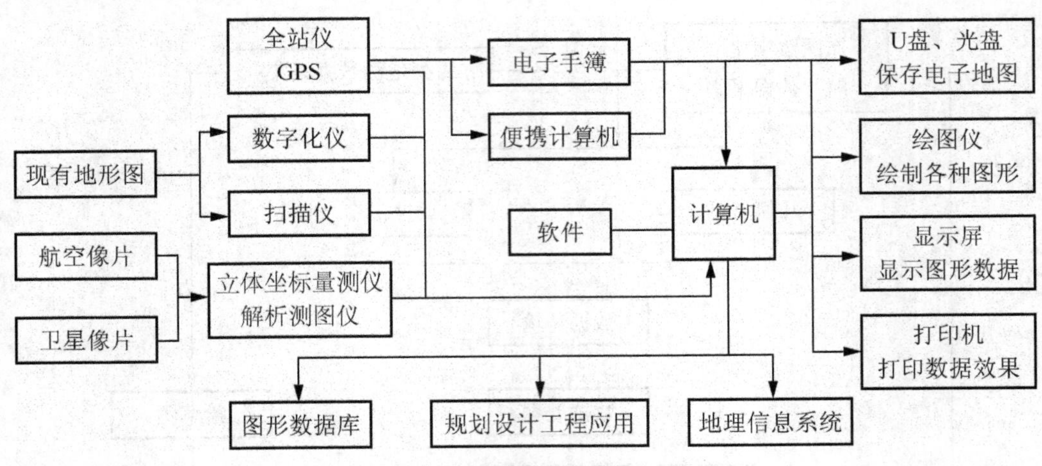

图 1-3 数字测图系统流程示意图

1）外业采集

外业采集就是在野外完成地形图的数据采集工作。外业采集主要采用测量仪器(全站仪、GPS 等)完成，借助于电子手簿、全站仪存储器或掌上电脑，将测量数据(一般为测点坐标)传入计算机进行进一步处理。常用的全站仪品牌有南方、索佳、尼康、拓普康、宾得、徕卡等，常用的 GPS 品牌有南方、中海达、拓普康等。当采用外业采集方法时，测点的连接关系及地形实体的地理属性一般也在工作现场采集和记录，目前有 3 种不同的采集和记录方法。

(1) 编码法。用约定的编码表示地形实体的地理属性和测点的连接关系。在野外测量时，将对应的编码输入到电子手簿或全站仪存储器中，最后与测量数据一起传入计算机中自动成图。图 1-4 为实地对照操作码示意图。

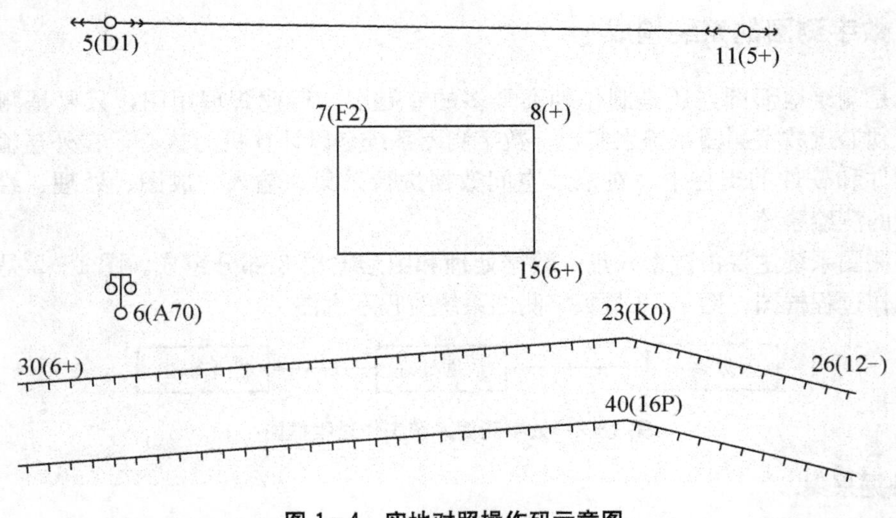

图 1-4 实地对照操作码示意图

(2) 草图法。用草图来描述测点的连接关系和实体的地理属性。在野外测量时，绘制相应的草图(不输入到电子手簿或全站仪存储器中)，在内业工作中，再将草图上的信息与电子手簿或全站仪存储器传出的测量数据进行联合处理。图 1-5 为实地对照草图示意图。

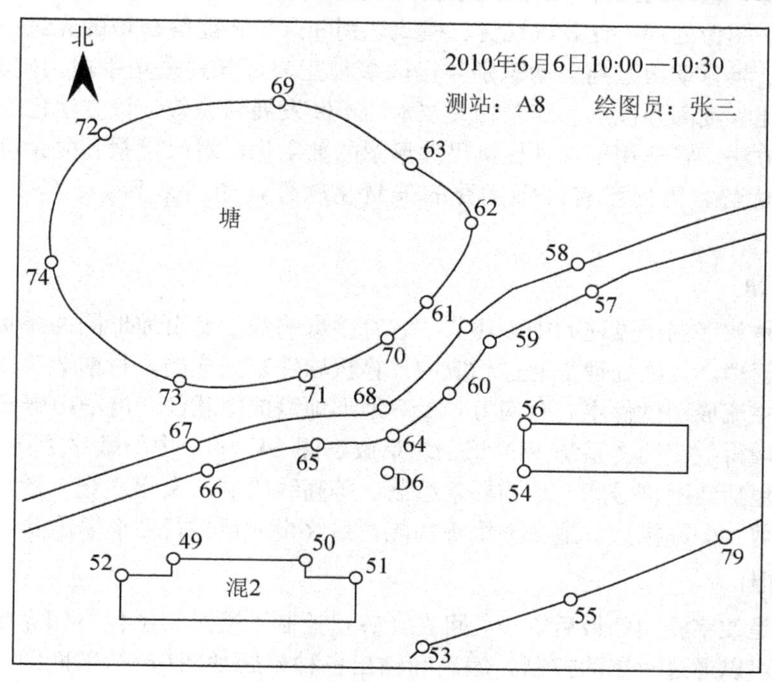

图 1-5 实地对照草图示意图

(3) 专门软件法。利用笔记本电脑或掌上电脑和测图软件中的图形符号直接测绘地形图。在野外直接将全站仪与笔记本电脑或掌上电脑连接在一起，这样测量数据能够实时传入笔记本电脑或掌上电脑中，不需要记忆和输入编码，现场加入地理属性和连接关系后直接成图。在室内只需对数据文件进行少量编辑处理即可生成最终的数字地形图。

外业采集的另一个基础性工作是控制测量，包括等级控制与图根控制。

2) 内业采集

内业采集主要是指对已有地形图的数字化。内业采集主要用数字化仪或扫描仪完成。

我国目前已拥有各种比例尺的纸质地形图，是十分宝贵的地理信息资源。为了充分利用这些资源，通过地形图数字化的方法可以将其转换成数字地形图。这种方法是利用原图在室内采集数据，因此称为原图数字化。原图数字化通常有两种方法：手扶跟踪数字化和扫描数字化(或称为屏幕数字化)。

(1) 手扶跟踪数字化。将地形图平放在数字化仪的台面上，用一个带十字丝的游标，手扶跟踪等高线或其他地物符号，按等时间间隔或等距离间隔的数据流模式记录平面坐标，或由人工按键控制平面坐标的记录，高程则需由人工从键盘输入。这种方法的优点是所获取向量形式的数据在计算机中比较容易处理；缺点是精度低、速度慢、劳动强度大和自动化程度低等。尽管这种方法在地形图数字化技术发展的初期曾是地形图数字化的主要方法，但目前已不适用于大批量现有地形图的数字化工作，一般只用于小批量或比较简单的地形图的数字化。

(2) 扫描数字化。利用平台式扫描仪或滚筒式扫描仪将地形图扫描，得到栅格形式的地形图数据，即一组阵列式排列的灰度数据(数字影像)。将栅格数据转换成矢量数据即可以充分利用数字图像处理、计算机视觉、模式识别和人工智能等领域的先进技术，可以提供从逐点采集、半自动跟踪到自动识别与提取多种互为补充的采集手段。它具有精度高、速度快和自动化程度高等优点。随着相关技术的不断发展和完善，该方法已经成为地形图数字化的主要方法。它适用于各种比例尺地形图的数字化，对大批量、复杂度高的地形图更具有明显的优势。国内已有许多优秀的矢量化软件，如 Geo Scan、Cass CAN、Map GIS 等。

2. 数据处理

数据处理是数字测图过程的中心环节，它直接影响最后输出地形图的质量和数字地图在数据库中的管理。数据处理是通过相应的计算机软件来完成的，目前数字成图软件种类非常多，国内主流成图软件主要有南方 CASS 地形地籍成图软件、清华山维 EPSW 电子平板测图系统、瑞得数字测图系统 RDMS、北京威远图 SV300、中翰数字成图软件 ZHMap 等。软件主要包括地图符号库、地物要素绘制、等高线绘制、文字注记、图形编辑、图形显示、图形裁剪、图幅接边、地图整饰等功能，最终生成可进行图形输出的图形文件。

3. 图形输出

图形输出是数字测图的最后阶段，可在计算机控制下通过绘图仪打印完整的纸质地形图。此外，还可以通过对层的控制，编制和输出各种专题地图(包括平面图、地籍图、地形图、管网图、带状图、规划图等)，以满足不同用户的需要。

1.2 数字测图技术的特点

传统的大比例尺白纸测图技术目前已被数字测图技术所取代，这是因为数字测图技术的成果数字地图具有诸多纸质图所不具有的特点。由于数字地图以数字形式存储，因此在实际应用中它具有快、动、层、虚、传、量等现代信息特点，见表 1－1。

表 1－1 数字测图技术的特点

特点	释义
快	通过电子计算机能实现地图图形、数据文件的快速存取
动	可以实现窗口放大、动画、屏幕漫游及颜色瞬变等
层	能按地图要素分别进行显示
虚	可以利用虚拟现实的技术将地图立体化、动态化
传	利用数据传输技术能方便、快捷地将地图传输至其他地方或用户，如利用网络或消息高速公路来进行数据传输
量	可以实现图上的长度、角度及面积的自动化量测，并且数据精度基本上没有损失，只要配备相应的软件就可轻而易举地实现这些功能

与传统的白纸测图技术相比，数字测图技术具有测图用图自动化、改进作业方式、成果更新快、点位精度高、输出成果多样化、可作为 GIS 的重要信息的特点。

1. 测图用图自动化

数字测图使野外测量自动记录、自动解算，使内业数据自动处理、自动成图、自动绘图，并向用图者提供可处理的数字图，用户可自动提取图数信息，使其作业效率高、劳动强度小、错误概率小、绘制的地形图精确、美观、规范。

2. 改进作业方式

传统的方式主要是通过手工操作、外业人工记录、人工绘制地形图，并且在图上人工量算坐标、距离和面积等。数字测图则使野外测量实现自动记录、自动解算处理、自动成图，并且提供了方便使用的数字地图。数字测图自动化的程度高，出错(读错、记错、展错)的概率小，能自动提取坐标、距离、方位和面积等，绘出的地形图精确、规范、美观。

3. 成果更新快

城市的发展加速了城市建设物和城市结构的变化，这都要求对地图进行连续的更新。采用常规的方法和摄影测量的方法来更新都是很麻烦的，但采用地面数字测量方法能够克服大比例尺地图连续更新的困难。只要将地图变更的部分输入计算机，通过数据处理即可对原有的数字地图和有关的信息进行相应的更新，使大比例尺地图有良好的现势性。

4. 点位精度高

在大比例尺地面数字测图时，碎部点一般都是采用电子速测仪直接测量其坐标，所以具有较高的点位测量精度。按目前的测量技术，地物点相对于邻近控制点的位置精度达到 5cm 是不困难的。另外，用自动绘图仪依据数字地图绘制图解地图，其位置精度均匀，自动绘图仪的精度一般高于手工绘制精度。根据城市测量规范规定，常规的图解地图的精度，即图上地物点相对于邻近图根点的点位中误差为图上 0.5cm。按这一精度标准，在 1∶500 比例尺地图上相当于地面距离为 25cm。即使提高碎部测量的精度，但手工绘图的精度也很难高于图上 0.2cm，在 1∶500 比例尺地图上则相当于实地距离 10cm。显然数字测图的精度要高于手工白纸测图。

5. 输出成果多样化

由于数字地图是以数字形式存储的，可根据用户的需要，在一定比例尺范围内输出不同比例尺和不同图幅大小的地图；除基本地形图外，还可输出各种用途的专用地图，例如地籍图、管线图、水系图、交通图、资源分布图。

6. 可作为 GIS 的重要信息

地理信息系统(GIS)具有方便的信息检索功能、空间分析功能以及辅助决策功能。

在国民经济、办公自动化及人们日常生活中都有广泛的应用。然而，要建立一个 GIS，花在数据采集上的时间和精力约占整个工作的 80%。GIS 要发挥辅助决策的功能，需要现势性强的地理信息资料。数字测图能提供现势性强的地理基础信息。经过一定的格式转换，其成果即可直接被添加到 GIS 数据库中进行更新。一个好的数字测图系统应该是 GIS 的一个子系统。

1.3 数字测图技术的发展与展望

1.3.1 数字测图技术发展概述

数字测图首先是由机助地图制图开始的。机助地图制图技术酝酿于20世纪50年代，到20世纪70年代末和80年代初自动制图主要包括数字化仪、扫描仪、计算机及显示系统4部分，数字化仪数字化成图成为主要的自动成图方法。20世纪50年代末，航空摄影测量都是使用立体测图仪及机械联动坐标绘图仪，采用模拟法测图原理，利用航测像对测绘出线划地形图的。到20世纪60年代就有了解析测图仪。20世纪80年代末90年代初，又出现了全数字摄影测量系统。大比例尺地面数字测图，是20世纪70年代在轻小型、自动化、多功能的电子速测仪问世后，在机助制图系统的基础上发展起来的。

1.3.2 我国大比例尺数字化测图系统的发展历程

我国对数字测图技术的研究开始于20世纪80年代初期，一些科研单位和生产部门即开始从国外引进一些比较成熟的数字测图系统，并进行了消化吸收。20世纪80年代末90年代初，我国测绘工作者在引进、吸收的基础上对数字测图技术进行了较为系统深入的研究，开发了一些适合我国国情的数字测图系统。然而，由于客观条件的限制，这些系统还不是十分成熟，使用也不方便，加之商品化程度较差，这些系统都没有得到广泛的应用。

20世纪90年代，我国数字测图技术无论在理论上还是在实用系统的开发上都得到了迅速的发展。测绘工作者结合我国的实际情况和数字测图技术本身的特点，对有关问题进行了深入细致的研究，取得了丰硕的成果。这一时期正好也是我国经济建设高速发展的时期，经济建设规模的扩大和人们对国土资源的日益重视刺激了数字测图技术的发展和人们对实用数字测图系统的需求，数字测图系统的开发受到了大家的重视。在这种形势下，测绘科技工作者对实用数字测图系统进行了较深入的研究和开发。目前，我国自行开发研制的数字测图系统无论在实用性、可靠性还是商品化程度等方面都已达到了较高的水平，数字测图市场也极其活跃。

国内数字测图技术发展的进程大体经历了“两个模式”、“三个阶段”，见表1-2。

表1-2 国内数字测图技术发展进程

模式	阶段	外业	内业	特点
数字测记模式	第一阶段	全站仪+电子手簿	依草图制图	操作简便
	第二阶段	全站仪+电子手簿	依编码制图	效率提高
电子平板测绘模式	第三阶段	全站仪+便携机+相应测图软件		内外业一体化

1. 数字测记模式

数字测记模式是野外测记和室内成图模式。

第一阶段：用全站仪测量、电子手簿记录，同时配画标注测点点号的人工草图，到室内将测量数据直接由记录器传输到计算机中，再由人工按草图绘制编辑图形文件，并输入计算机中自动成图，经人机交互、编辑修改，最终生成数字图，由绘图仪绘制出地形图。

使用的电子手簿可以是全站仪原配套的电子手簿，也可以是 PC—E500 改装的电子手簿。因后者价格低廉、汉字菜单、操纵简便、更符合国情，所以国内主要使用这类记录器。

这虽是数字化测图发展的初级阶段，但达到了由野外测量直接测制数字地形图和绘制图解地形图的目标，使人们看到了数字测图自动成图的美好前景。

在该阶段外业电子记录仍按模拟白纸测图的单点测量记录，要求野外人工绘草图的技术高，需要人工编辑图形文件、人工输入，整体工作量比白纸测图还要大，若返工就更增大了工作量，因此还必须向实用化方向改进。

第二阶段：测记的模式不变，但成图软件有实质性的进展。

(1) 开发了智能化的外业采集软件，它不仅作为单点的点位记录，而且记录成图所需的全部信息，并且有一些记录项可由软件自动默认，使作业人员输入的数据最少。

(2) 电子手簿的测量数据被传输到计算机后，由计算机自动检索编辑图形文件，出图也就无须人工输入图形文件了。从理论上讲，也不需要画草图；但实际上，对一些地形复杂的地方还需画草图，以便参考。

(3) 为了减免人工画草图工作，外业采集软件(电子手簿内置的)也具备自动检索图形文件的功能，并可实时计算出点位坐标。如果为采集系统配置一个袖珍绘图仪(如 PP400)或 A3/A4 小型绘图仪，现场就可按坐标实时展点绘草图。此草图与人工描画的草图是不同的。展点草图是按计算的测点坐标展绘的，并具有一定的精度，从而可以检查测量数据的正确性，即可在现场及时发现和纠正错测、漏测之处。较完善的测记法测图软件使数字测图走向实用化。

2. 电子平板测绘模式(即第三阶段)

电子平板测绘模式是内外业一体化，所显即所测，实时成图。

数字化测图的优点，也是模拟法测图的缺点。白纸测图的优点是现场成图。即使采用经纬仪测记法，多数也要带图板，在仪器旁随测随展点，发现错误及时修正，从而保证测量成果的正确性。

要使数字化测图任务(尤其在复杂地区)进行得顺畅，外业也需要有成图这一步。仅有电子手簿记录是远远不够的，用户比喻记录器为黑匣子，不知记录的对或不对，等到室内计算机处理成图后，才发现错误，再去返工就比较麻烦了，所以数字测记法更适合地形简单的地区使用。

电子平板测绘模式也是数字化测图发展的第三阶段，用笔记本电脑作为电子平板，现场测绘，实时成图。

笔记本电脑的出现给发展数字化测图提供了机遇，产生了电子平板测绘模式(全站仪＋便携机＋相应测图软件)，实施外业测图的模式，并将安装了测图软件的笔记本电脑命名为电子平板。电子平板测图软件既有与全站仪通信和进行数据记录的功能，又在测量方法、解算建模、现场实时成图和图形编辑、修正等方面超越了传统平板测图的功能。从硬件意义上讲，它完全替代了图板、图纸、铅笔、橡皮、三角板、比例尺等绘图工具。高分辨率的显示屏作图面，图面上所显即所测。数字化测图真正实现了内外业一体化，外业工作完成，图也出来了。测量出现错误，现场可以方便、及时地纠正，从而使数字测图的质量与效率全面超过了白纸测图。它直接提供的高精度数字地形空间信息，则是传统测图方法所达不到的，是理想的数字化测图模式。

1.3.3 数字测图技术的展望

随着科学技术水平的不断提高，全野外数字测图技术将在以下方面得到较快发展。

1. 全站仪自动跟踪测量模式

普通的全站仪在进行点位测量时，测站上仍要依靠作业员来完成寻找和找准目标。而全站仪自动跟踪测量模式，如图 1-6 所示，是一种无点号、无编码的镜站电子平板测图系统。测站上的自动跟踪全站仪照准棱镜站反光镜后，自动将经处理的三维坐标形式的数据，用无线电无线传输到棱镜站的电子平板，并展点和注记高程，实现了测站的无人操作，可以单人数字测图。随着科学技术的不断发展，这种模式必将在数字测图中得到广泛应用。

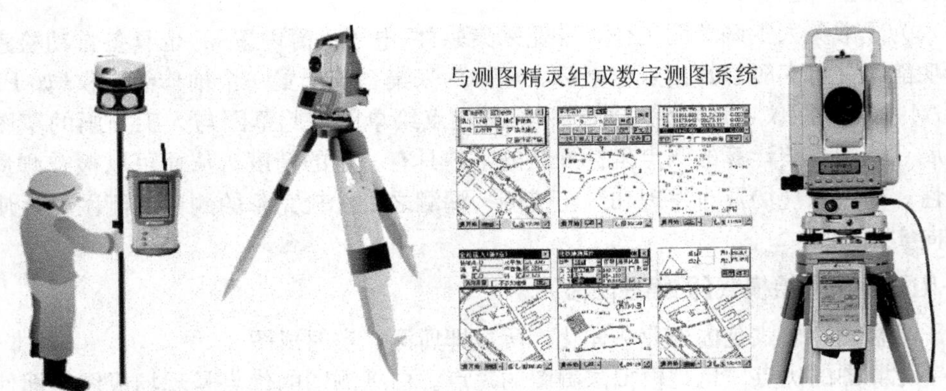

图 1-6 全站仪自动跟踪测量模式

2. GPS 测量模式

美国全球卫星定位系统 GPS 是美国组织研发的用于军事上的导航定位设备。定位方法灵活方便、精度较高，目前应用非常广泛。随着科技的发展，GPS 技术将在普通测量与工程测量中得到进一步的普及应用。近年来推出的 GPS 实时动态定位技术(RTK)能够及时提供测点的三维坐标成果，若现场连接电子平板测图系统就可实现成图、实现一步测图，极大地提高开阔地区野外测图的准确性和劳动效率。

3. 野外数字摄影测量模式

利用全站仪或GPS进行数据采集时，每次只能测定一个点，而利用摄影测量的方法则可同时测定多个点，这是摄影测量方法的最大优点。随着技术的进步，充分利用野外测量的灵活性和摄影测量快速、高效等特点的测量方式成为野外测图的又一发展趋势。

总之，野外数字测图系统未来的发展主要表现在改进野外数据采集手段方面，通过对其进行改进从而不断提高野外数字测图的作业效率。

1.4 本课程的学习要求

1. 课程特点

数字测图技术是测绘类学科的一门重要的专业技术基础课。全野外数字测图技术的理论和方法是本书的重点，讲授内容突出全野外数字测图技术的实际作业方法，了解地图数字化成图，简单介绍摄影测量与遥感数字测图。全野外数字测图技术地形数据主要利用全站仪、GPS等测量仪器在野外获取，内业利用相关的数字成图软件进行数据处理和图形输出。本书将以工程现场常用的全站仪、GPS型号和内业处理软件为载体详细讲解数字测图技术的工作过程，技术性强、实践性强、应用性强。

2. 课程的主要内容

本书以大比例尺数字化测图以及数字化地形图的应用为主线，全面介绍数字测图技术基本原理、基本理论和应用方法。本书内容包括数字测图技术的基本方法、数字测图系统、大比例尺数字地形图图根控制测量、大比例尺数字地形图野外碎部点的数据采集、大比例尺数字地形图成图的基本方法、地形图的数字化、数字地形图的应用、常用全站仪和GPS的基本应用、常用数字测图软件的应用等。本书以阐明数字测图技术的基本原理和培养学生实践动手能力、突出实际应用为目的，力求讲清基本概念，做到基础理论知识适度，突出理论的应用思路、测绘仪器的操作技能和数字化地形图的应用方法。

3. 学习要求

数字测图与其他课程如地形测量、地形绘图、计算机应用基础、CAD技术等有密切联系，涉及的相关基本知识如控制测量、地形图的绘制方法、地形图图式符号的应用、全站仪和GPS等内容，是这些学科的综合应用。

1）学习目的

学习数字测图的原理和方法，掌握全站仪数字测图和数字化的全过程，掌握处理测量数据的基本理论和方法，在工程建设中能正确应用数字地图完成规划、设计和施工各阶段中的量测、计算和绘图等工作。

2）学习方法

要学好数字测图，必须重视理论联系实际的学习方法，注重实际操作能力的培养。在完成课堂理论课、实践课和教学实习后，必须按生产现场的作业要求参加生产性实习，完成大比例尺数字测图的全过程，以加强本课程实际动手能力及分析、解决问题的综合能力培养。

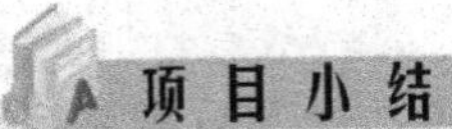

本项目介绍了本课程的基础知识，主要内容包括数字测图的概念、数字测图常用的测量仪器和软件、数字测图技术的基本构成、数字测图技术的特点等。学生需在理解的基础上加以巩固，对数字化测图系统的构成要清楚，对数字化测图的工作过程、作业模式(如数字测记模式、电子平板测绘模式等)思路要清晰，对数字测图技术的发展历史、学习方法等了解即可，为后面项目的学习打下一个良好的基础。

项目测试

1. 什么是数字测图?
2. 简述数字测图的成图过程。
3. 数字地形图与传统地形图的差异主要体现在哪些方面?
4. 数字测图有哪些特点?
5. 数字测图系统由哪几部分组成?
6. 目前我国数据采集方法主要有哪几种?
7. 列举国内外主流全站仪。
8. 列举我国主流的成图软件。

项目 2

全站仪图根控制测量

学习目标

学习本项目，主要熟悉图根控制测量的基本概念、基本理论和基本方法；掌握全站仪的功能和使用方法；熟练掌握目前进行平面控制测量常用的导线测量的外、内业；掌握使用全站仪进行高程控制测量的方法和步骤。

学习要求

知识要点	技能训练	相关知识
全站仪及其使用	(1) 尼康 DTM—302 型全站仪的认识及使用 (2) 索佳 SET—10 型全站仪的认识及使用 (3) 全站仪的安置	(1) 熟练掌握尼康 DTM—302 型、索佳 SET—10 型全站仪的构造、按键作用、相关设置及角度及其距离测量工作 (2) 掌握全站仪的安置工作 (3) 了解全站仪使用的注意事项
导线测量	(1) 图根导线外业测量 (2) 图根导线内业计算	(1) 掌握控制测量的基本概念 (2) 掌握图根控制点的埋设 (3) 掌握图根控制测量的相关技术要求 (4) 掌握导线测量的观测、记录与计算工作
交会测量	(1) 测角前方交会 (2) 测边交会 (3) 全站仪自由设站法	(1) 了解测角前方交会 (2) 了解测边交会 (3) 掌握全站仪自由设站法
高程测量	全站仪三角高程测量	(1) 掌握图根高程测量的相关技术要求 (2) 掌握全站仪三角高程测量的观测方法

▶▶项目导入

所有测量工作均必须遵循“由整体到局部，先控制后碎部，从高级到低级”的原则。先建立控制网，然后根据控制网进行碎部测量。控制网又分为平面控制网和高程控制网。测定点的平面位置的工作，称为平面控制测量；测定点的高程的工作，称为高程控制测量。数字测图技术也不例外，数字测图技术的外业控制测量一般分为首级控制测量和图根控制测量两类。

图根控制测量主要是在测区高级控制点密度满足不了大比例尺数字测图需要的情况下，适当加密布设足够密度的测站点。当前，数字测图工作主要是大比例尺数字地形图和各种专题图的测绘，因此控制测量部分主要是进行图根控制测量。目前，图根平面控制测量主要采用测距导线(网)和 RTK 两种方式。图根高程控制测量主要采用水准网、布设全站仪三角高程导线(网)的方式，或者直接采用 RTK 的方式来测定图根点的坐标和高程。本项目重点讲解测距导线(网)和全站仪三角高程导线(网)的测量。

2.1 全站仪及其使用

全站仪即全站型电子速测仪，是由电子测角、电子测距、电子计算和数据存储单元等组成的三维坐标测量系统。其测量结果能自动显示，并能与外围设备交换信息，是进行测距导线(网)和全站仪三角高程导线(网)的测量的主要仪器。

目前，全站仪已经成为世界上许多著名厂家生产的主要仪器，如美国天宝，瑞士徕卡，日本索佳、拓普康及尼康，中国北光、南方、苏光等。这些仪器构造原理基本相同，但具体操作步骤不尽相同，使用时应详细阅读使用说明书。为了方便学习，本项目以尼康 DTM—302 型全站仪和索佳 SET—10 型全站仪说明其结构特点和使用方法。

2.1.1 全站仪的构造

1. 尼康 DTM—302 型全站仪

DTM—302 系列全站仪是日本尼康(Nikon)公司推出的全中文操作系统全站仪，具有优秀、实用的特点。它结实、重量轻、操作简便、测角测距精度高，能进行大量数据存储，同时电池的使用时间也最长，操作时较为容易。目前此系列产品的主要型号有 DTM—352 免棱镜型、DTM—352C、DTM—332C、DTM—352L。

不同的尼康系列全站仪的外貌和结构各异，但其功能大同小异。图 2 - 1 是尼康 DTM—352C 型全站仪。全站仪的外貌和电子经纬仪相类似，不同的是多了一个可进行各项操作的键盘。

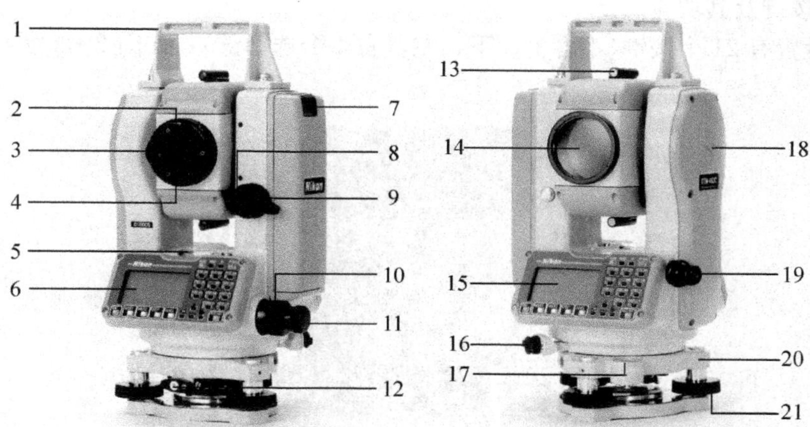

图 2-1 尼康 DTM—352C 型全站仪

1—提柄；2—望远镜调焦环；3—望远镜目镜；4—目镜调节环；5—管水准气泡；6—盘左显示屏和面板；7—电池安装钮；8—垂直微动螺旋；9—垂直制动钮；10—水平制动钮；11—水平微动螺旋；12—三脚基座固定钮；13—光学瞄准器(取景器)；14—物镜；15—盘右显示屏和面板；16—数据输出/外部电源输入接头(⚠输入电压 7.2～11V DC)；17—圆水准气泡；18—水平轴指示标记；19—光学对中器；20—三脚基座；21—脚螺旋

1) 仪器各部件名称

参见图 2-1。

2) 主要技术指标

尼康 DTM—352C 型全站仪主要技术指标见表 2-1。

表 2-1 尼康 DTM—352C 型全站仪主要技术指标

型号		DTM—352C
望远镜放大倍率		33×
成像		正像
精度(H&V)		2″
补偿器		双轴倾斜传感器补偿范围±3′
测距范围	免棱镜	200m(仅限 DTM—352C 免棱镜型)
	一个 AP01 棱镜	2000～2300m
	三个 AP01 棱镜	2600～3000m
精度	棱镜	$\pm(2 + 2^{-6} \times D)$mm
	反射片	$\pm(3 + 3^{-6} \times D)$mm
键盘		双面 4+21 键
数据内存		约 12000 点
重量(带电池)		5.3kg

3）键盘按键及其功能

仪器共设置有 21 个按键(不含上、下、左、右 4 个选择键)，如图 2－2 所示。按键功能见表 2－2。

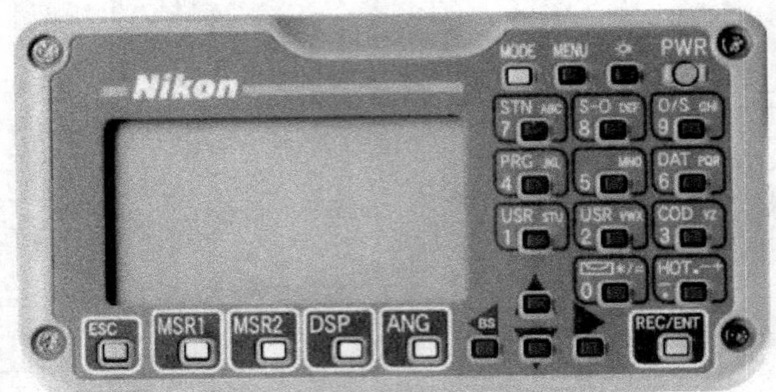

图 2－2　尼康 DTM—352C 型全站仪键盘

表 2－2　尼康 DTM—352C 型全站仪按键功能

按键	主要功能
PWR	打开或关闭仪器
☼	照明键，打开或关闭背景光 如果按一秒钟，则可以进入到两种状态切换窗口
MENU	显示菜单屏幕。(1)工作；(2)坐标几何；(3)设置；(4)数据；(5)通信；(6)快捷键；(7)校正；(8)时间
MODE	在点(PT)域或代码(CD)域按下此键时，可以在字符、数字和列表、堆栈之间改变按键的输入模式 在基本测量屏幕(BMS)按下此键时，可以激活 Q 码模式(调用快速代码)
REC/ENT	记录已测量数据、移到下一个屏幕或者在输入模式下确认并接收输入的数据 如果在基本测量屏幕按此键一秒钟，仪器将把测量值记录为 CP 记录值(在角度或重复菜单中得到的测量值或是在 BMS 中得到的测量值)而不是 SS 记录值(碎部点测量值) 如果在基本测量屏幕或放样观测屏幕按下此键，仪器将在 COM 端口输出当前的测量数据(PT、HA、VA 和 SD)(数据记录设定必须是 COM)
ESC	返回到先前的屏幕 在数字或字符模式中删除输入
MSR1	用【MSR1】键的测量模式设定开始进行距离测量 按一秒钟可显示测量模式的设定
MSR2	用【MSR2】键的测量模式设定开始进行距离测量 按一秒钟可显示测量模式的设定
DSP	移到下一个可用的显示屏幕 按一秒钟可改变出现在 DSP1、DSP2 和 DSP3 屏幕上的域

续表

按键	主要功能
ANG	显示角度菜单
STN ABC 7	显示测站设立菜单 在数字模式中可输入7，在字符模式中可输入A、B、C或7
S-O DEF 8	显示放样菜单 按一秒钟可显示放样设定 在数字模式中可输入8，在字符模式中可输入D、E、F或8
O/S GHI 9	显示偏移点测量菜单 在数字模式中可输入9，在字符模式中可输入G、H、I或9
PRG JKL 4	显示程序菜单，此菜单中包含附加的测量程序 在数字模式中可输入4，在字符模式中可输入J、K、L或4
LG MNO 5	打开或关闭导向光发射器 在数字模式中可输入5，在字符模式中可输入M、N、O或5
DAT PQR 6	根据设定显示RAW、XYZ或STN数据 在数字模式中可输入6，在字符模式中可输入P、Q、R或6
USR STU 1	执行指定到【USR1】的功能键 在数字模式中可输入1，在字符模式中可输入S、T、U或1
USR VWX 2	执行指定到【USR2】的功能键 在数字模式中可输入2，在字符模式中可输入V、W、X或2
COD YZ 3	打开一个输入代码的窗口。默认的代码值是最后输入的代码值 在数字模式中可输入3，在字符模式中可输入Y、Z、空格或3
HOT .-+ -	显示目标高度(HOT)菜单 在数字模式中可输入一，在字符模式中可输入一或＋
*/= 0	显示气泡指示器 在数字模式中可输入0，在字符模式中可输入＊、/、＝或0

2. 索佳 SET—10 型全站仪

SET—10 系列全站仪是日本索佳(SOKKIA)公司推出的全中文操作系统全站仪，可快速方便地进行功能操作和数据输入，内置通用高效测量软件，具有 IP66 高等级防尘防水性能。目前的产品有 SET—210、SET—510、SET—610。图 2-3 所示为索佳 SET—510 型全站仪。

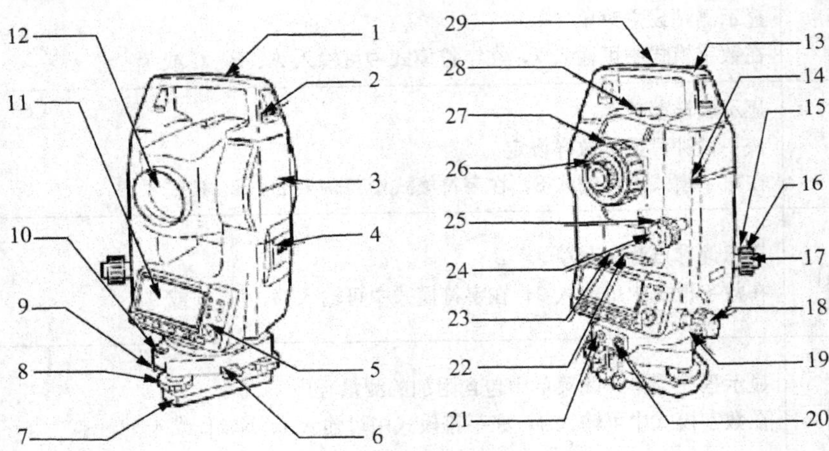

图 2-3 索佳—SET510 型全站仪

1—提柄；2—提柄固定螺丝；3—数据输入、输出接口；4—仪器高标志；5—电池护盖；6—操作面板；7—三脚基座控制杆；8—底板；9—脚螺旋；10—圆水准器校正螺丝；11—圆水准器；12—显示器；13—物镜；14—管式罗盘插口；15—光学对点器调焦环；16—光学对点器分划板护罩；17—光学对点器目镜；18—水平制动钮；19—水平微动螺旋；20—数据输入、输出插口；21—外接电源插口；22—照准部水准器；23—照准部水准器校正螺丝；24—垂直制动钮；25—垂直微动手轮；26—望远镜目镜；27—望远镜调焦环；28—粗瞄准器；29—仪器中心标志

1) 仪器各部件的名称

参见图 2-3。

2) 主要技术指标

索佳 SET—10 系列全站仪主要技术指标见表 2-3。

表 2-3 索佳 SET—10 系列全站仪主要技术指标

项目 \ 型号	SET—210	SET—510	SET—610
望远镜放大倍率	30×		26×
成像	正像		
最小显示(H&V)	1″/5″		
精度(H&V)	2″	5″	6″
补偿器	自动双轴补偿器，补偿范围±3′		
测距范围 RS90N-K 反射片	2～120m		

续表

项目 \ 型号		SET—210	SET—510	SET—610
一个 AP01 棱镜		* 1～2400m/2700m		
三个 AP01 棱镜		* 1～3100m/3500m		
最小显示	精测/粗测/跟踪	0.001m/0.0001m/0.01m		
精度	棱镜	$\pm(2+2\times10^{-6}\cdot D)$mm		
	反射片	$\pm(4+3\times10^{-6}\cdot D)$mm		
键盘		双面 4+11 键		单面 4+11 键
数据内存		约 10000 点		
存储卡		可附加		—
SF14 无线遥控键盘		红外，37 键盘全字母数字，162×63×19，120g，两节 7 号电池		—
重量(带电池)		5.2kg		5.1kg
内置程序软件		对边测量、三维坐标测量、悬高测量、后方交会、放样测量、偏心测量、面积计算		

注：无雾、能见度约 40km，多云、无大气抖动良好气象条件下。

3）键盘按键及其功能

索佳 SET—510 型全站仪共设置有 11 个按键(不含上、下、左、右 4 个选择键)，如图 2-4 所示。

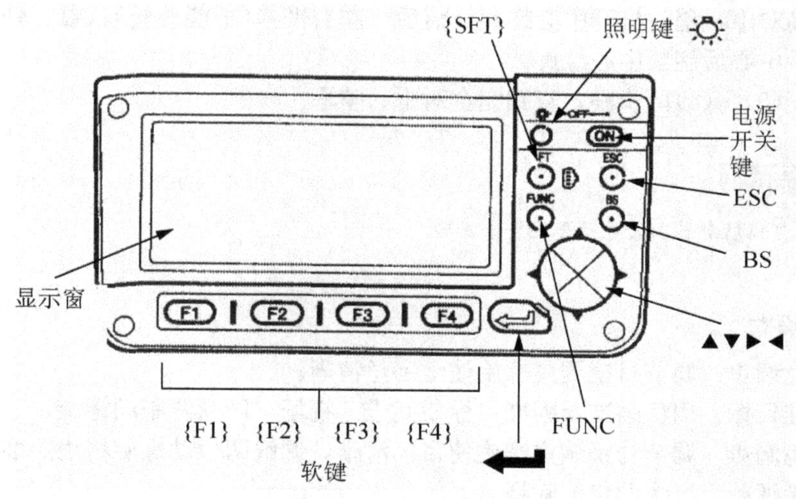

图 2-4 索佳 SET—510 型全站仪键盘

索佳 SET—510 型全站仪的主要功能如下。

【FUNC】：改变测量模式菜单页、转至下一页字母或数字显示(按住片刻则返回下一页字母或数字显示)。

【BS】：删除光标左边的一个字符。

【ESC】：取消输入数据或返回。

【SFT】：字母大小写转换。

【↵】：回车键，选取或接受输入的数据内容。

【▲▼▶◀】：上、下、左、右移动光标。

2.1.2 全站仪的安置

1. 装入电池

打开电池盖，将电池装入仪器中。

2. 安置仪器

(1) 架设三脚架：使三脚架腿等长，三脚架头位于测点上方且近似水平，三脚架腿牢固的支撑于地面上。

(2) 架设仪器：将仪器放于三脚架架头上，一只手握住仪器，另一只手旋紧中心螺旋。

3. 对中整平

(1) 初步对中：首先通过光学对中器目镜观察，旋转对中器的目镜使分划板上的十字丝看得最清晰；再旋转对中器调焦环至地面测点看得最清楚；然后调节脚螺旋使测点位于光学对中器的最中心。

(2) 粗略整平：伸缩三脚架架腿，使圆水准器气泡居中。

(3) 精确整平：调节脚螺旋，使照准部管水准器气泡居中。

(4) 精确对中：稍许松开中心螺旋，前后、左右平移(不能旋转)仪器，使测点位于光学对中器的最中心后旋紧中心螺旋。

(5) 重复(3)、(4)两步骤，直到完全对中、整平。

特别提示

整平时也可借助屏幕上的电子气泡整平仪器。

4. 调焦照准

(1) 目镜调焦：调节目镜调焦螺旋使十字丝清晰。

(2) 照准目标：用粗瞄准器瞄准目标使其进入视场，固紧两制动螺旋。

(3) 物镜调焦：调节物镜调焦螺旋使目标清晰，调解两微动螺旋精确照准目标。

(4) 消除视差：再次调焦消除视差。

5. 开机

1) 尼康 DTM—302 型全站仪

(1) 按【PWR】键打开仪器。开始屏幕出现，显示当前温度、气压、日期和时间，如图 2-5(a)所示。

(2) 改变温度或气压值要用【▲】键或【▼】键把光标移到想改变的域，然后按【ENT】键，如图2-5(b)所示。

(3) 如果希望初始化水平角，旋转照准部，如图2-5(c)所示。

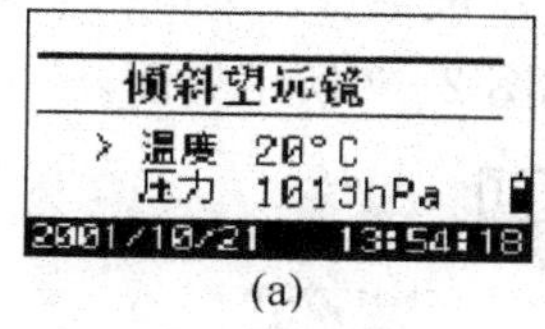

(a)

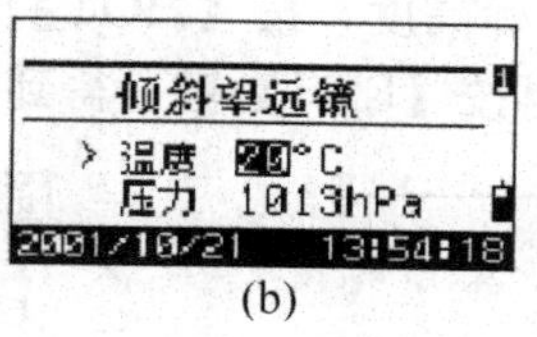

(b)

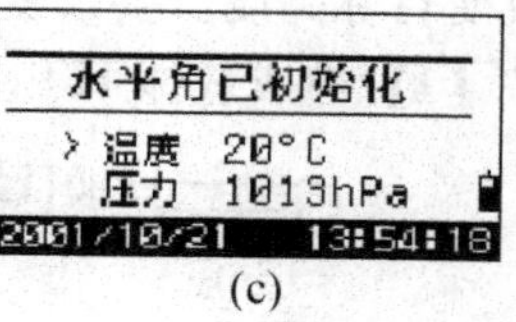

(c)

图2-5 开机屏幕显示

(4) 使望远镜倾斜，直到它经过了盘左的水平位置。

2) 索佳SET—10型全站仪

开机：按【ON】键。

关机：按住【ON】键，然后按【☼】键。

2.1.3 全站仪的相关设置

1. 尼康DTM—302型全站仪

1) 距离测量参数设置

按【MSR1】键或【MSR2】键一秒钟可查看测量设定。距离测量参数设置见表2-4。

表2-4 距离测量参数设置

域	值
目标	棱镜/反射片
常数(棱镜常数)	-999～999mm
模式	精确/正常
平均(平均常数)	0～99(连续)
记录模式	仅MSR、仅记录、测量/记录

用【▲】键或【▼】键在域之间移动光标，用【◀】键或【▶】键在选择的域中改变数值。

2) 垂直度盘与水平度盘补偿器零点差设置

(1) 精确整平仪器。

(2) 与水平面的夹角在45°的范围内，盘左瞄准某一目标P，读垂直角VL。

(3) 盘右读垂直角VR。

(4) 若垂直角位于“ZENITH”，VR+VL=360°或是垂直角置于“HORIZON”VR+VL=180°或540°时，都不用重新设置。允许误差±20″，超限需重新设置。

(5) 重新设置按下【MENU】→【7】键进入检核屏幕。

(6) DTM—352C型全部仪为双轴补偿。用盘左对水平方向的目标进行一次测量，屏幕显示转向F2(盘右)，照准同一目标测量。

(7) 观测完毕按【OK】键设置。

3) 仪器参数设置

HOT菜单在任何观测屏幕都可以使用。要显示HOT菜单，按【HOT】键。

(1) 改变目标高度。要改变目标高度，按【HOT】键显示HOT菜单，如图2-6所示。然后按【1】键或选择HT，再按【ENT】键，得到如图2-7所示界面。

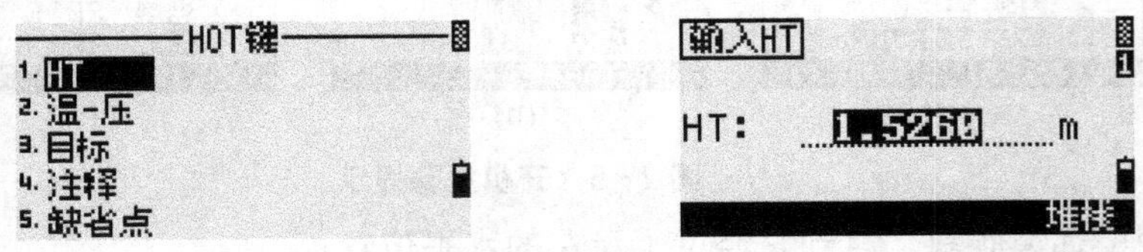

图2-6 仪器参数设置——HOT菜单　　图2-7 改变目标高度

输入目标高度或者按堆栈软功能键显示HT堆栈。HT堆栈存储最后输入的20个HT值。

(2) 设定温度和气压。如果要设定当前的温度和气压，按【HOT】键显示HOT菜单。然后按【2】键，或选择“温-压”，再按【ENT】键，得到如图2-8所示界面，输入环境温度和气压，ppm值被自动更新。

(3) 选择目标设定。目标设定为目标类型、棱镜常数和目标高度指定的设定值。当改变所选目标时，所有这3个设定都会改变。此功能可以用来在两种类型的目标(例如反射片和棱镜)之间进行快速切换，最多可以准备5个目标组。

按【HOT】键显示HOT菜单，然后按【3】键或选择目标并按【ENT】键，一个5目标组列表出现，如图2-9所示。要选择一个目标组，按相应的数字键(从【1】键到【5】键)或用【▲】键、【▼】键突出显示列表中的目标组并按【ENT】键。

图2-8 设置温度和压力　　图2-9 目标设定

要改变定义在目标组中的设定，突出显示列表中的目标组，然后按【编辑】功能键。

2. 索佳SET—10型全站仪

1) 距离测量参数设置

在测量模式第二页菜单下按【EDM】键，进入距离测量参数设置屏幕，得到图2-10所示界面。

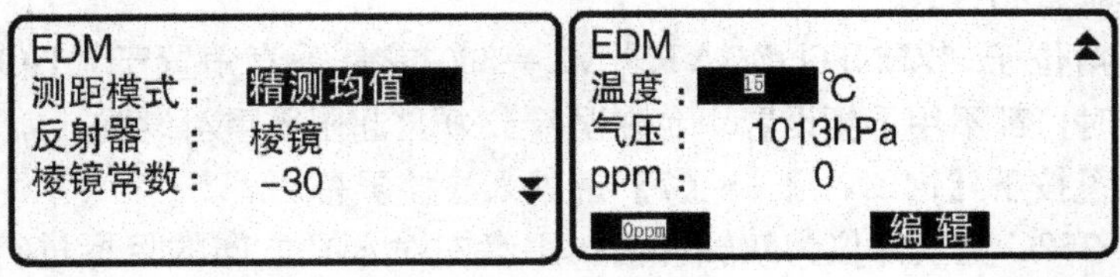

图2-10 距离测量参数设置

【编辑】：修改光标处的参数。

根据需要设置测距参数完毕后按【回车】键结束，返回测量模式屏幕。

2）垂直度盘与水平度盘补偿器零点差设置

当仪器精确整平后，倾角的显示值应接近于零，否则存在倾斜传感器零点误差，会对测量结果造成影响。

(1) 照准部水准器检校后，精确整平仪器。

(2) 将水平方向值置零。在测量模式第一页菜单下按两次【置零】键将水平方向值置零。

(3) 进入配置屏幕。

在设置模式下选取“仪器常数”显示 X 和 Y 方向上的当前测量值，如图 2-11 所示。

选取“倾斜 XY”后按【↵】键。显示 X 和 Y 方向上的倾角值，如图 2-12 所示。

图 2-11　设置模式下的“仪器常数”设置

图 2-12　显示的 X 和 Y 方向上的倾角值

(4) 稍候片刻待显示稳定后读取自动补偿倾角值 $X1$ 和 $Y1$。

(5) 松开水平制动将照准部转动 180°，再旋紧水平制动。

(6) 稍候片刻待显示稳定后读取自动补偿倾角值 $X2$ 和 $Y2$。

(7) 用下面公式计算倾斜传感器的零点偏差值。

$$X\text{方向偏差}=(X1+X2)/2$$

$$Y\text{方向偏差}=(Y1+Y2)/2$$

若计算所得偏差值均在±20″以内则不需校正，否则按下述步骤进行校正。

(8) 按【OK】键存储 $X2$ 和 $Y2$ 值并将水平角值置零，屏幕显示“盘右读数”。

(9) 松开水平制动钮，根据显示的水平值转动照准部 180°，再旋紧水平制动钮。

(10) 稍候片刻待显示稳定后按【YES】键存储 $X1$ 和 $Y1$ 值。屏幕显示出 X 和 Y 方向上原改正值和新改正值。

(11) 确认所显示改正值是否在校正范围内。若 X 和 Y 值均在 400±20 校正范围内，如图 2-13 所示，按【NO】键对原改正值进行更新后返回“仪器常数”屏幕，执行步骤(12)。

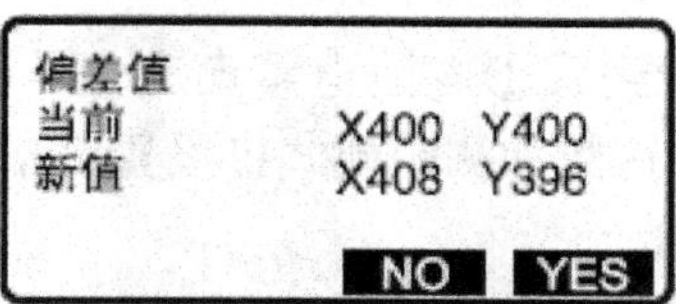

图 2-13　偏差值显示屏幕

(12) 在“仪器常数”屏幕下按【↵】键。

(13) 稍候片刻待显示稳定后读取自动补偿倾角值 $X3$ 和 $Y3$。

(14) 松开水平制动钮，根据显示的水平值转动照准部 180°，再旋紧水平制动钮。

(15) 稍候片刻待显示稳定后读取自动补偿倾角值 $X4$ 和 $Y4$。

(16) 用下面公式计算倾斜传感器的零点偏差值。

$$X\text{方向偏差}=(X3+X4)/2$$

$$Y\text{方向偏差}=(Y3+Y4)/2$$

若计算所得偏差值均在±20″以内，说明倾斜传感器的零点偏差已校正好，按【ESC】键返回“仪器常数”屏幕。若计算所得偏差值的任一值超出，则需按前述步骤重新检校。

2.1.4 全站仪的基本测量

1. 尼康 DTM—302 型全站仪

1) 角度测量

全站仪角度测量可分为测回法、方向观测法等。观测步骤与光学经纬仪相同，不同之处仅为测回间配置度盘的方法，本节仅对不同点进行阐述。

如果要打开角度菜单，在基本测量屏幕下按【ANG】键，得到如图 2-14 所示界面。要从此菜单选择操作命令，按相应的数字键或者按【◀】键或【▶】键突出显示操作命令，然后再按【ENT】键。

(1) 设定水平角度为 0。如果要把水平角度重设为 0，在角度菜单按【1】键或选择“0 设定”，屏幕显示将返回到基本测量屏幕。

(2) 输入水平角度。如果要显示 HA 输入屏幕，按【2】键或在角度菜单选择输入。用数字键输入水平角度，如图 2-15 所示，然后按【ENT】键。

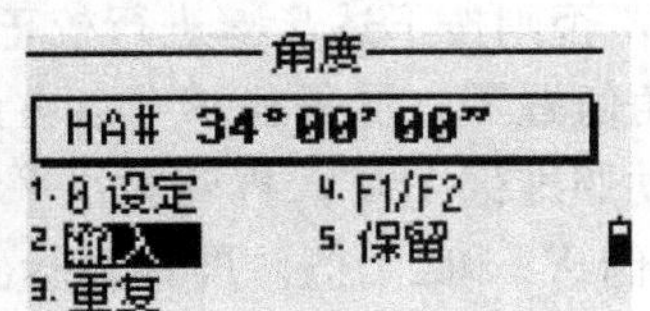

图 2-14 角度设置菜单

图 2-15 水平角度的输入(一)

【例】要输入 123°45′50″，键入【1】【2】【3】【.】【4】【5】【5】【0】。显示的数值四舍五入到最小的角度增量值。

2) 距离测量

在进行距离测量之前必须做到：①电池电量已充足；②仪器参数已按观测条件设置好；③气象改正数、棱镜常数改正数和测距模式已设置完毕；④已准确照准棱镜中心，返回信号强度适宜测量。

在基本测量屏幕或任何观测屏幕上按【MSR1】键或【MSR2】键可测量距离。

仪器进行测量期间，棱镜常数以较小字体显示。

如果平均计数设定为 0，测量将连续进行，直到按【MSR1】键、【MSR2】键或【ESC】键。每次测量时距离都会被更新。

如果平均计数设定为 1～99 中的一个值，平均后的距离将在最后一次照准之后显示出来。域名 SD 改变成 SDx，以表示平均后的数据。

2. **索佳 SET—10 型全站仪**

1）角度测量

水平角度测量可分为测回法、方向观测法等，观测方法步骤与光学经纬仪相同。

下面以测回法为例进行介绍。图 2－16 为测回法示意图。

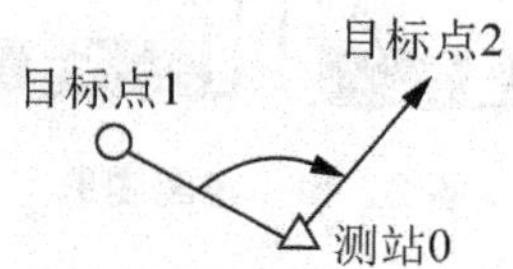

图 2－16 测回法示意图

（1）在测站 0 点安置仪器，开机并进行相关设置。

（2）盘左状态下将仪器望远镜瞄准左目标点 1。

（3）在测量模式第一页菜单下按【置零】键，在【置零】键闪动时再次按下该键，此时目标点 1 方向值已经设置为 0°，如图 2－17(a)所示。

（4）顺时针转动仪器，照准目标点 2。屏幕上所显示的 117°32′20″即为所求水平夹角的上半测回角值，如图 2－17(b)所示。半测回角值等于右目标读数减去左目标读数。

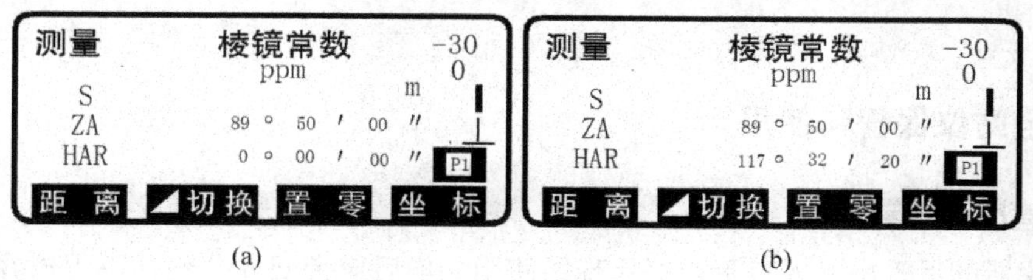

图 2－17 角度测量

（5）倒转望远镜进入盘右状态，同理读取右目标点读数的下半测回角值。

（6）满足条件取平均值为 1 测回角值。

多测回观测时，需要将起始方向配制成所需的方向值，其方法是在照准第一目标后，在测量模式第二页菜单下按【方位角】键，输入所需的方向值，在按回车键即可。

输入规则为：例如需要输入的方向值为 90°01′36″，如图 2－18 所示，应输入 90.0136。

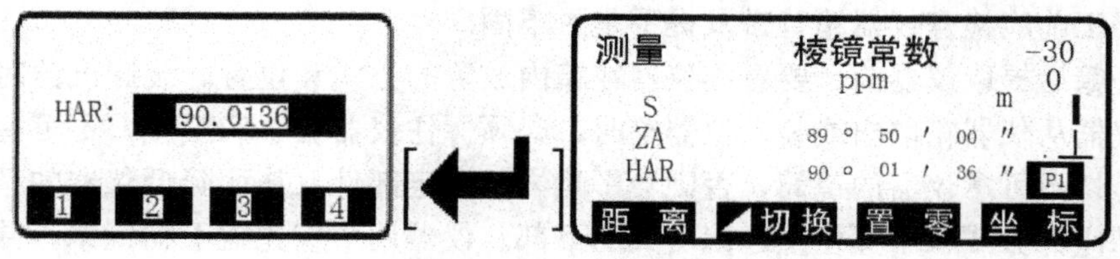

图 2－18 水平角度的输入(二)

2）距离测量

在精确照准棱镜后在测量模式第一页菜单下按【测量】键开始测距，得到如图 2－19 所示界面。

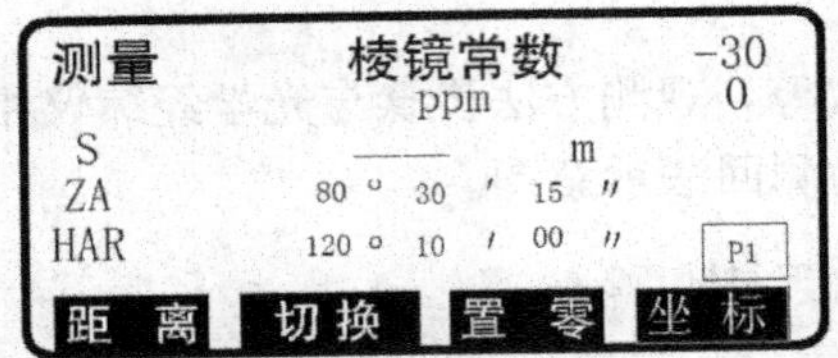

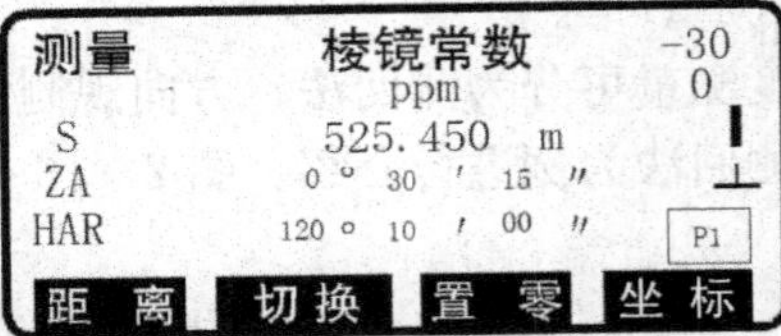

图 2－19 距离测量

测距开始后，仪器闪动显示测距模式、棱镜常数改正值、气象改正值等信息。

一声短声响后屏幕上显示出距离“S”、垂直角“ZA”和水平角“HAR”的测量值。

按【停】键停止距离测量；按【切换】键可使距离值的显示在斜距“S”、平距“H”和高差“V”之间转换。

特别提示

若将测距模式设置为单次精测，则每次测距完成后测量自动停止。

若将测距模式设置为平均精测，则测量完成后显示距离的平均值。

2.1.5 全站仪保管和使用

1. 保管时注意事项

（1）仪器的保管由专人负责，每天现场使用完毕后应带回办公室，不得放在现场工具箱内。

（2）仪器箱内应保持干燥，要防潮防水并及时更换干燥剂。仪器须放置专门架上或固定位置。

（3）仪器长期不用时，应一个月左右定期通风、防霉并通电驱潮，以保持仪器良好的工作状态。

（4）仪器放置要整齐，不得倒置。

2. 使用时注意事项

（1）开工前应检查仪器箱背带及提手是否牢固。

（2）开箱后提取仪器前，要看准仪器在箱内放置的方式和位置。装卸仪器时必须握住提手。将仪器从仪器箱取出或装入仪器箱时，必须握住仪器提手和底座，不可握住显示单元的下部，切不可拿仪器的镜筒，否则会影响内部固定部件，从而降低仪器的精度；应握住仪器的基座部分或双手握住望远镜支架的下部。仪器用毕应先盖上物镜罩，并擦去表面的灰尘。装箱时各部位要放置妥帖，合上箱盖时应无障碍。

（3）在太阳光照射下观测仪器应给仪器打伞，并带上遮阳罩以免影响观测精度。在杂乱环境下测量时仪器要有专人守护。当仪器架设在光滑的表面时要用细绳(或细铅丝)将三脚架3个脚连起来，以防滑倒。

(4) 当架设仪器在三脚架上时尽可能用木制三脚架，因为使用金属三脚架可能会产生振动，从而影响测量精度。

(5) 若测站之间距离较远，搬站时应将仪器卸下，装箱后背着走。行走前要检查仪器箱是否锁好，检查安全带是否系好。若测站之间距离较近，搬站时可将仪器连同三脚架一起靠在肩上，但仪器要尽量保持直立放置。

(6) 搬站之前，应检查仪器与脚架的连接是否牢固；搬运时，应把制动螺旋关上，使仪器在搬站过程中不致晃动。

(7) 仪器任何部分发生故障都不能勉强使用，应立即检修，否则会加剧仪器的损坏程度。

(8) 元件应保持清洁，如沾染灰沙必须用毛刷或柔软的擦镜纸擦掉，禁止用手指抚摸仪器的任何光学元件表面。清洁仪器透镜表面时，请先用干净的毛刷扫去灰尘，再用干净的无线棉布蘸酒精由透镜中心向外一圈圈的轻轻擦拭。除去仪器箱上的灰尘时切不可用任何稀释剂或汽油，而应用干净的布块蘸中性洗涤剂擦洗。

(9) 在湿环境中工作，作业结束后要用软布擦干仪器表面的水分及灰尘后装箱。回到办公室后立即开箱取出仪器放于干燥处，彻底晾干后再装箱内。

(10) 冬天室内、室外温差较大时，仪器搬出室外或搬入室内后应隔一段时间再开箱。

3. 电池的使用

全站仪的电池是全站仪最重要的部件之一，现在全站仪所配备的电池一般为Ni-MH(镍氢电池)和Ni-Cd(镍镉电池)，电池的好坏、电量的多少决定了外业时间的长短。

(1) 建议在电源打开期间不要将电池取出，避免此时存储的数据丢失，因此建议在电源关闭后再装入或取出电池。

(2) 可充电池可以反复充电使用，但是如果在电池还存有剩余电量的状态下充电会缩短电池的工作时间。电池的电压可通过刷新予以复原，从而改善作业时间。充足电的电池放电时间需约8小时。

(3) 不要连续进行充电或放电，否则会损坏电池和充电器。如必须要进行充电，则应在停止充电约30分钟后再使用充电器。

特别提示

不要在电池刚充电后就进行充电或放电，这样会造成电池损坏。

(4) 超过规定的充电时间会缩短电池的使用寿命，应尽量避免。电池剩余容量显示级别与当前的测量模式有关。在角度测量的模式下，电池剩余容量够用，并不能够保证电池在距离测量模式下也够用，因为距离测量模式耗电高于角度测量模式；当从角度模式转换为距离模式时，由于电池容量不足可能会中止测距。

总之，只有在日常的工作中注意全站仪的使用和维护，注意全站仪电池的充放电，才能延长全站仪的使用寿命，使全站仪的功效发挥到最大。

2.2 导线测量

由相邻控制点连接而成的折线图形，称为导线。组成导线的控制点，称为导线点。两个相邻导线点的连线称为导线边，相邻两边之间的水平角叫转折角。

根据地形情况以及与高级控制点的不同连接方式，导线布设可分为闭合导线、附合导线、支导线和导线网。

2.2.1 导线点的埋设

根据当地实际测量条件，图根控制布设的主要形式是附合导线和结点导线网，个别无法附合的地区，可采用支导线的形式补充。局部区域可采用全站仪解析极坐标法测定图根点，但必须有检核条件。

导线点标志尽量采用固定标志。位于水泥地、沥青地的普通固根点，应刻十字或用水泥钉、铆钉作其中心标志，周边用红油漆绘出方框及点号。

当一幅标准图幅内没有有效埋石控制点时，至少应埋设一个图根埋石点，并与另一埋石控制点相通视。图根埋石点一般要选埋在第一次附合的图根点上。

城市建筑密集区、隐蔽地区，应以满足测图需要为原则，适当加大密度。

数字测图时，平坦开阔地区图根点密度要求见表 2 - 5，一般地区解析图根点数量见表 2 - 6。

表 2 - 5　数字测图平坦开阔地区图根点密度表

项目	测图比例尺		
	1：500	1：1000	1：2000
图根点密度(点数/km²)	64	16	4

一般地区解析图根点的数量不宜少于表 2 - 6 的规定。

表 2 - 6　一般地区解析图根点的数量

测图比例尺	图幅尺寸	解析图根点数量/个		
		全站仪测图	GPS - RTK 测图	平板测图
1：500	50×50	2	1	8
1：1000	50×50	3	1～2	12
1：2000	50×50	4	2	15
1：5000	40×40	6	3	30

2.2.2 图根导线测量的相关技术要求

1. 图根导线的技术要求

为了确保地物点的测量精度，施测一类地物点应布设一级图根导线，施测二、三类地物点可布设二级图根导线，同级图根导线允许符合两次。图根光电距导线测量的技术要求见表 2-7。

表 2-7 图根光电距导线测量的技术要求

图根级别	适用比例尺	附合导线长度(m)	平均边长(m)	导线相对闭合差	方位角闭合差	测距中误差(mm)	测角测回数		测距测回数(单程)	测距一测回读数次数
							DJ_2	DJ_6		
一	1∶500	1500	120	≤1/6000	$\leqslant\pm24\sqrt{n}$	±15	1	2	1	2
	1∶1000									
	1∶2000									
二	1∶500	1000	100	≤1/4000	$\leqslant\pm40\sqrt{n}$	±15		1	1	2
	1∶1000	2000	150							
	1∶2000	3000	250							

2. 图根导线的布设要求

(1) 导线网中结点与高级点或结点与结点间的长度应不大于附合导线长度的 0.7 倍。

(2) 一级图根导线较短、由全长相对闭合差折算的绝对闭合差限差小于±13cm 时，其限差按±13cm 计。

(3) 一级图根导线的总长和平均边长可放宽到 1.5 倍，但其绝对闭合差应小于±26cm。

(4) 二级图根导线长度较短，由全长相对闭合差折算的绝对闭合差限差小于图上 0.3mm 时，按图上 0.3mm 计。

(5) 1∶500、1∶1000 测图的二级图根导线，其总长和平均边长可放宽到 1.5 倍，但此时的绝对闭合差最大不超过图上 0.5mm。

(6) 当附合导线的边数超过 12 条时，其测角精度应提高一个等级。

(7) 图根导线的水平角观测使用不低于 J_6 级的经纬仪或全站仪，按方向观测法观测。

(8) 边长测量用不低于Ⅱ级的光电测距仪或全站仪，实测边长一测回。

(9) 一级图根导线测定边长时，须测定仪器常数、棱镜常数等边长改正参数。上述参数可在电子手簿中记录，也可直接在全站仪进行设置与改正。

3. 图根支导线的测设要求

(1) 因地形条件的限制，布设附合图根导线确有困难时可布设图根支导线。

(2) 支导线总边数不应多于 4 条边，总长度不应超过二级图根导线长度的 1/2，最大边长不应超过平均边长 2 倍，图根支导线平均边长及边数见表 2-8。

表 2-8　图根支导线平均边长及边数

测图比例尺	平均边长(m)	导线边数
1∶500	100	3
1∶1000	150	3
1∶2000	250	4
1∶5000	350	4

(3) 支导线边长采用光电测距仪测距，可单程观测一测回。

(4) 支导线水平角观测首站时，应连测两个已知方向，采用 J_6 级经纬仪观测一测回。

(5) 支导线对首站以外其他测站的水平角应分别测左、右角各一测回，其固定角不符值与测站圆周角闭合差均不应超过±40″；采用全站仪时，其他测站水平角可观测一测回。

4. 图根极坐标法的测量要求

极坐标法测量图根点时，应符合下列规定。

(1) 用 6″以上全站仪测角。

(2) 观测限差不超过表 2-9 中的规定。

表 2-9　极坐标法图根点测量角度观测限差

半测回归零差(″)	两半测回角度较差(″)	测距读数较差(mm)	正倒镜高程较差(m)
≤20	≤30	≤20	≤h_d/10

(3) 可直接测定图根点的坐标和高程，并将上、下半测回的观测值取平均值作为最终观测成果。

(4) 极坐标法图根点测量的边长，不应大于表 2-10 的规定。

表 2-10　极坐标法图根点测量的最大边长

比例尺	1∶500	1∶1000	1∶2000	1∶5000
最大边长(m)	300	500	700	1000

2.2.3　导线测量的观测、记录与计算

1. 导线测量的观测

1) 边长测量

导线边长常用电磁波测距仪测定。由于测的是斜距，因此要同时测竖直角，进行平距改正。图根导线也可采用钢尺量距。其往返丈量的相对精度不得低于 1/3000，特殊困难地区允许相对精度不低于 1/1000，并进行倾斜改正。

2) 角度测量

导线角度测量有转折角测量和连接角测量。在各待定点上所测的角为转折角，这一工作称为转折角测量。这些角分为左角和右角，在导线前进方向右侧的水平角为右角；左侧

的为左角。导线应与高级控制点连测才能得到起始方位角，这一工作称为连接角测量，也称导线定向。目的是使导线点坐标纳入国家坐标系统或该地区统一坐标系统。附合导线与两个已知点连接的应测两个连接角，闭合导线和支导线只需测一个连接角。当独立地区周围无高级控制点时，可假定某点坐标用罗盘仪测定起始边的磁方位角作为起算数据。

2. 导线测量的记录

外业数据采集使用电子手簿方式或其他记录方式。无论采用何种记录方式，均应提交图根控制记录资料。全站仪导线记录表见表 2－11。

表 2－11　全站仪导线记录表

测点	盘位	目标	水平度盘读数 ° ′ ″	水平角		边长记录
				半测回值 ° ′ ″	一测回值 ° ′ ″	
						边长名： 第一次： 第二次： 平均：
						边长名： 第一次： 第二次： 平均：
						边长名： 第一次： 第二次： 平均：

3. 导线测量的计算

导线法进行图根控制时，常采用近似的配赋方法计算导线点的坐标，这种平差软件繁多，可使用计算机采用正确、可靠的平差软件进行，比如用平差易软件进行平差计算，如图 2－20 所示。平差所用的原始数据，宜由电子记录手簿与计算机通信接口传输而得，相关数据及成果由计算机统一输出并装订成册。

导线测量内业计算和成果输出时的取位要求见表 2－12。

表 2－12　图根控制测量的内业计算和成果的取位要求

各项计算修正值(″或 mm)	方位角计算值(″)	边长及坐标计算值(m)	高程计算值(m)	坐标成果(m)	高程成果(m)
1	1	0.001	0.001	0.01	0.01

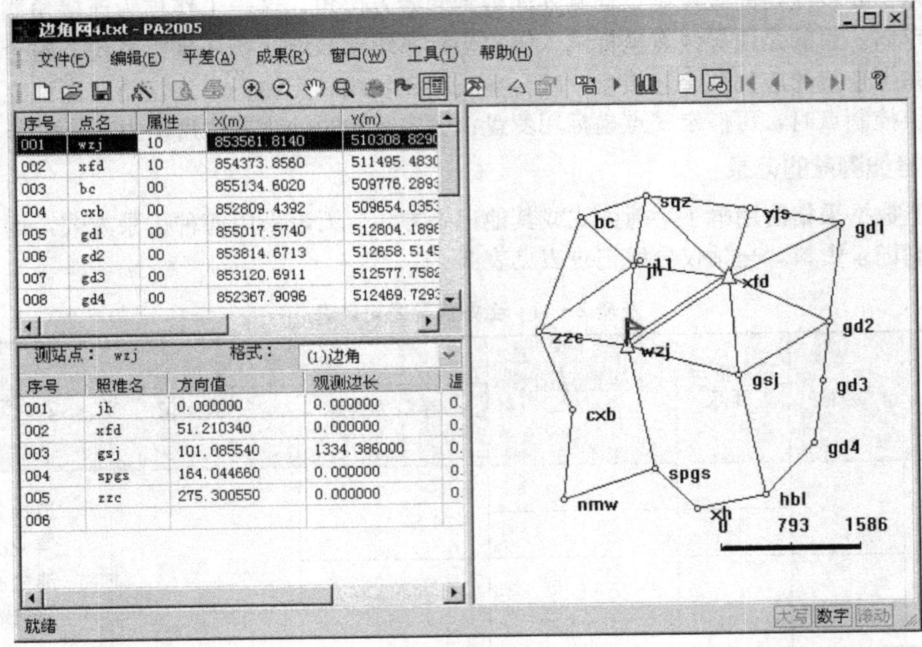

图 2-20　平差易软件平差计算

2.3　交会测量

1. 测角前方交会

如图 2-21 所示，A、B 为地面上两已知点，分别在 A、B 点安置仪器，观测水平角和，根据 A、B 点的已知坐标，则可用下列公式直接由计算器求得未知点 P 的坐标。

$$\begin{cases} x_P = (x_A \cdot \cot\beta + x_B \cdot \cot\alpha - y_A + y_B) / (\cot\alpha + \cot\beta) \\ y_P = (y_A \cdot \cot\beta + y_B \cdot \cot\alpha + x_A - x_B) / (\cot\alpha + \cot\beta) \end{cases} \tag{2-1}$$

利用式(2-1)计算时，要特别注意按图 2-21 所示的顺序将已知点进行编号。为了检核，一般要求布设由 3 个已知点组成的前方交会。

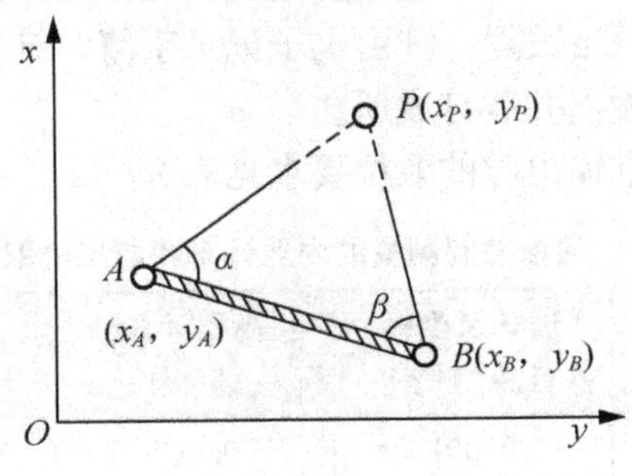

图 2-21　前方交会

2. 测边交会

测边交会如图2-22所示。作业模式：测出距离，由边长推算坐标，计算方法是由距离推算角度，用角度交会法计算。

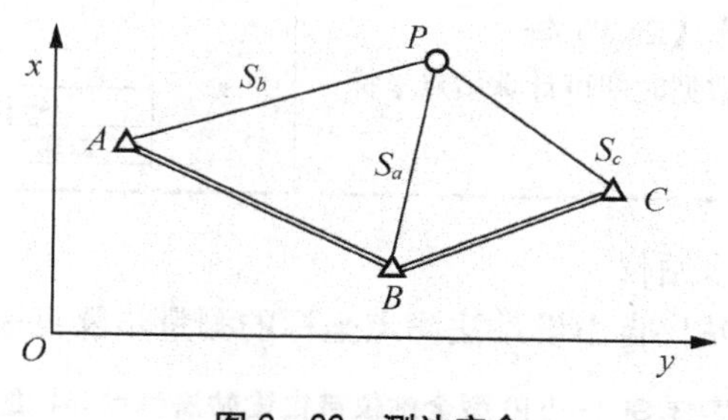

图2-22 测边交会

3. 全站仪自由设站法

全站仪自由设站法即在任意位置安置全站仪，通过对几个已知点的观测，得到测站点的坐标，如图2-23所示。

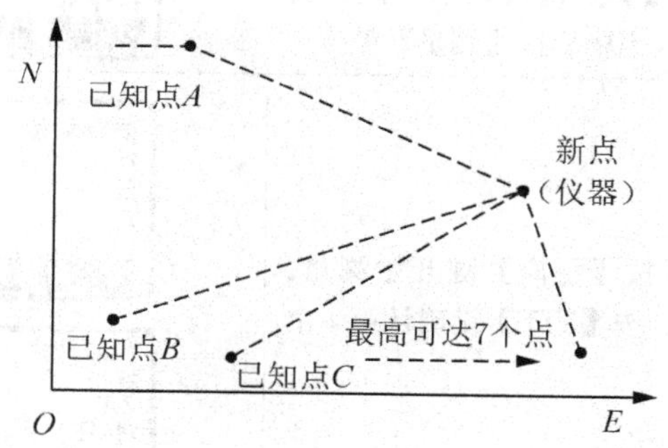

图2-23 自由设站法测点坐标

1）尼康DTM—302型全站仪

尼康DTM—352C型全站仪自由设站法测点坐标的测量步骤见表2-13。

表2-13 尼康DTM—352C全站仪自由设站法测点坐标的测量步骤

序号	操作步骤	屏幕显示
1	在“建站”菜单中按【2】键选择后方交会	建站 1. 已知 2. 后交 3. 快速 4. 远程水准点 5. BS检查
2	输入第一个点的点名(PT)和目标高(HT) 按回车【ENT】键 照准第一个已知点按测量键【MSR】键 需要盘右观测选择按【F2】键 按回车【ENT】键则处理下一个点	站点 HA:# 0° 00′ 00″ HD:# 207.9466m SD:x 362.5420m *按[回车]键到下一点 F2

续表

序号	操作步骤	屏幕显示
3	量测第二个点并按回车【ENT】键 有了足够的点的量测数据时即可计算站点坐标	测站 2/2 X: 199.4976 Y: 712.5026 Z: -283.9518 *按[增加]至下一点 添加 查看 显示 记录

2）索佳 SET—10 型全站仪

索佳 SET—510 型全站仪自由设站法测点坐标的测量步骤见表 2－14。

表 2－14　索佳 SET—510 型全站仪自由设站法测点坐标的测量步骤

序号	操作步骤	屏幕显示
1	在菜单中选取【后交】键开始后方交会 选取“NEZ 坐标”，按【编辑】键输入已知点数据，每输完一点后按【▶】键进入下一点，当所有已知点的数据输入完毕后按【测量】键	第1点号 Np: 100.000 Ep: 100.000 Zp: 50.000 目标高 1.400m 1 2 3 4
2	照准第 1 个已知点后按【距离】键开始测量。屏幕上显示测量结果。按【YES】键确认第 1 个已知点的测量结果	后方交会 Pt. 1 N 100. 000 E 100. 000 Z 50. 000 距 离 角 度 后方交会 点号1 S 525. 450m ZA 80° 30′ 15″ HAR 120° 10′ 00″ 目标高 1. 400 m 编 辑 NO YES
3	量测第二个点并按回车【ENT】键 当有了足够的点的量测数据后屏幕上将显示出计算，即可计算站点坐标	后方交会 点号3 S 125. 450m ZA 40° 30′ 15″ HAR 20° 10′ 00″ 目标高 1. 200 m 计 算 编 辑 NO YES

2.4　高 程 测 量

2.4.1　图根高程测量的技术要求

1. 图根水准测量的技术要求

平坦地区图根点高程用图根水准测定，其技术要求见表 2－15。

表 2-15 图根水准测量技术要求

路线长度			视线长度		前后视距差(m)	附合路线或环线闭合差	
附合路线(km)	节点间(m)	支线(km)	仪器类型	视距(m)		平地或丘陵(mm)	山地(mm)
8	6	4	DS_3	≤100	≤50	$\leqslant\pm40\sqrt{L}$	$\leqslant\pm12\sqrt{n}$

注：(1) 山地是指每千米图根水准测量超过16站的路线或环线所在区域。

(2) L为路线长度，以km计，n为测站数。

(3) 图根水准测量按中丝读数法单程观测(黑面一次读数)，估读到mm，支线按往返测。

图根水准路线及图根光电测距导线应起闭在不低于5等水准的控制点上。图根三角高程路线可起闭于图根水准点。

2. 图根光电测距高程导线代替图根水准测量的技术要求

山地或建筑物上的图根点高程可用图根三角高程测量方法测定，可与图根水准测量交替使用。其技术要求见表2-16。

表 2-16 图根光电测距高程导线代替图根水准测量的技术要求

附合路线总长(km)	平均边长(m)	测回数		垂直角指标差之差		对向观测高差较差(m)	路线闭合差(mm)
		J_2	J_6	J_2	J_6		
≤5	≤300	1	2	15″	25″	≤0.02S	$\leqslant\pm40\sqrt{L}$

注：(1) S为边长，以hm(百米)计，不足1hm按1hm计算。

(2) L为路线总长，以km计，不足1km按1km计算。

(3) 与图根水准交替使用时，路线闭合差允许值也为$\leqslant\pm40\sqrt{L}$(mm)。

(4) 当L大于1km且每km超过16站时，路线闭合差允许值为$\leqslant\pm12\sqrt{n}$(mm)，n为测站数。

(5) 目标高、仪器高量至mm。

(6) 高程计算至mm，取至cm。

2.4.2 图根高程测量

在工程施工过程中常常涉及高程测量。传统的测量方法是水准测量和三角高程测量。这两种方法虽然各有特色，但都存在着不足。水准测量是一种直接测高法，测定高差的精度是较高的，但受地形起伏条件的限制，外业工作量大，施测速度较慢；三角高程测量是一种间接测高法，它不受地形起伏的限制，且施测速度较快，在大比例地形图测绘、线型工程、管网工程等工程测量中广泛应用，但精度较低，且每次测量都得量取仪器高、棱镜高，麻烦而且增加了误差来源。

随着全站仪的广泛使用，使用跟踪杆配合全站仪测量高程的方法越来越普遍。这种方法既结合了水准测量的任意设站的特点，又减少了三角高程的误差来源，同时每次测量时还不必量取仪器高、棱镜高，使三角高程测量精度进一步提高，施测速度更快。

如果将全站仪像水准仪一样任意置点，而不是将它置在已知高程点上，同时又在不量取仪器高和棱镜高的情况下，利用三角高程测量原理测出待测点的高程，那么施测的速度将更快。

如图 2-24 所示，假设 B 点的高程已知，A 点的高程为未知，这里要通过全站仪测定其他待测点的高程。在公式 $H_A=H_B-(D\tan\alpha+i-t)$ 中，除了 $D\tan\alpha$ 即 v 的值可以用仪器直接测出外，i、t 都是未知的。但仪器一旦置好，i 值将随之不变，同时选取跟踪杆作为反射棱镜，假定 t 值也固定不变。从公式 $H_A=H_B-(D\tan\alpha+i-t)$ 可知

$$H_A+i-t=H_B-D\tan\alpha=W \tag{2-2}$$

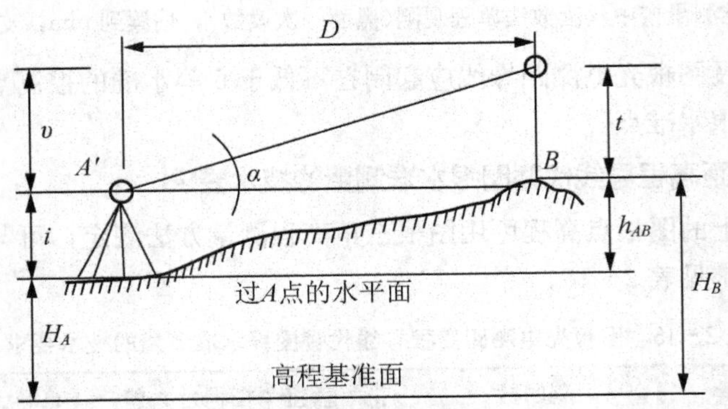

图 2-24　三角高程测量原理

由式(2-2)可知，基于上面的假设，H_A+i-t 在任一测站上都是固定不变的，而且可以计算出它的值 W。

1. 新方法的操作过程

(1) 仪器任一置点，但所选点位要求能与已知高程点通视。

(2) 用仪器照准已知高程点，测出 v 的值，并算出 W 的值(此时与仪器高程测定有关的常数，如测站点高程、仪器高、棱镜高均为任一值，施测前不必设定)。

(3) 将仪器测站点高程重新设定为 W，仪器高和棱镜高设为 0 即可。

(4) 照准待测点测出其高程。

2. 理论分析

结合式(2-2)，有

$$H'_B=W+D'\tan\alpha' \tag{2-3}$$

式中，H'_B——待测点的高程，m；

W——测站中设定的测站点高程，m；

D'——测站点到待测点的水平距离，m；

α'——测站点到待测点的观测垂直角，(°)。

从式(2-3)可知，不同待测点的高程随着测站点到待测点的水平距离或观测垂直角的变化而改变。

将式(2-2)代入式(2-3)可知

$$H'_B=(H_A+i-t)+D'\tan\alpha' \tag{2-4}$$

由三角高程测量原理可知

$$H_B'=W+D'\tan\alpha'+i'-t' \tag{2-5}$$

将式(2-4)代入式(2-5)可知

$$H_B'=(H_A+i-t)+D'\tan\alpha'+i'-t' \tag{2-6}$$

这里的i'、t'为0，所以

$$H_B'=(H_A+i-t)+D'\tan\alpha' \tag{2-7}$$

由式(2-4)、式(2-7)可知，两种方法测出的待测点高程在理论上是一致的，也就是说采取这种方法进行三角高程测量是正确的。

综上所述，将全站仪任置一点，同时不量取仪器高、棱镜高，仍然可以测出待测点的高程。测出的结果从理论上分析比传统的三角高程测量精度更高，因为它整个过程不必用钢尺量取仪器高、棱镜高，也就减少了这方面造成的误差。同时需要指出的是，在实际测量中棱镜高还可以根据实际情况改变，只要记录下相对于初值t增大或减小的数值，就可在测量的基础上计算出待测点的实际高程。

项目小结

通过本项目学习，学生应掌握控制测量的基本理论和基本方法；能熟练地操作全站仪，获得合格的外业观测成果；能利用计算机进行控制网概算和平差计算等内业数据处理。

项目测试

1. 与光学经纬仪相比，全站仪中有哪些光学经纬仪特点？
2. 简述全站仪的安置方法。
3. 在户外测站上练习全站仪和反光棱镜的安装，并进行角度和距离测量。
4. 导线测量中，如何计算角度闭合差和坐标增量闭合差？闭合差配赋的原则是什么？
5. 如何利用全站仪进行图根控制测量？
6. 图根导线测量都有哪些要求？
7. 图根点的密度是如何规定的？
8. 简述自由设站法坐标测量的基本步骤。
9. 简述全站仪三角高程测量的基本步骤。

项目 3

全站仪碎部数据采集

学习目标

学习本项目，主要熟悉全站仪的数据存取及数据采集程序；能够在野外用全站仪采集碎部点并绘制草图；能够正确陈述编码法测图过程；能够熟练陈述简单地物的编码；能够正确地在仪器中设置每个地物点和地貌点的编码及连线方式。

学习要求

知识要点	技能训练	相关知识
全站仪数据存储	(1) 尼康 DTM—302 型全站仪的数据存储 (2) 索佳 SET—10 型全站仪的数据存储	(1) 掌握全站仪工作文件的选取与删除 (2) 熟练全站仪已知坐标数据的输入与删除 (3) 了解全站仪属性码的输入与删除
全站仪三维坐标测量	(1) 尼康 DTM—302 型全站仪的三维坐标测量 (2) 索佳 SET—10 型全站仪的三维坐标测量	(1) 熟练掌握全站仪的建站工作 (2) 熟练掌握全站仪的三维坐标测量工作
“草图法”野外数据采集	全站仪“草图法”野外数据采集	(1) 掌握“草图法”野外数据的基本程序 (2) 熟练掌握全站仪进行数据采集的操作步骤 (3) 掌握碎部点的选择原则
“编码法”野外数据采集	全站仪“编码法”野外数据采集	(1) 掌握“编码法”野外数据的基本程序 (2) 掌握“编码法”的野外操作码和连接关系符号 (3) 了解“编码法”的内部编码 (4) 掌握“编码法”中数据采集野外操作码的编写和编码的数据格式

▶▶项目导入

数字测图技术通常分为外业数据采集和内业编辑处理两大部分，其中外业数据采集极其重要，它直接决定着成图的质量。外业数据采集就是在野外直接测定地形特征点的位置，并记录地物的连接关系及其属性，为内业处理提供必要信息及便于数字地图的深加工利用。如何测定地形特征点的位置(坐标和高程)，并记录地物的连接关系及其属性(编码)，是通过本项目学习的主要内容。

3.1 全站仪数据存储

3.1.1 索佳 SET—10 型全站仪数据存储

数据存储功能在存储模式下，主要内容包括工作文件的选取与删除；已知坐标数据的输入与删除；属性码的输入与删除。

特别提示

在存储数据前应选取当前工作文件，存储的数据被存入当前工作文件中。共有 10 个工作文件名可供选取，10 个工作名分别为 JOB01～JOB10，工作文件名可以根据需要进行更改。

1. 工作文件的选取与删除

索佳 SET—10 系列全站仪工作文件的选取与删除工作包括工作文件的选取、更改工作文件名和删除工作文件，具体操作步骤见表 3-1。

表 3-1　索佳 SET—10 系列全站仪工作文件的选取与删除

序号	操作步骤	屏幕显示
1	工作文件的选取 (1) 在内存模式下选取“文件”选项 (2) 选取“当前文件选取”选项进入“当前文件选取”屏幕；按【▶】键和【◀】键，选 JOB (3) 也可以单击 LTST 按钮，从表中选取 ① 工作文件名右侧的数字表示文件中已存储的记录数 ② 工作文件名左侧为＊表示该文件尚未输出到计算机等外部设备上 (4) 将光标移至所需工作文件名上按回车键选取；JOB 被选中并返回“当前文件夹选取”屏幕	当前文件选取 JOB01　46 ＊ATUGI　254 JOB03　0 JOB04　0 JOB05　0 当前文件选取 : JOB1 :S.F.=1.00000000 查找坐标 :JOB LIST　S.F.

续表

序号	操作步骤	屏幕显示
2	更改工作文件名 (1) 在内存模式下选取“文件”选项 (2) 选取待更改的工作文件名 (3) 在JOB屏幕下选取“文件名编辑”后输入新文件名并按回车键完成文件名更改	文件名编辑 A JOB03 A B C D
3	删除工作文件 (1) 在内存模式下选取“文件” (2) 选取“文件删除”选项列出工作文件名表 (3) 将光标移至所需工作文件名上按回车键 (4) 单击YES按钮确认删除返回“文件删除”屏幕	JOB01 删除 确认 NO YES 文件删除 JOB01 46 ATUGI 254 * JOB03 0 JOB04 0 JOB05 0

2. 已知坐标数据的输入与删除

索佳SET—10系列全站仪已知坐标数据的输入与删除工作包括从键盘输入已知坐标、利用计算机等外部设备输入已知坐标、已知坐标删除、清除全部已知坐标、调阅已知坐标等内容，具体操作步骤见表3-2。

表3-2　索佳SET—10系列全站仪已知坐标数据的输入与删除

序号	操作步骤	屏幕显示
1	已知坐标键盘输入 (1) 在内存模式下选取“已知数据”选项，显示当前工作文件名 (2) 选取“键入坐标”选项后输入已知坐标值和点号 (3) 按回车键将数据存入仪器并返回步骤(2)屏幕下 (4) 继续输入各已知点的坐标数据 (5) 按【Esc】键结束输入返回“已知数据”屏幕	记录3991 N 567.950 E 200.820 Z 305.740 点号 5 1 2 3 4
2	利用计算机等外部设备输入已知坐标 (1) 将仪器主机和计算机连接起来 (2) 在内存模式下选取“已知数据”选项，显示当前工作文件名 (3) 选取“通讯输入”选项进入“通讯输入”屏幕，坐标数据开始由外部设备传输进入仪器内存，屏幕上显示出接收到的记录数，数据输入完毕后返回“已知数据”屏幕 (4) 继续输入其他已知坐标数据 (5) 按【Esc】键结束输入返回“已知数据”屏幕	通讯输入 格式 SDR 接收 12

续表

序号	操作步骤	屏幕显示
3	已知坐标删除 (1) 在内存模式下选取"已知数据"选项 (2) 选取"坐标删除"选项显示已知点号表 (3) 将光标移至待删除点号上后按回车键 (4) 按【Del】键删除所选点 (5) 按【Esc】键结束输入返回"已知数据"屏幕	点号. 0 点号. 1 点号. 12345678 点号. 12345679 点号. SOKKIA ↑↓··P 上 后 找
4	清除全部已知坐标 (1) 在内存模式下选取"已知数据"选项 (2) 选取"清除坐标"选项后按回车键 (3) 单击 YES 按钮确认清除返回"已知数据"屏幕	清除坐标 确认? NO YES
5	调阅已知坐标 (1) 在内存模式下选取"已知数据"选项，显示当前工作文件名 (2) 选取"查找坐标"选项显示已知点号表 (3) 将光标移至所需点号上按回车键显示对应的坐标值 (4) 按【Esc】键返回已知点号表屏幕，再按【Esc】键返回"已知数据"屏幕	N 567.950 E -200.820 Z 305.740 点号. 5 下一个 上一个 DEL

3. 属性码的输入与删除

索佳 SET—10 系列全站仪属性码的输入、删除的操作步骤见表 3-3。

表 3-3 索佳 SET—10 系列全站仪属性码的输入、属性码的删除

序号	操作步骤	屏幕显示
1	属性码的输入 (1) 在内存模式下选取"代码"选项 (2) 选取"键入代码"选项，输入属性码后按回车键将其存入仪器内存	代码 : Pole
2	属性码的删除 (1) 在内存模式下选取"代码"选项 (2) 选取"删除代码"选项显示属性码表 (3) 将光标移至待删除属性码上后按【Del】键删除	Pole A001 A TREE01LEFT POINT01 POINT02 ↑↓··P 上 后 DEL

3.1.2 尼康 DTM—302 型全站仪数据存储

1. 工作文件选取与删除

尼康 DTM—302 系列全站仪工作文件的选取与删除工作包括工作文件创建、工作文件选取、工作文件删除，具体操作步骤见表 3-4。

表 3-4 尼康 DTM—302 系列全站仪工作文件的选取与删除

序号	操作步骤	屏幕显示
1	工作文件创建 (1) 按【MENU】键打开菜单屏幕 (2) 按【1】键打开任务管理器 (3) 按【创建】软功能键打开创建任务屏幕 (4) 输入任务名称 (5) 按【设定】软功能键检查任务的设定情况。一旦创建了任务，就不能改变任务的设定了 (6) 在任务设定屏幕的最后一个域中按【ENT】键以创建新任务	任务管理器 *040121-1 04-01-21 !040120-2 04-01-20 !040120-1 04-01-20 020624-B 04-01-20 YOKOHAMA 04-01-20 创建 DEL Ctrl 信息 创建任务 任务名称:040121-2 * 按[OK]创建 [Sett]为任务设定 中断 设定 OK <任务设定1/3> 比例 :1.000000 T-P改正 :开 海平面 :关 C&R改正 :0.132
2	工作文件选取 (1) 按【MENU】键打开菜单屏幕 (2) 按【1】键或选择任务打开任务管理器 (3) 把光标移到您想用作控制任务的任务上 (4) 按【Ctrl】软功能键 (5) 按【是】软功能键	任务管理器 NIKON123 04-01-21 *040121-1 04-01-21 !040120-2 04-01-20 !040120-1 04-01-20 020624-B 04-01-20 创建 DEL Ctrl 信息 控制任务<开> 任务名称:NIKON123 * 设定此任务为 控制任务? 否 是
3	工作文件删除 (1) 按【MENU】键打开菜单屏幕 (2) 按【1】键或选择任务打开任务管理器 (3) 把光标移到您想删除的任务上 (4) 按【Del】软功能键 (5) 按【是】软功能键	任务管理器 NIKON123 04-01-21 *040121-1 04-01-21 !040120-2 04-01-20 !040120-1 04-01-20 020624-B 04-01-20 创建 DEL Ctrl 信息

2. 坐标数据和属性码的输入

尼康 DTM—302 系列全站仪坐标数据和属性码的输入操作步骤见表 3-5。

表 3-5 尼康 DTM—302 系列全站仪坐标数据和属性码的输入

序号	操作步骤	屏幕显示
1	坐标数据的输入 (1) 当输入一个新点的名称或编号时，坐标输入屏幕出现 (2) 在 NE、NEZ 或仅高程(Z)格式中输入点的坐标 (3) 在最后一行(CD 域)按【ENT】键，存储当前任务中的点	N: 200.3080 E: Z: PT:503 CD: N: 200.3080 E: -64.2315 Z: 0.5800 PT:503 CD:CURB 列表 堆栈
2	属性码的输入 如果要直接输入代码，按【MODE】键，把输入模式改变为字符或数字模式，然后用键盘输入代码	记录点 PT:A102 HT: 1.7026m CD:HUB 列表 堆栈

3.2 全站仪三维坐标测量

坐标测量的基本原理是坐标正算，即根据已知点的坐标、已知边的坐标方位角，计算未知点的坐标的方法。全站仪坐标测量的基本原理是同时观测角度和距离，经微处理器进行数据处理，由显示器显示测量结果。高程测量原理与三角高程测量原理相同。

3.2.1 索佳 SET—10 型全站仪三维坐标测量

索佳 SET—10 系列全站仪三维坐标测量基本步骤见表 3-6。

表 3-6 索佳 SET—10 系列全站仪三维坐标测量基本步骤

序号	操作步骤	屏幕显示
1	(1) 安置仪器(对中、整平)，选择测站点、后视点，量取仪器高，棱镜高 (2) 在菜单下选择【坐标测量】选项进入“坐标测量”屏幕	坐标测量 测站定向 测 量 EDM
2	选取“测站定向”菜单中的“测站坐标”选项后按【编辑】键，输入测站点的已知坐标值、仪器高、棱镜高，完成后按 OK 键	N0: 0.000 E0: 0.000 Z0: 0.000 仪器高 : 1.400m 目标高 : 1.200m 取DATA 记 录 编 辑 OK N0: 370.000 E0: 10.000 Z0: 100.000 仪器高: 1.400m 目标高: 1.200m 1 2 3 4

续表

序号	操作步骤	屏幕显示
3	选取“测站定向”菜单中的“后视坐标”选项，按【编辑】键输入后视点的已知坐标值；或者选取“测站定向”中“角度定向”，按【编辑】键输入测站点与后视点连线的方位角	后视坐标 NBS: 170. 000 BBS: 470. 000 ZBS: 100. 000 1 2 3 4 后视定向 后视读数 ZA 89° 59′ 55″ HAR 117° 32′ 20″ NO YES
4	(1) 精确瞄准后视点后，按回车键确认，返回坐标测量屏幕 (2) 精确瞄准目标棱镜后，在坐标测量屏幕下选取“测量”，开始坐标测量 (3) 屏幕显示目标点的三维坐标，记录或存储	N 240. 490 E 340. 550 Z 305. 740 ZA 89 ° 42 ′ 50 ″ HAR 180 ° 31 ′ 20 ″ 观 测 仪 高 记 录
5	(1) 找准下一个目标，重复步骤 3、4 进行其他点坐标的观测 (2) 按【Esc】键结束坐标测量返回“坐标测量”屏幕	

3.2.2 尼康 DTM—302 型全站仪三维坐标测量

尼康 DTM—302 系列全站仪三维坐标测量基本步骤见表 3－7。

表 3－7 尼康 DTM—302 系列全站仪三维坐标测量基本步骤

序号	操作步骤	屏幕显示
1	打开测站设立菜单，在基本测量菜单(BMS)按【STN】键。按【1】键或在测站设立菜单选择已知	测站设立 1. 已知 2. 后方交会 3. 快速 4. 远程BM 5. 后视检查 (X,Y,Z)
2	在 ST 域输入一个点名称或编号 (1) 如果输入点的编号或名称是已有点，它的坐标将显示出来，同时光标移到“HI”(仪器高度)域 (2) 如果是新点，坐标输入屏幕出现。输入这个点的坐标。在每个域之后按【ENT】键。在 CD 域按【ENT】键时，新点被存储 (3) 如果指定的点有一个代码，代码将在 CD 域中显示	输入测站 ST: HI: 0.0000m CD: 列表 堆栈 X: 4567.3080 Y: 200.1467 Z: PT:A-123 CD:POT

续表

序号	操作步骤	屏幕显示
3	在HI域输入仪器高度，然后按【ENT】键 <后视>屏幕出现，为定义后视点选择一个输入方法 (1) 用输入坐标的方法照准后视 (2) 用输入方位角和角度的方法照准后视	输入测站 ST:A-123 HI: 0.0000 m CD:POT 后视 (XYZ) 1.坐标 2.角度
4	(1) 通过输入坐标照准后视按【1】键 (2) 输入点名称。如果点存在于任务中，它的坐标就会显示出来 (3) 在盘左照准BS，按【ENT】键完成设定 (4) 通过输入方位角照准后视按【2】键 (5) 在盘左照准BS，按【ENT】键完成设定	输入后视点 BS: HT: 10.5689m CD: 列表 堆栈 测站 1/2 AZ: 181°53′36″ HD: m SD: m *照准后视并[MSR]/[ENT] F2 测站 1/2 AZ: 181°53′36″ HD: m SD: m *照准后视并[MSR]/[ENT] F2
5	三维坐标测量 照准未知点，即可进行坐标测量，按【MSR1】键或【MSR2】键，其操作步骤与距离测量相同	

3.3 “草图法”野外数据采集

3.3.1 任务描述

利用全站仪坐标测量功能，进行大比例尺地形图碎部测量，通过对全站仪的“建站”，使得仪器能够与相应的坐标系统相一致，然后对选择的碎部点进行测量，直接获得碎部点的坐标，并应用草图对点的位置进行记录，这种测图方法称为“草图法”。这种方法是数字测记法中最简单的一种方法，也是外业数据采集使用最广泛的一种方法。“草图法”作业模式的要点，就是在全站仪采集数据的同时绘制观测草图，记录所测地物的形状并注记测点顺序号。内业将观测数据传送给计算机，在测图软件的支持下，对照观测草图进行测点连线及图形编辑。图 3-1 为外业作业草图。

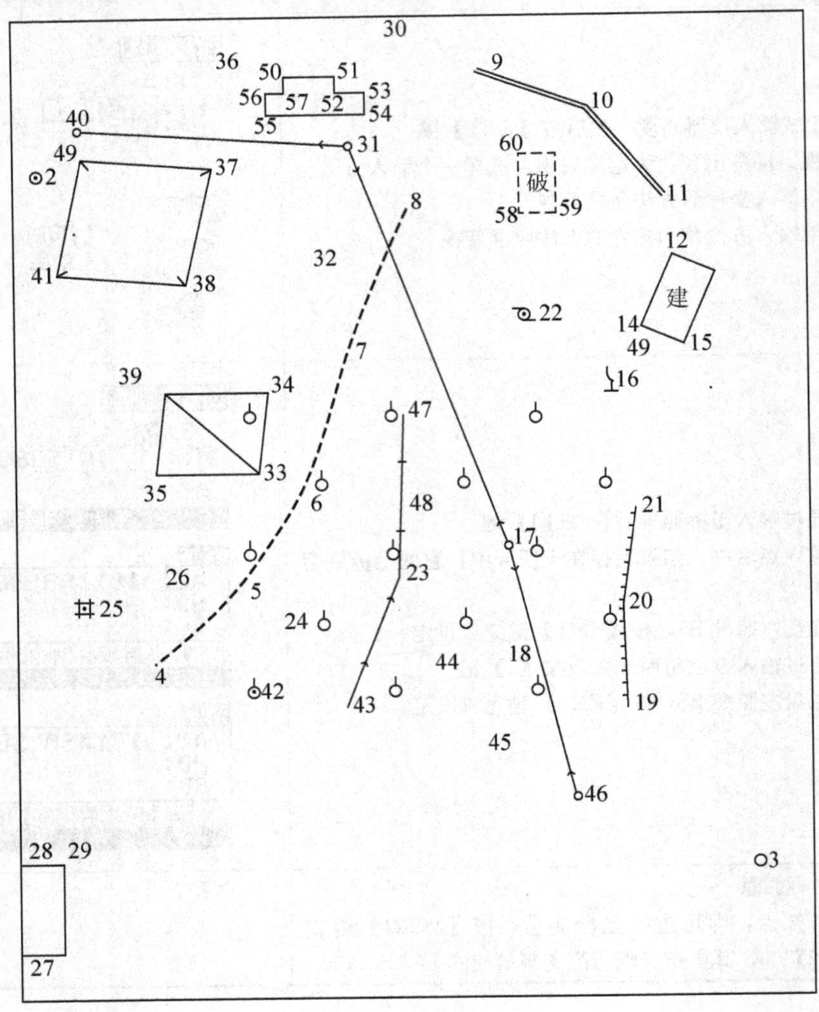

图 3-1　外业作业草图(一)

在数字测图作业过程中，应重视外业人员的组织与管理。“草图法”工作方式要求外业工作时除了观测员和跑尺员外，还要安排一名绘草图的人员，称为领尺员。在跑尺员跑尺时，领尺员要标注出所测的是什么地物(属性信息)及记下所测点的点号(位置信息)，在测量过程中和观测员及时联系，使草图上标注的某点点号和全站仪里记录的点号一致，而在测量每一个碎部点时不用在电子手簿或全站仪里输入地物编码，故又称为“无码方式”。

“草图法”测图时的人员组织，各作业单位的方法也不尽相同。有的单位的人员配置为观测员 1 名、领尺员 1 名、跑尺员 1~3 名。领尺员负责画草图和室内成图，是小组的核心成员，一般外业 1 天，内业 1 天，2 人轮换。有些测绘单位在任务较紧时，常常白天进行外业观测，晚上进行内业成图，所以在进行人员安排时，可以安排数字测图软件和计算机操作熟练、有耐心、有一定指挥能力的人员作为领尺员；安排操作全站仪比较熟练的人员作为观测员；安排体力较好、对地形图的地形表达和综合取合理解较好的人员作为跑尺员。这样的作业人员组合才能实现数字测图的高效率。

3.3.2 全站仪进行数据采集的操作步骤

在利用“草图法”进行野外数据采集之前，应做好充分的准备工作。主要包括两个方面：①仪器工具的准备；②图根点成果资料的准备。

在仪器工具方面通常准备全站仪、三脚架、棱镜、对中杆、备用电池、充电器、数据线、钢尺(或皮尺)、小钢卷尺(量仪器高用)、记录用具、对讲机、测伞等。同时对全站仪的内存进行检查，确认有足够的内存空间。如果内存不够，则需要删除一些无用的文件，如全部文件无用可将内存初始化。

图根点成果资料的准备主要是备齐所要测绘的范围内的图根点的坐标和高程成果表，必要时也可先将图根点的坐标高程成果传输到全站仪中，需要时调用即可。

采用全站仪“草图法”测图时野外数据采集的步骤如下。

(1) 在高等级控制点或图根点上安置全站仪，完成仪器的对中和整平。

(2) 量取仪器高。

(3) 全站仪开机、照明设置、气象改正、加常数改正、乘常数改正、棱镜常数设置、角度和距离测量模式设置等。

(4) 进入全站仪的数据采集菜单，输入数据文件名，如“20120708”。

(5) 进入测站点数据输入子菜单，输入测站点的坐标和高程(或从已有数据文件中调用)，输入仪器高。

(6) 进入后视点数据输入子菜单，输入后视点坐标、高程或方位角(或从已有数据文件中调用)，并在作为后视点的已知图根点上立棱镜进行定向。

(7) 进入前视点坐标、高程测量子菜单，将已知图根点当作碎部点进行检核，确认各项设置正确后，方可开始测量碎部点。

(8) 领尺员指挥跑尺员跑棱镜，观测员操作全站仪，并输入第一个立镜点的点号(如0001)，按键进行测量，以采集碎部点的坐标和高程，第一点数据测量保存后，全站仪屏幕自动显示下一立镜点的点号(点号顺序增加，如0002)。

(9) 依次测量其他碎部点。

(10) 领尺员绘制草图，直到本测站全部碎部点测量完毕。

(11) 将全站仪搬到下一站，再重复上述过程。

特别提示

一个测站数据采集完成后要在重合点检核无误后再搬站。

在数据采集过程中要特别注意的是绘草图的人员必须与观测员和跑尺员保持良好的通信联系，使草图上的点号与仪器上的点号一致。

3.3.3 碎部点的选择原则

1）跑棱镜的一般原则

在地形测量中，地形点就是立尺点，因此跑尺是一项重要的工作。立尺点和跑尺线路的选择对地形图的质量和测图效率都有直接的影响。测图开始前，绘图员和跑尺员应先在测站上研究需要立尺的位置和跑尺的方案。在地性线明显的地区，可沿地性线在坡度变换点上依次立尺，也可沿等高线跑尺，一般常采用“环行线路法”和“迂回线路法”。

在进行外业测绘工作的时候，测量碎部点应首先测定地物和地貌的特征点，还可以选一些“地物和地貌”的共同点进行立尺并观测，这样可以提高测图工作的效率。

2）地物点的测绘

（1）地物点应选在地物轮廓线方向变化处。如果地物形状不规则，一般地物凹凸长度在图上大于 0.4mm 均应表示出来，如测绘 1∶500 地形图时，在实地地物凹凸长度大于 0.2m 的要进行实测。

（2）测量房屋时，应选房角为地形点；测量房屋时应用房屋的长边控制房屋，不可以用短边两点和长边距离画房，那样误差太大。有些成片房屋的内部无法直接测量，可用全站仪把周围测量出来，里面的用钢尺丈量。

（3）在测量水塘时，选有棱角或弯曲的地点为地形点。

（4）测量电杆时一定要注意电杆的类别和走向。有的电杆上边是输电线，下边是配电线或通信线，应表示主要的。成排的电杆不必每一个都测，可以隔一根测一根或隔几根测一根，因为这些电杆是等间距的，在内业绘图时可用等分插点画出。但有转向的电杆一定要实测。

（5）测量道路时可测路的一边，量出路宽，在内业绘图时即可绘制道路。

（6）主要沟坎必须表示，画上沟坎后，等高线才不会相交。

（7）地下光缆也应实测，但有些光缆例如国防光缆必须经某些部门批准方可在图上标出。

图 3-2 为地形点选择位置示意图。

3）地貌测绘

（1）地面上的山脊线、山谷线、坡度变化线和山脚线都称为地性线。在地性线上有坡度变换点，它们是表示地貌的主要特征点，如果测出这些点，再测出更多的地形点，便能正确而详细地表示实地的情况。一般地形点间最大距离不应超过图上 3cm，如 1∶500 比例尺地形图为 15m。

地形点的最大间距见表 3-8 的规定。

（2）在平原地区测绘大比例尺地形图，地形较为简单、地势较平坦，高程点可以稀一些。但有明显起伏的地方，高处应沿坡走向有一排点，坡下有一排点，这样画出的等高线才不会变形。

（3）在测山区时，主要是地形，但并不是点越多越好，做到山上有点、山下有点，确保山脊线、山谷线等地性线上有足够的点，这样画出的等高线才准确。

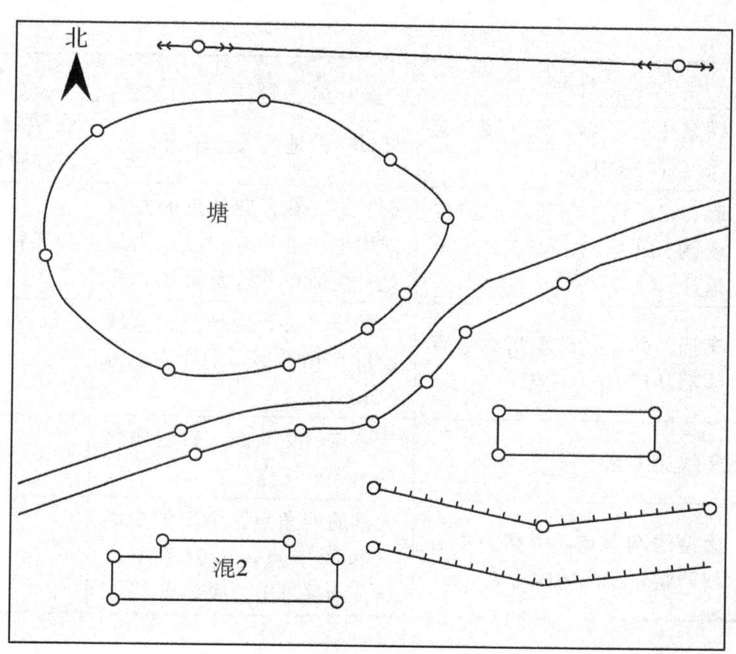

图 3-2 地形点选择位置示意图

表 3-8 地形点的间距

<table>
<tr><th colspan="2">比例尺</th><th>1∶500</th><th>1∶1000</th><th>1∶2000</th><th>1∶5000</th></tr>
<tr><td colspan="2">一般地区</td><td>15</td><td>30</td><td>50</td><td>100</td></tr>
<tr><td rowspan="2">水域</td><td>断面间距</td><td>10</td><td>20</td><td>40</td><td>100</td></tr>
<tr><td>断面上测点间距</td><td>5</td><td>10</td><td>20</td><td>50</td></tr>
</table>

注：水域测图的断面间距和断面上测点间距，根据地形变化和用图要求可适当加密和放宽。

4）工矿区现状图测绘

在工矿区测绘地形图时，建(构)筑物细部坐标点测量的位置见表 3-9。

表 3-9 建(构)筑物细部坐标点测量的位置

<table>
<tr><th colspan="2">类别</th><th>坐标</th><th>高程</th><th>其他要求</th></tr>
<tr><td rowspan="3">建(构)筑物</td><td>矩形</td><td>主要墙角</td><td>主要墙外角、室内地坪</td><td>—</td></tr>
<tr><td>圆形</td><td>圆心</td><td>地面</td><td>注明半径、高度或深度</td></tr>
<tr><td>其他</td><td>墙角、主要特征点</td><td>墙外角、主要特征点</td><td>—</td></tr>
<tr><td colspan="2">地下管线</td><td>起、终、转、交叉点管道中心</td><td>地面、井台、井底、管顶、下水测出入口管底或沟底</td><td>经委托方开挖后施测</td></tr>
<tr><td colspan="2">架空管道</td><td>起、终、转、交叉点管道支架中心</td><td>起、终、转、交叉点、变坡点的基座面或地面</td><td>注明通过铁路、公路的净空高</td></tr>
</table>

续表

类别	坐标	高程	其他要求
架空电力线路、电信线路	铁塔中心、起、终、转、交叉点杆柱的中心	杆(塔)的地面或基座面	注明通过铁路、公路的净空高
地下电缆	起、终、转、交叉点的井位或沟道中心，入口处、出地处	起、终、转、交叉点的井位或沟道中心，入口处、出地处、变坡点的地面和电缆面	经委托方开挖后施测
铁路	车挡、岔心、进场房处、直线部分每 50m 一点	车挡、岔心、变坡点、直线段每 50m 一点，曲线内轨每 20m 一点	—
公路	干线交叉点	变坡点、交叉点、直线段每 30～40m 一点	—
桥梁、涵洞	大型的四角点，中型的中心线两端，小型的中心点	大型的四角点，中型的中心点和两端点，小型的中心点，涵洞进出口底部高	—

5）城镇建筑区地形图的测绘

(1) 在房屋和街巷的测量时，对于 1∶500 和 1∶1000 比例尺地形图应分别实测；对于 1∶2000 比例尺地形图，小于 1mm 宽的小巷可适当合并；对于 1∶5000 比例尺地形图，小巷和院落连片的可合并测绘。

(2) 街区凸凹部分的取舍，可根据用图的需要和实际情况确定。

(3) 各街区单元的出入口及建筑物的重点部位，应测注高程点；主要道路中心在图上每隔 5cm 处和交叉、转折、起伏变换处，应测注高程点；各种管线的检修井，电力线路、通信线路的杆(塔)，架空管线的固定支架，应测出位置并适当测注高程点。

(4) 对于地下建(构)筑物，可只测量其出入口和地面通风口的位置和高程。

3.3.4 综合取舍的一般原则

地物、地貌的各项要素的表示方法和取舍原则，除应按现行国家标准地形图图式执行外，还应符合如下有关规定(非强制规定，供参考)。

1）测量控制点测绘

测量控制点是测绘地形图和工程测量施工放样的主要依据，在图上应精确表示。各等级平面控制点、导线点、图根点、水准点，应以展点或测点位置作为符号的几何中心位置，按图式规定符号表示。

2）居民地和垣栅的测绘

(1) 对于居民地的各类建筑物、构筑物及主要附属设施应准确测绘实地外围轮廓和如实反映建筑结构特征。

(2) 房屋的轮廓应以墙基外角为准，并按建筑材料和性质分类，注记层数。按 1∶500 比例尺测图时，临时性房屋可舍去。

(3) 建筑物和围墙轮廓凸凹在图上小于0.4mm，简单房屋小于0.6mm时，可用直线连接。

(4) 按1∶500比例尺测图，房屋内部天井宜区分表示。

(5) 测绘垣栅应类别清楚，取舍得当。城墙按城基轮廓依比例尺表示；围墙、栅栏、栏杆等可根据其永久性、规整性、重要性等综合考虑取舍。

(6) 台阶和室外楼梯长度大于图上3mm，宽度大于图上1mm的应在图中表示。

(7) 永久性门墩、支柱大于图上1mm的依比例实测，小于图上1mm的测量其中心位置，用符号表示。对于重要的墩柱无法测量中心位置时，要量取并记录偏心距和偏离方向。建筑物上突出的悬空部分应测量最外范围的投影位置，主要的支柱也要实测。

3) 交通及附属设施测绘

(1) 交通及附属设施的测绘，图上应准确反映陆地道路的类别和等级、附属设施的结构和关系；正确处理道路的相交关系及与其他要素的关系；正确表示水运和海运的航行标志、河流和通航情况及各级道路的通过关系。

(2) 公路与其他双线道路在图上均应按实宽依比例尺表示。公路应在图上每隔15～20mm注出公路技术等级代码，国道应注出国道路线编号。公路与街道按其铺面材料分为水泥、沥青、砾石、条石或石板、硬砖、碎石和土路等，应分别以砼、沥、砾、石、砖、碴、土等注记于图中路面上，铺面材料改变处应用点线分开。

(3) 路堤、路堑应按实地宽度绘出边界，并在其坡顶、坡脚适当测注高程。

(4) 道路通过居民地不宜中断，应按真实位置绘出。高速公路应绘出两侧围建的栅栏(或墙)和出入口，注明公路名称。中央分隔带视用图需要表示。市区街道应将车行道、过街天桥、过街地道的出入口、分隔带、环岛、街心花园、人行道与绿化带绘出。

(5) 桥梁应实测桥头、桥身和桥墩位置，加注建筑结构。

(6) 大车路、乡村路、内部道路按比例实测，宽度小于图上1mm时只测路中线，以小路符号表示。

4) 管线测绘

(1) 永久性的电力线、电信线均应准确表示，电杆、铁塔位置应实测。当多种线路在同一杆架上时，只表示主要的。城市建筑区内电力线、电信线可不连线，但应在杆架处绘出线路方向。各种线路应做到线类分明、走向连贯。

(2) 架空的、地面上的、有管堤的管道均应实测，分别用相应符号表示，并注明传输物质的名称。当架空管道直线部分的支架密集时，可适当取舍。地下管线检修井宜测绘表示。

(3) 污水篦子、消防栓、阀门、水龙头、电线箱、电话亭、路灯、检修井均应实测中心位置，以符号表示，必要时标注用途。

5) 水系测绘

(1) 江、河、湖、水库、池塘、泉、井等及其他水利设施均应准确测绘表示，有名称的加注名称。根据需要可测注水深，也可用等深线或水下等高线表示。

(2) 河流、溪流、湖泊、水库等水涯线按测图时的水位测定，当水涯线与陡坎线在图上投影距离小于1mm时，以陡坎线符号表示。河流在图上宽度小于0.5mm、沟渠在图上宽度小于1mm(在1∶2000地形图上小于0.5mm)的用单线表示。

(3) 水位高及施测日期视需要测注。水渠应测注渠顶边和渠底高程；时令河应测注河床高程；堤、坝应测注顶部及坡脚高程；池塘应测注塘顶边及塘底高程；泉、井应测注泉的出水口与井台高程，并根据需要注记井台至水面的深度。

6) 地貌和土质的测绘

(1) 地貌和土质的测绘，在图上应正确表示其形态、类别和分布特征。

(2) 自然形态的地貌宜用等高线表示，崩塌残蚀地貌、坡、坎和其他特殊地貌应用相应符号或用等高线配合符号表示。

(3) 各种天然形成和人工修筑的坡、坎，其坡度在70°以上时表示为陡坎，在70°以下时表示为斜坡。斜坡在图上投影宽度小于2mm，以陡坎符号表示。当坡、坎比高小于1/2基本等高距或在图上长度小于5mm时，可不表示。坡、坎密集时，可以适当取舍。

(4) 梯田坎坡顶及坡脚宽度在图上大于2mm时应实测坡脚。当1∶2000比例尺测图梯田坎过密，两坎间距在图上小于5mm时，可适当取舍。梯田坎比较缓且范围较大时，可用等高线表示。

(5) 坡度在70°以下的石山和天然斜坡，可用等高线或用等高线配合符号表示。独立石、土堆、坑穴、陡坡、斜坡、梯田坎、露岩地等应在上下方分别测注高程或测注上(或下)方高程及量注比高。各种土质按图式规定的相应符号表示，大面积沙地应用等高线加注记表示。

7) 植被的测绘

(1) 地形图上应正确反映出植被的类别特征和范围分布。对耕地、园地应实测范围，配置相应的符号表示。在大面积分布的植被能表达清楚的情况下，可采用注记说明。在同一地段生长有多种植物时，可按经济价值和数量适当取舍，符号配置不得超过3种(连同土质符号)。

(2) 旱地包括种植小麦、杂粮、棉花、烟草、大豆、花生和油菜等的田地，经济作物、油料作物应加注品种名称。有节水灌溉设备的旱地应加注“喷灌”、“滴灌”等。一年分几季种植不同作物的耕地，应以夏季主要作物为准配置符号表示。

(3) 稻田应测出田间的代表性高程，当田埂宽度在图上大于1mm的应用双线表示；小于1mm的用单线表示。在田块内应测注有代表性的高程。

(4) 地类界与线状地物重合时，只绘线状地物符号。

(5) 梯田坎的坡面投影宽度在地形图上大于2mm时，应实测坡脚；小于2mm时，可量注比高。当两坎间距在1∶500比例尺地形图上小于10mm、在其他比例尺地形图上小于5mm时或坎高小于基本等高距的1/2时，可适当取舍。

8) 注记

(1) 要求对各种名称、说明注记和数字注记准确注出。图上所有居民地、道路、街巷、山岭、沟谷、河流等自然地理名称，以及主要单位等名称，均应调查核实，有法定名称的应以法定名称为准，并且应正确注记。

(2) 地形图上的高程注记点应分布均匀，丘陵地区的高程注记点间距为图上2～3cm。

(3) 在山顶、鞍部、山脊、山脚、谷底、谷口、沟底、沟口、凹地、台地、河川湖池岸旁、水涯线上以及其他地面倾斜变换处，均应测高程注记点。

(4) 基本等高距为 0.5m 时，高程注记点应注至厘米，基本等高距大于 0.5m 时可注至分米。

9) 地形要素的配合

(1) 当两个地物中心重合或接近，难以同时准确表示时，可准确表示较重要的地物，对于次要地物则移位 0.3mm 或缩小 1/3 表示。

(2) 独立性地物与房屋、道路、水系等其他地物重合时可中断其他地物符号，间隔 0.3mm 时将独立性地物完整绘出。

(3) 房屋或围墙等高出地面的建筑物，直接建筑在陡坎或斜坡上且建筑物边线与陡坎上沿线重合的，可用建筑物边线代替坡坎上沿线；当坎坡上沿线距建筑物边线很近时，可移位间隔 0.3mm 表示。

(4) 悬空建筑在水上的房屋与水涯线重合时可间断水涯线，房屋照常绘出。

(5) 水涯线与陡坎重合时可用陡坎边线代替水涯线；水涯线与斜坡脚线重合时仍应在坡脚将水涯线绘出。

(6) 双线道路与房屋、围墙等高出地面的建筑物边线重合时，可以建筑物边线代替路边线。道路边线与建筑物的接头处应间隔 0.3mm。

(7) 地类界与地面上有实物的线状符号重合时可省略不绘；与地面无实物的线状符号(如架空管线、等高线等)重合时，可将地类界移位 0.3mm 绘出。

(8) 等高线遇到房屋及其他建筑物时，双线道路、路堤、路堑、坑穴、陡坎、斜坡、湖泊、双线河以及注记等均应中断。

3.4 “编码法”野外数据采集

3.4.1 任务描述

“编码法”也称为“带简编码格式的坐标数据文件自动绘图方式”，与“草图法”在野外测量时不同的是，每测一个地物点时都要在电子手簿或全站仪上输入地物点的简编码，简编码一般由一位字母和一或两位数字组成。全站仪的操作与“草图法”相同。

要真正实现编码法测图，首先有必要了解编码的规则和构成。南方 CASS 软件有野外操作码和内部编码，它们之间通过一个特定文件进行一一对应转换。

1. 野外操作码

CASS9.0 软件的野外操作码由描述实体属性的野外地物码和一些描述连接关系的野外连接码组成。CASS9.0 软件专门有一个野外操作码定义文件 JCODE.DEF，该文件是用来描述野外操作码与 CASS9.0 内部编码的对应关系的，用户可编辑此文件使之符合要求，文件格式为：

```
野外操作码,CASS9.0 编码
……
END
```

1）野外操作码的定义规则

（1）野外操作码有1～3位，第一位是英文字母，大小写等价；后面是范围为0～99的数字，无意义的0可以省略，例如A和A00等价、F1和F01等价。

（2）野外操作码后面可跟参数，如野外操作码不到3位，与参数间应有连接符一。如有3位，后面可紧跟参数，参数有控制点的点名、房屋的层数、陡坎的坎高等。

（3）野外操作码第一个字母不能是"P"，该字母只代表平行信息。

（4）Y0、Y1、Y2等3个野外操作码固定表示圆，以便和老版本兼容。

（5）可旋转独立地物要测两个点以便确定旋转角。

（6）野外操作码如以U、Q、B开头，将被认为是拟合的，所以如果某地物有的拟合、有的不拟合，就需要两种野外操作码。

（7）房屋类和填充类地物将自动被认为是闭合的。

（8）房屋类和符号定义文件第14类别地物如只测3个点，系统会自动给出第4个点。

（9）对于查不到CASS编码的地物以及没有测够点数的地物，如只测一个点自动绘图时不做处理，如测两点以上按线性地物处理。

2）符号代码

各种不同的地物、地貌都有唯一的编码，表3-10为线面状地物符号代码表、表3-11为点状地物符号代码表。

表3-10　线面状地物符号代码表

地物	代码表示形式	数及其代表的含义
坎类(曲)	K(U)+数	0——陡坎，1——加固陡坎，2——斜坡，3——加固斜坡，4——垄，5——陡崖，6——干沟
线类(曲)	X(Q)+数	0——实线，1——内部道路，2——小路，3——大车路，4——建筑公路，5——地类界，6——乡、镇界，7——县、县级市界，8——地区、地级市界，9——省界线
垣栅类	W+数	0，1——宽为0.5m的围墙，2——栅栏，3——铁丝网，4——篱笆，5——活树篱笆，6——不依比例围墙，不拟合，7——不依比例围墙，拟合
铁路类	T+数	0——标准铁路(大比例尺)，1——标(小)，2——窄轨铁路(大)，3——窄(小)，4——轻轨铁路(大)，5——轻(小)，6——缆车道(大)，7——缆车道(小)，8——架空索道，9——过河电缆
电力线类	D+数	0——电线塔，1——高压线，2——低压线，3——通信线
房屋类	F+数	0——坚固房，1——普通房，2——一般房屋，3——建筑中房，4——破坏房，5——棚房，6——简单房
管线类	G+数	0——架空(大)，1——架空(小)，2——地面上的，3——地下的，4——有管堤的

续表

地物	代码表示形式	数及其代表的含义
植被土质	拟合边界：B—数	0——旱地，1——水稻，2——菜地，3——天然草地，4——有林地，5——行树，6——狭长灌木林，7——盐碱地，8——沙地，9——花圃
	不拟合边界：H—数	0——旱地，1——水稻，2——菜地，3——天然草地，4——有林地，5——行树，6——狭长灌木林，7——盐碱地，8——沙地，9——花圃
圆形物	Y＋数	0——半径，1——直径两端点，2——圆周三点
平行体	P＋数	X(0～9)，Q(0～9)，K(0～6)，U(0～6)……
控制点	C＋数	0——图根点，1——埋石图根点，2——导线点，3——小三角点，4——三角点，5——土堆上的三角点，6——土堆上的小三角点，7——天文点，8——水准点，9——界址点

例如，K0——直折线型的陡坎，U0——曲线型的陡坎，W1——土围墙，T0——标准铁路(大比例尺)，Y012.5——以该点为圆心、半径为12.5m的圆。

表3-11　点状地物符号代码表

符号类别	编码及符号名称				
水系设施	A00 水文站	A01 停泊场	A02 航行灯塔	A03 航行灯桩	A04 航行灯船
	A05 左航行浮标	A06 右航行浮标	A07 系船浮筒	A08 急 流	A09 过江管线
	A10 信号标	A11 露出的沉船	A12 淹没的沉船	A13 泉	A14 水 井
土质	A15 石堆	—	—	—	—
居民地	A16 学 校	A17 肥气池	A18 卫生所	A19 地上窑洞	A20 电视发射塔
	A21 地下窑洞	A22 窑	A23 蒙古包	—	—
管线设施	A24 上水检修井	A25 下水雨水检修井	A26 圆形污水篦子	A27 下水暗井	A28 煤气、天然气检修井
	A29 热力检修井	A30 电信入孔	A31 电信手孔	A32 电力检修井	A33 工业、石油检修井
	A34 液体气体储存设备	A35 不明用途检修井	A36 消火栓	A37 阀 门	A38 水龙头
	A39 长形污水篦子	—	—	—	—

续表

符号类别	编码及符号名称				
电力设施	A40 变电室	A41 无线电杆塔	A42 电杆	—	—
军事设施	A43 旧碉堡	A44 雷达站	—	—	—
道路设施	A45 里程碑	A46 坡度表	A47 路标	A48 汽车站	A49 臂板信号机
独立树	A50 阔叶独立树	A51 针叶独立树	A52 果树独立树	A53 椰子独立树	—
工矿设施	A54 烟 囱	A55 露天设备	A56 地磅	A57 起重机	A58 探井
	A59 钻 孔	A60 石油、天然气井	A61 盐井	A62 废弃的小矿井	A63 废弃的平峒洞口
	A64 废弃的竖井井口	A65 开采的小矿井	A66 开采的平峒洞口	A67 开采的竖井井口	—
公共设施	A68 加油站	A69 气象站	A70 路 灯	A71 照射灯	A72 喷水池
	A73 垃圾台	A74 旗杆	A75 亭	A76 岗亭、岗楼	A77 钟楼、鼓楼、城楼
	A78 水塔	A79 水塔烟囱	A80 环保监测点	A81 粮仓	A82 风车
	A83 水磨房、水车	A84 避雷针	A85 抽水机站	A86 地下建筑物天窗	—
宗教设施	A87 纪念像碑	A88 碑、柱、墩	A89 塑像	A90 庙宇	A91 土地庙
	A92 教堂	A93 清真寺	A94 敖包、经堆	A95 宝塔、经塔	A96 假石山
	A97 塔形建筑物	A98 独立坟	A99 坟地	—	—

3）连接关系符号

野外采集的数据有编码的是基础，有编码的数据不能直接成图。“草图法”是人工连接的，编码法成图中各个点位之间的连接靠的就是这些连接符号，表 3 - 12 为描述连接关系的符号的含义。

表3-12 描述连接关系的符号的含义

符号	含义
+	本点与上一点相连，连线依测点顺序进行
−	本点与下一点相连，连线依测点顺序相反方向进行
n+	本点与上 *n* 点相连，连线依测点顺序进行
n−	本点与下 *n* 点相连，连线依测点顺序相反方向进行
p	本点与上一点所在地物平行
*n*p	本点与上 *n* 点所在地物平行
+A$	断点标识符，本点与上一点相连
−A$	断点标识符，本点与下一点相连

2. 内部编码

CASS9.0 绘图部分是围绕着符号定义文件 WORK.DEF 进行的，文件格式如下：

```
CASS9.0 编码,符号所在图层,符号类别,第一参数,第二参数,符号说明
……
END
```

所有符号按绘制方式的不同分为 0～20 类别，各类别定义见表 3-13。

表3-13 按绘制方式的不同符号的类别定义

序号	类别	示例	第一参数	第二参数	备注
1	不旋转的点状地物	路灯	图块名	不用	—
2	旋转的点状地物	依比例门墩	图块名	不用	—
3	线段(LINE)	围墙门	线型名	不用	—
4	圆(CIRCLE)	转车盘	线型名	不用	—
5	不拟合复合线	栅栏	线型名	线宽	—
6	拟合复合线	公路	线型名	线宽	画完复合线后系统会提示是否拟合
7	中间有文字或符号的圆	蒙古包范围	圆的线型名	文字或代表符号的图块名	图块名需要以 gc 开头
8	中间有文字或符号的不拟合复合线	建筑房屋	圆的线型名	文字或代表符号的图块名	—
9	中间有文字或符号的拟合复合线	假石山范围	圆的线型名	文字或代表符号的图块名	—

续表

序号	类别	示例	第一参数	第二参数	备注
10	三点或四点定位的复杂地物	桥梁	绘制附属符号的函数名	0或1	若为0，定3点后系统会提示输入第4个点，若为1，则只能用3点定位
11	两边平行的复杂地物	依比例围墙	绘制附属符号的函数名	两平行线间的默认宽度	骨架线的一边是白色以便区分；第二参数若为负数，运行时将不再提示用户确认默认宽度或输入新宽度
12	以圆为骨架线的复杂地物	堆式窑	绘制附属符号的函数名	不用	—
13	两点定位的复杂地物	宣传橱窗	绘制附属符号的函数名	0或不用	第二参数如为0，会在ASSIST层上生成一个连接两点的骨架线
14	4点连成的地物	依比例电线塔	绘制附属符号的函数名	不用	第一参数若不用，绘制附属符号则为0
15	两边平行无附属符号的地物	双线干沟	右边线的线型名	—左边线的线型名	—
16	向两边平行的地物	有管堤的管线	中间线的线型名	两边线的距离	—
17	填充类地物	各种植被土质填充	填充边界的线型	图块名或阴影名	第二参数若以gc开头，则是填充的图块名，否则是按阴影方式填充的阴影名，如果同时填充两种图块，如改良草地，则第二参数有两种图块的名字，中间以一隔开
18	每个顶点有附属符号的复合线	电力线	绘制附属符号的函数名	1或不用	第二参数若为1，复合线将放在ASSIST层上作为骨架线
19	等高线及等深线	等高线及等深线	线型名	线宽	画前提示输入高程，画完立即拟合
20	控制点	三角点	图块名	小数点的位数	—
0	不属于上述类别	高程点、水深点、自然斜坡、不规则楼梯、阳台	调用的函数名	依第一参数的不同而不同	—

特别提示

附录A中列出了CASS9.0的所有内部编码，几点说明如下。

① 表中包括主符号和附属符号，附属符号的一般编码规则是“所属主符号编码-数字”，不包含在WORK.DEF中，在下表类别栏表示为“附”。

② 表中图层是系统默认的，未考虑用户定制图层的情况。

③ 表中的“实体类型”栏代表的是符号在交换文件中所属的实体类型，如果实体类型是SPECIAL，则写法是“SPECIAL，种类”，其中种类表示在项目四交换文件格式中介绍SPECIAL实体类型的序号。

3.4.2 “编码法”数据采集

“编码法”测图数据采集有两种模式：①在采集数据的同时输入简编码，用“简码识别”成图；②在采集数据时未输入简编码，编辑引导文件（*.yd），用“编码引导”成图。编码引导的作用是将“引导文件”与“无码的坐标数据文件”合并成一个新的带简编码格式的坐标数据文件。现在全站仪都带有内存，一般采用第一种模式。

1. 野外操作码编写

（1）对于地物的第一点，操作码＝地物代码，如图3－3中的1、5两点(点号表示测点顺序，括号中为该测点的编码，下同)。

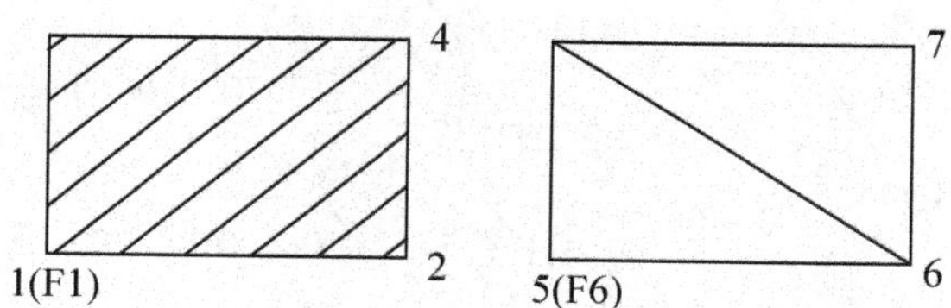

图3－3 地物起点的操作码

（2）连续观测某一地物时，操作码为＋或－。其中＋号表示连线依测点顺序进行；－号表示连线依与测点顺序相反的方向进行，如图3－4所示。在CASS中，连线顺序将决定类似于坎类的齿牙线的画向，齿牙线及其他类似标记总是画向连线方向的左边，因而改变连线方向就可改变其画向。

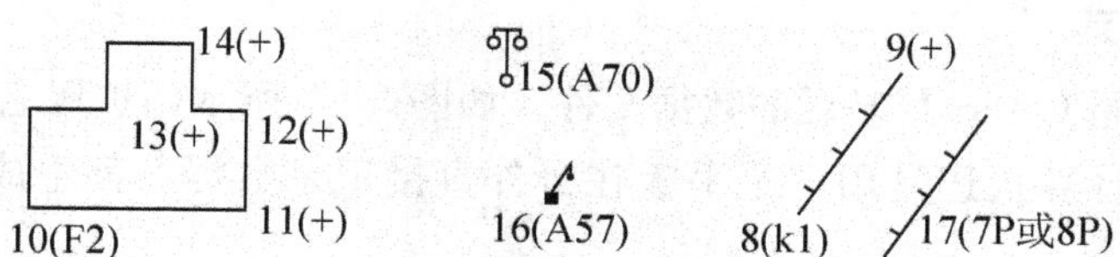

图3－4 连续观测点的操作码

（3）交叉观测不同地物时，操作码为n＋或n－。其中＋、－的意义同上，n表示该点应与以上n个点前面的点相连(n＝当前点号－连接点号－1，即跳点数)，还可用＋A＄或

—A$标识断点，A$是任意助记字符，当一对A$断点出现后，可重复使用A$字符，如图3-5所示。

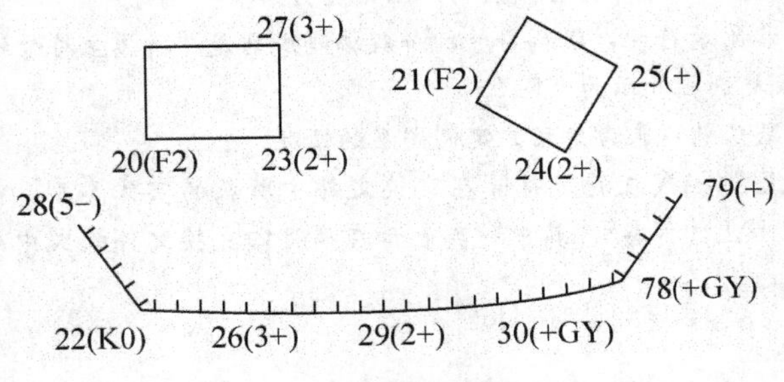

图3-5　交叉观测点的操作码

（4）观测平行体时，操作码为P或nP。其中，P的含义为通过该点所画的符号应与上点所在地物的符号平行且同类，nP的含义为通过该点所画的符号应与以上跳过n个点后的点所在的符号画平行体，对于带齿牙线的坎类符号，将会自动识别是堤还是沟。若上点或跳过n个点后的点所在的符号不为坎类或线类，系统将会自动搜索已测过的坎类或线类符号的点。因而，用于绘平行体的点，可在平行体的一“边”未测完时测对面点，也可在测完后接着测对面的点，还可在加测其他地物点之后，测平行体的对面点，如图3-6所示。

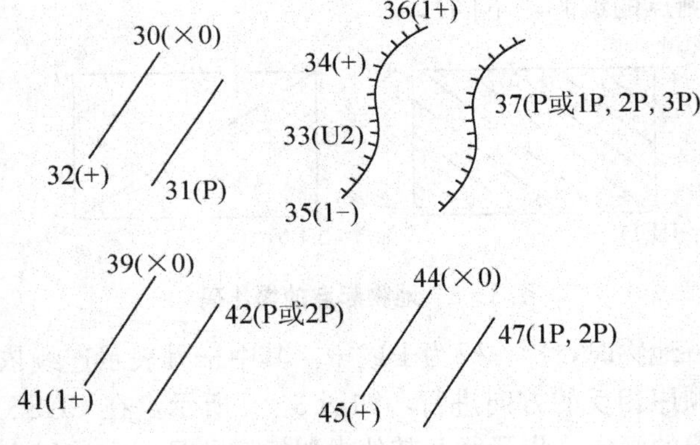

图3-6　平行体观测点的操作码

2. 编码数据格式

坐标数据文件是CASS最基础的数据文件，如图3-7所示，扩展名是DAT，无论是从电子手簿传输到计算机还是用电子平板在野外直接记录数据，都生成一个坐标数据文件，其格式为：

1点点名，1点编码，1点Y(东)坐标，1点X(北)坐标，1点高程
……
N点点名，N点编码，N点Y(东)坐标，N点X(北)坐标，N点高程

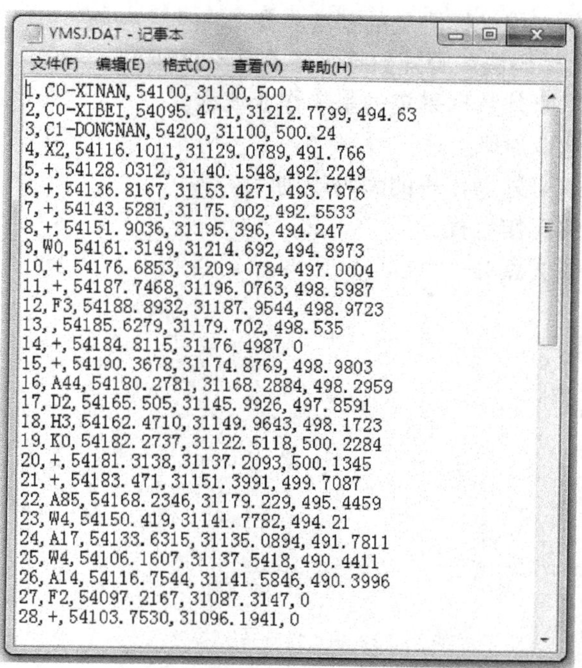

YMSJ.DAT - 记事本

文件(F) 编辑(E) 格式(O) 查看(V) 帮助(H)

```
1,C0-XINAN,54100,31100,500
2,C0-XIBEI,54095.4711,31212.7799,494.63
3,C1-DONGNAN,54200,31100,500.24
4,X2,54116.1011,31129.0789,491.766
5,+,54128.0312,31140.1548,492.2249
6,+,54136.8167,31153.4271,493.7976
7,+,54143.5281,31175.002,492.5533
8,+,54151.9036,31195.396,494.247
9,W0,54161.3149,31214.692,494.8973
10,+,54176.6853,31209.0784,497.0004
11,+,54187.7468,31196.0763,498.5987
12,F3,54188.8932,31187.9544,498.9723
13,,54185.6279,31179.702,498.535
14,+,54184.8115,31176.4987,0
15,+,54190.3678,31174.8769,498.9803
16,A44,54180.2781,31168.2884,498.2959
17,D2,54165.505,31145.9926,497.8591
18,H3,54162.4710,31149.9643,498.1723
19,K0,54182.2737,31122.5118,500.2284
20,+,54181.3138,31137.2093,500.1345
21,+,54183.471,31151.3991,499.7087
22,A85,54168.2346,31179.229,495.4459
23,W4,54150.419,31141.7782,494.21
24,A17,54133.6315,31135.0894,491.7811
25,W4,54106.1607,31137.5418,490.4411
26,A14,54116.7544,31141.5846,490.3996
27,F2,54097.2167,31087.3147,0
28,+,54103.7530,31096.1941,0
```

图 3-7 坐标数据文件

特别提示

(1) 文件内的每一行代表一个点。

(2) 每个点的 Y 坐标、X 坐标、高程的单位是米。

(3) 编码内不能含有逗号，即使编码为空，其后的逗号也不能省略。

(4) 所有的逗号不能在全角方式下输入。

项目小结

通过本项目学习，学生要重点掌握数字测图技术外业工作，尤其要掌握数据采集的基本方法和数据采集过程中的各种问题，以便更好地提高成图质量。要熟练掌握全站仪工作文件的选取与删除、全站仪已知坐标数据的输入与删除、全站仪属性码的输入与删除、全站仪的建站工作和三维坐标测量工作；掌握“草图法”和“编码法”野外数据的基本程序；掌握碎部点的选择原则；掌握“编码法”的野外操作码、连接关系符号、数据采集野外操作码的编写和编码的数据格式；了解“编码法”的内部编码。

项 目 测 试

1. 常用全站仪的数据存储功能有哪些？在尼康和索佳仪器中如何实现数据的存储？

2. 简述常用全站仪三维坐标测量的基本步骤。
3. “草图法”和“编码法”野外数据采集有什么区别?
4. 简述“草图法”野外数据采集的基本作业流程。
5. 简述碎部点的选取原则。
6. 简述南方 CASS 野外操作码的编码规则。
7. 简述简码测图的工作流程。
8. 编码测图有哪些优点?

项目 4

地形图内业编制

学习目标

学习本项目，主要熟练使用南方 CASS 数字测图软件；能够将全站仪中的数据传输至计算机；能够在数字测图软件中结合草图展点并绘制地形图；能够正确地在 CASS 软件中展点；根据编码绘制地物和地貌；能够调用 CASS 菜单对地形图进行编辑修改；能够熟练地使用 CASS 软件进行地形图的纠正；能够熟练使用 CASS 软件进行地形图的矢量化；能够正确地进行电子平板测图仪器设备的连接，正确地进行全站仪的测站设置和数据文件的准备和在现场采集碎部点的数据并现场成图；能够正确输出数字地形图成果。

学习要求

知识要点	技能训练	相关知识
数据传输	(1) 索佳全站仪数据传输 (2) 尼康全站仪数据传输	(1) 了解数据传输及通信参数的概念 (2) 掌握全站仪数据通信的步骤 (3) 掌握计算机中的南方 CASS 软件的设置相关
南方 CASS 软件绘制数字地形图	(1) 南方 CASS 地形地籍成图软件的认识及参数设置 (2) 地物绘制 (3) 地貌绘制 (4) 编辑与整饰 (5) CASS 软件地形图成图	(1) 熟悉 CASS 软件的操作界面及 CASS 软件常用参数设置 (2) 掌握“草图法”工作方式中“点号定位”法、“坐标定位”法、“编码引导”法作业流程 (3) 掌握地物绘制中“简码法”工作方式 (4) 熟练等高线的绘制方法 (5) 熟练地形图的编辑与整饰工作
南方 CASS 软件绘制数字地籍图	(1) 地籍图绘制 (2) 宗地图绘制 (3) 地籍表格绘制	(1) 了解地籍调查测量工作流程 (2) 掌握城镇地籍测量成图作业流程 (3) 熟练地籍成图参数设置及作业过程

续表

知识要点	技能训练	相关知识
扫描矢量化成图	(1) 地形图扫描 (2) 图像处理 (3) 地形图的矢量化	(1) 了解地形图扫描的过程及方法 (2) 理解图像处理的目的及流程 (3) 掌握地形图的矢量化
"电子平板法"测图	"电子平板法"测图	(1) 熟悉测图前的测区准备与出发前准备的内容 (2) 熟练测站设置工作 (3) 熟练碎部测量步骤
数字地图与 GIS	CASS数字地图数据与GIS的转换	(1) 了解GIS及其对数字地图的要求 (2) 熟悉CASS软件与GIS的接口方法 (3) 了解CASS软件在数据入库中的应用
数字地图产品输出	地图输出	熟悉CASS软件地形图输出的选项设置

▶▶项目导入

数字测图系统中数字测图软件是系统的关键，它具有对地形数据进行采集与处理，实行数图转换、图形编辑、修改及管理的综合功能。所以，数字化成图软件的优劣直接影响到数字测图系统的效率、可靠性、成图的精度和操作的难易程度。目前国内数字测图软件的品种越来越多，功能也越来越强大。本项目以南方测绘仪器有限公司研制的CASS成图软件为例，详细介绍数字化成图软件的使用方法。

4.1 数据传输

4.1.1 数据传输及通信参数

1. 数据传输的方式

数据的传送方式有串行通信和并行通信两种。串行通信适用于通信距离较远的情况，并行通信适用于通信距离较近的情况。

在串行通信的数据传输中，数据信息是按二进制的顺序由低到高、一位一位地在一根信号线上传送的。串行通信设备要求简单，成本价格低，虽然传输速度较慢，但信息质量很高，所以是一种常用的信息交换的方法。计算机上最常用的串行接口图 4-1(a)是美国电子工业协会规定的RS-232C标准接口，如计算机上的COM1和COM2。通常鼠标、全站仪、GPS接收机、数据化仪等均采用标准串行接口。

在并行通信的数据传输中，数据信息不再是一位一位地传输，而是8个数据位同时传输。接收设备接收到这些数据后，不用做任何处理就可以直接使用。所以这是计算机内部数据传输的主要方式，如计算机上连接的打印机、绘图仪等设备多采用并行接口图 4-1(b)。

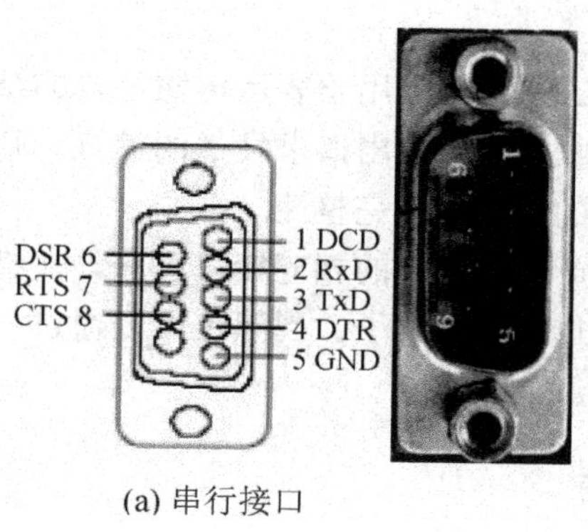

(a) 串行接口

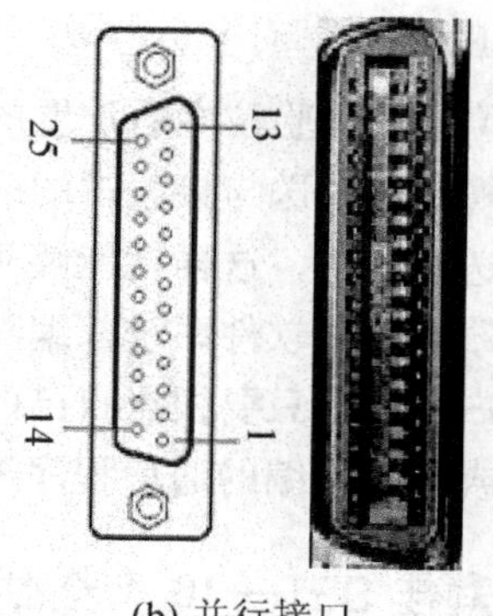

(b) 并行接口

图 4-1 串行接口与并行接口

2. 同步传输与异步传输

串行数据通信有两种数据传输方式同步传输和异步传输。

(1) 同步传输是指每一个数据位都是用相同的时间间隔发送，并且接收时也必须以发送时的相同时间间隔接收每一位信息。无论是否传输数据，接收单元与发送单元都必须在每一个二进制位上保持同步。

(2) 异步传输时，接收单元不能准确预计什么时候要接收下一个数据串，所以在发送任意数据串之前首先发送一位二进制数据进行报警，起始位的值为“0”，叫做“起始位”，然后发送数据串。数据串发送完毕后，在其后加上 1～2 位二进制数来表示数据传输的结束，其值为“1”，叫做“停止位”。

串行传输通常采用异步传输方式。全站仪、GPS 接收机的数据传输一般都采用异步传输方式。

3. 波特串

波特率表示数据传输速度的快慢，指每秒钟传输的数据位数，通常用位/秒(b/s)表示。

【例 4-1】 某设备的数据传输速度为每秒 480 个字符，每个字符包括 10 位(起始位 1 位，数据位 7 位，校验位 1 位，停止位 1 位)，所以其波特率为 4800b/s。全站仪数据传输时的波特率多采用 1200b/s 以上。常见的波特率有 300b/s、600b/s、1200b/s、1800b/s、2400b/s、4800b/s、9600b/s、19200b/s 等。

4. 数据位

数据位指单向数据传输的位数，一般为 7～8 位。

5. 校验位

校验位，又叫做奇偶校验位。它位于数据位 7～8 位之后，为一个二进制位，以便在接收单元检核传输的数据是否有误。通常校验位有 5 种方式：NONE(无校验)、EVEN(偶校验)、ODD(奇校验)、MARK(标记校验)、SPACE(空号校验)。

在全站仪的通信中，一般采用前 3 种校验方式，占一位，用 N，E 或 O 表示(分别代表 NONE、EVEN、ODD)。

6. 停止位

停止位是在校验位之后设置的一位或二位二进制位，用于表示传输字符的结束。有些全站仪还规定了发送与接收端的应答信息。接收端没有发出请求发送的信息，则不会接收全站仪发送的数据，这样就能够确保数据传输的正确性和完整性。

大多数字测图软件系统都编写了各厂家生产的全站仪的相应接口程序，并将其写入菜单中。用户使用时只要根据自己的全站仪型号选择就可以了。当然也可以通过厂家提供的通信程序或用户自编的通信程序进行数据通信。

4.1.2 索佳 SET—10 型全站仪数据通信

索佳 SET—10 系列全站仪数据通信操作步骤见表 4－1。

表 4－1 索佳 SET—10 系列全站仪数据通信操作步骤

序号	操作步骤	屏幕显示
1	(1) 确保仪器主机与计算机连接 (2) 在内存模式下选取“文件” (3) 选取“通讯设置”设置通信各参数；串行端口的设定必须与计算机终端软件采用的设定相匹配	波特率 ： 9600bps 数据位 ： 位 奇偶校验： 不校验 停止位 ： 1位 和检验 ： NO 流程控制： YES
2	(1) 设置完成后返回“文件”显示屏幕 (2) 选取“通讯输出”显示工作文件名表	*JOB01 Out ATUGI 254 JOB03 Out JOB04 0 JOB05 0 OK
3	(1) 将光标移至所需文件名上后按回车键，此时所选文件名后侧出现“Out”，按上述方法选取全部需输出的工作文件(工作文件名左侧的“＊”表示工作文件未向计算机等外部设备输出) (2) 在计算机上进行软件相关设置后，按【OK】键确认 (3) 选取输出格式“SDR”格式后按回车键，开始数据传输，输出完成后返回工作文件名表显示屏幕，此时还可以继续选取工作文件输出 (4) 中止数据传输按【Esc】键	通讯输出 SDR 打印输出

4.1.3 尼康 DTM—302 型全站仪数据通信

尼康 DTM—302 系列全站仪数据通信操作步骤见表 4－2。

表 4-2 尼康 DTM—302 系列全站仪数据通信操作步骤

序号	操作步骤	屏幕显示
1	(1) 确保仪器主机与计算机连接 (2) 按【MENU】键显示菜单屏幕	菜单 1. 任务 6. 单触键 2. 坐标几何 7. 校准 3. 设定 8. 时间 4. 数据 5. 通信
2	在菜单屏幕按【5】键或选择“通信”显示通信菜单	通信 1. 下载 2. 上传XYZ 3. 点列表 4. 代码列表
3	(1) 在通信菜单按【1】键或选择下载进入下载设定屏幕 (2) 格式：包括 NIKON、SDR2x、SDR33 这 3 种类型；选择“NIKON”选项 (3) 数据：包括原始、坐标、选择坐标	下载 任务名称: SITE-321 格式: 尼康 数据: 原始 任务 通信
4	如果要改变通信设定，按【通信】软功能键；串行端口的设定必须与计算机终端软件采用的设定相匹配	<通信> 外部通信：尼康 波特：38400 长度：8 奇偶：无 停止位：1
5	(1) 在计算机上进行软件相关设置后，按【ENT】键开始数据传输 (2) 按【Esc】键返回到基本测量屏幕	连接电缆 任务名称: SITE-321 记录 : 581 * 按[ESC]中断

4.1.4 计算机中的软件设置(南方 CASS 软件)

在 CASS 软件的“数据处理”菜单下选择“读全站仪数据”子菜单，如图 4-2 所示。弹出如图 4-3 所示的对话框，选中的相应型号的全站仪。

联机：在“仪器”下拉列表中选取相应的仪器类型并选中“联机”复选框，然后检查通信参数是否设置正确(全站仪与软件系统设置必须一致)。在对话框最下面的“CASS 坐标文件：”下的空栏中输入想要保存的文件名，然后单击“转换”按钮即弹出如图 4-4 所示对话框。

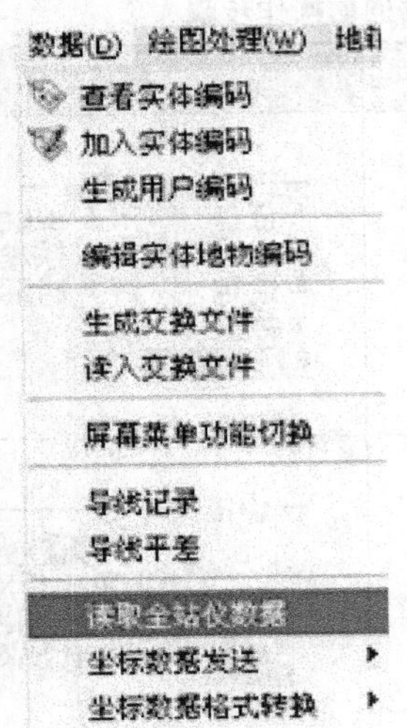

图 4-2 数据处理的下拉菜单

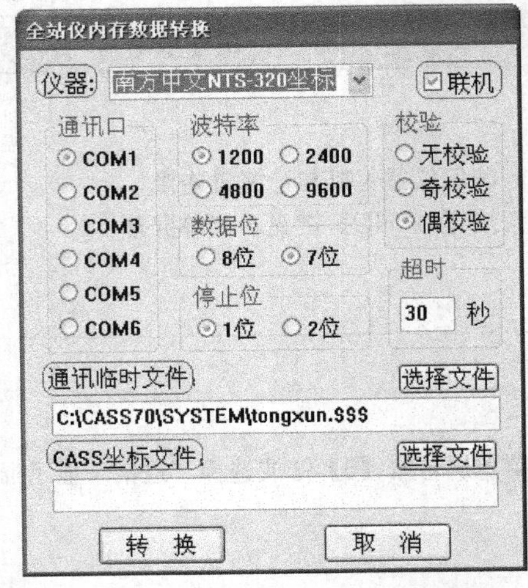

图 4-3 全站仪内存数据转换对话框

图 4-4 计算机等待全站仪信号

4.2 南方 CASS 软件绘制数字地形图

4.2.1 南方 CASS 软件介绍

1. 特点

(1) 选用了较先进的系统平台 AutoCAD。

(2) 提供了丰富的作业模式。

(3) 广泛应用于地形成图、地籍成图、工程测量应用、空间数据库等领域。

(4) 具有常用的工程计算和图形管理功能。

(5) 全面面向 GIS，彻底打通数字化成图系统与 GIS 接口。

2. 运行平台

(1) 浏览器：Web 浏览器 Microsoft Internet Explorer 7.0 或更高版本。

(2) 平台：AutoCAD 2002/2004/2005/2006/2007/2008/2010。

(3) 文档及表格处理：Microsoft Office 2003 或更高版本。

3. CASS 软件的操作界面

CASS 软件的操作界面如图 4-5 所示。主要分为 3 部分——顶部下拉菜单、右侧屏幕菜单和工具条，每个菜单项均以对话框或命令行的方式与用户交互应答，操作灵活方便。

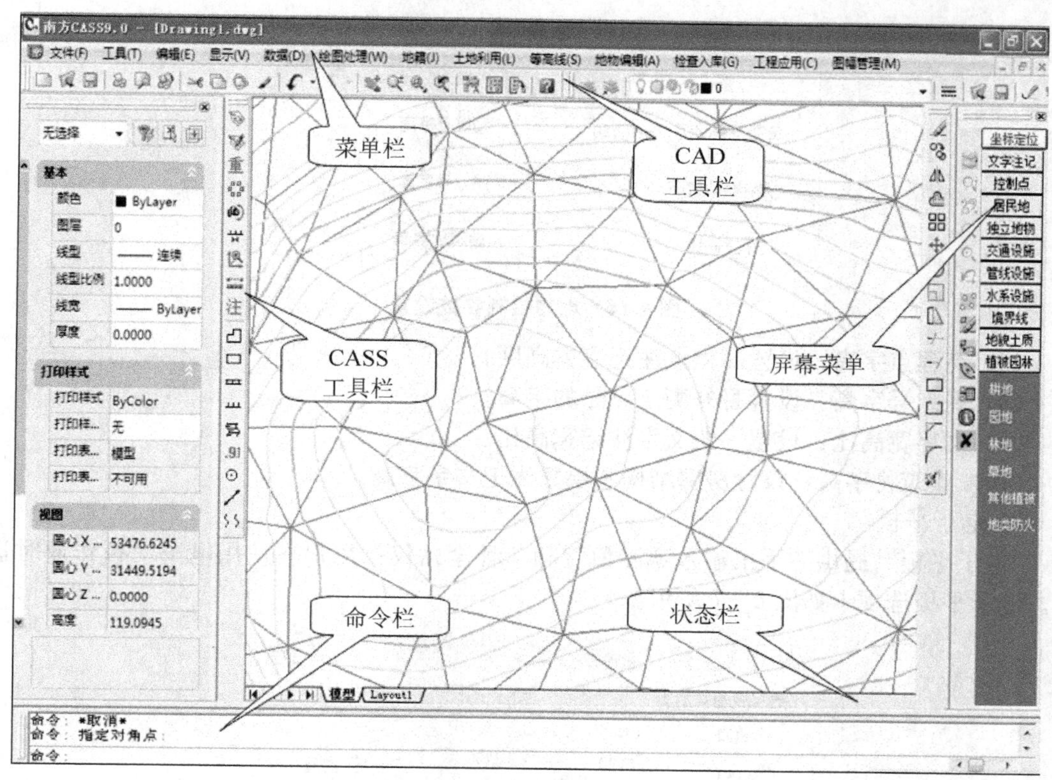

图 4-5　CASS 软件的操作界面

4. CASS 软件常用参数设置

用户通过设置 CASS 软件的各种参数可自定义多种常用设置。单击“文件”下拉菜单的“CASS 参数配置”选项，系统会弹出参数设置对话框。该对话框内有 4 个选项卡：“地物绘制”、“电子平板”、“高级设置”和“图廓属性”。

1) 地物绘制

“地物绘制”选项卡如图 4-6 所示。

选项卡中各参数的意义如下。

(1) 高程注记位数：设置展绘高程点时高程注记小数点后的位数。

(2) 电杆间是否连线：设置是否绘制电力电信线电杆之间的连线。

(3) 围墙是否封口：设置是否将依比例围墙的端点封闭。

(4) 自然斜坡短坡线长度：设置自然斜坡的短坡线是按新图式的固定 1mm 长度还是旧图式的长线一半长度。

(5) 填充符号间距：设置植被或土质填充时的符号间距，默认为 20mm。

(6) 陡坎默认坎高：设置绘制陡坎后提示输入坎高时默认的坎高。

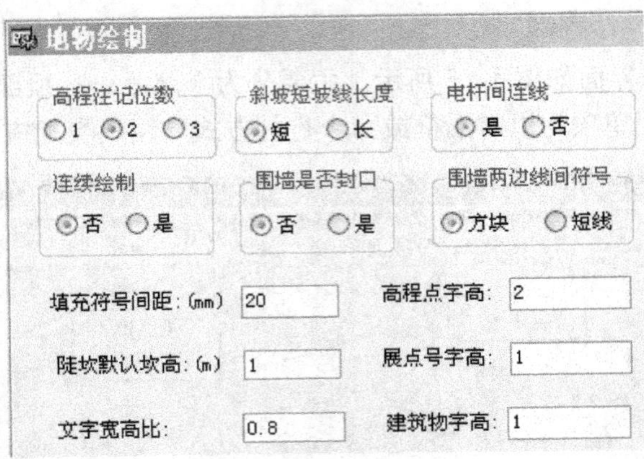

图 4-6　地物绘制参数设置

(7) 高程点字高：设置高程点注记字体高度。

(8) 展点号字高：设置野外测点点号的字高。

(9) 文字宽高比：设置一般文字注记宽高比。

(10) 建筑物字高：设置房屋结构和层数注记文字字高。

2) 电子平板

“电子平板”提供“手工输入观测值”和 7 种全站仪供用户在使用电子平板作业时选用。电子平板选项卡如图 4-7 所示。

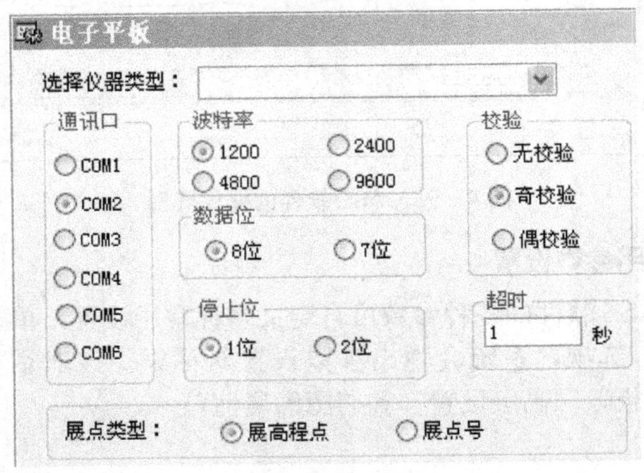

图 4-7　“电子平板”选项卡

选项卡中各参数的意义如下。

展点类型：设置电子平板操作时选择展绘高程值还是展点号。

3)高级设置

“高级设置”选项卡如图 4-8 所示。

选项卡中各参数的意义如下。

(1) 生成和读入交换文件：可按骨架线或图形元素生成。

(2) 土方量小数位数：土方计算时，计算结果的小数位数设定。

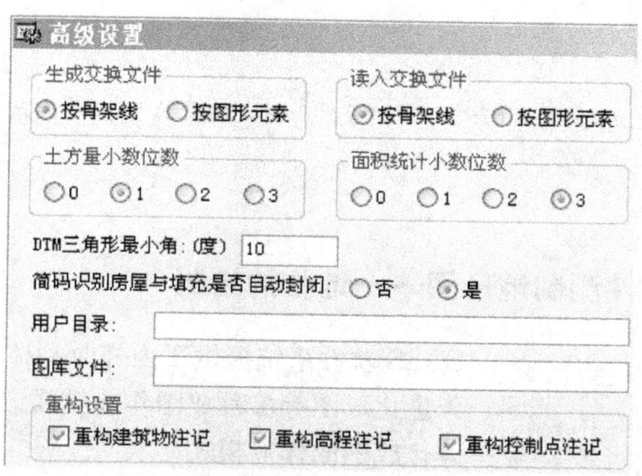

图 4-8 “高级设置”选项卡

(3) DTM 三角形最小角：设置建三角网时三角形内角可允许的最小角度。系统默认为 10°，若在建三角网过程中发现有较远的点无法连上时，可将此角度改小。

(4) 简码识别房屋与填充是否自动封闭：设置简码法成图时房屋是否封闭。

(5) 用户目录：设置用户打开或保存数据文件的默认目录。

(6) 图库文件：设置两个库文件的目录位置，注意库名不能改变。

4) 图廓属性

“图廓属性”选项卡如图 4-9 所示。

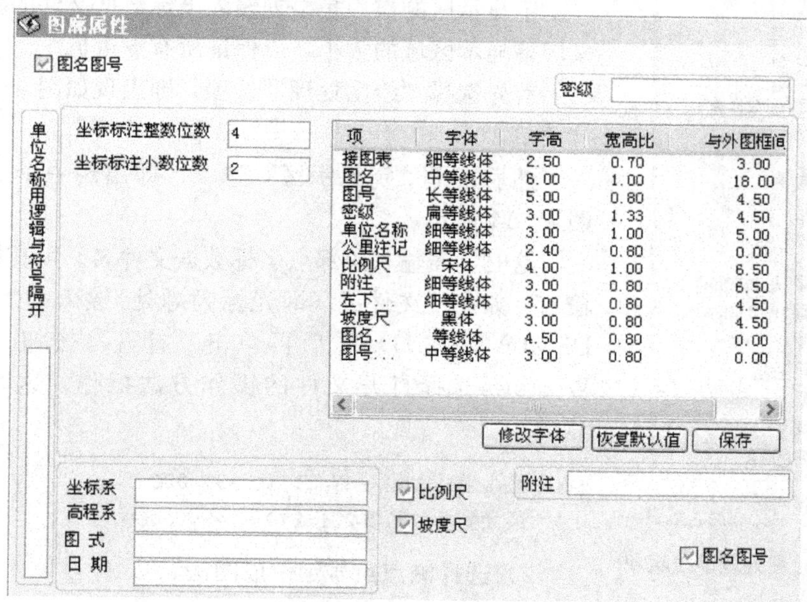

图 4-9 “图廓属性”选项卡

设置地形图框的图廓要素。CASS9.0 使用的是 2007 版图式，用户可根据自己的要求，编辑图廓要素的字体、注记内容。

特别提示

CASS9.0 使用的图式是 GB/T 20257.1－2007，此图式的标准图框内已无“测量员”、“绘图员”等信息，右下角只有“批注”项。

4.2.2　用 CASS 软件测制地形图——地物的绘制

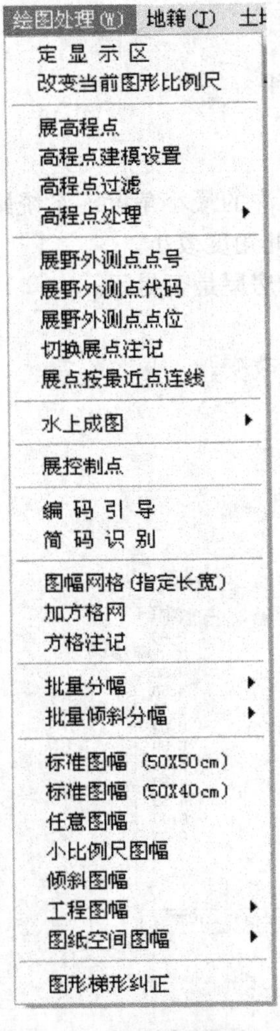

绘图处理(W)　地籍(J)　土
定显示区
改变当前图形比例尺
展高程点
高程点建模设置
高程点过滤
高程点处理
展野外测点点号
展野外测点代码
展野外测点点位
切换展点注记
展点按最近点连线
水上成图
展控制点
编码引导
简码识别
图幅网格(指定长宽)
加方格网
方格注记
批量分幅
批量倾斜分幅
标准图幅 (50X50cm)
标准图幅 (50X40cm)
任意图幅
小比例尺图幅
倾斜图幅
工程图幅
图纸空间图幅
图形梯形纠正

图 4-10　绘图处理下拉菜单

CASS 软件系统提供了内外业一体化成图、电子平板成图、矢量化成图等多种成图作业模式。本项目主要介绍内外业一体化成图的作业模式。

对于图形的生成，CASS 软件系统提供了草图法、简码法、电子平板法、数字化仪录入法等多种成图作业方式，并可实时地将地物定位点和邻近地物(形)点显示在当前图形编辑窗口内，操作十分方便。

草图法在内业工作时根据作业方式的不同分为点号定位、坐标定位、编码引导几种方法。

1. 点号定位法作业流程

1）定显示区

定显示区的作用是根据输入坐标数据文件的数据大小定义屏幕显示区域的大小，以保证所有点可见。

首先选择“绘图处理”选项，即出现如图 4-10 所示下拉菜单。

然后选择“定显示区”选项，即出现一个对话框，如图 4-11 所示。

这时，需输入碎部点坐标数据文件名。可直接通过键盘输入，如在“文件:”(即光标闪烁处)输入 C：\CASS90\DEMO\YMSJ.DAT 后再单击“打开”按钮。也可参考 Windows 选择打开文件的操作方法操作。这时，命令区显示：

```
最小坐标(米)X=87.315，Y=97.020
最大坐标(米)X=221.270，Y=200.00
```

2）选择测点点号定位成图法

选择“测点点号”选项，即出现图 4-12 所示的对话框。

输入点号坐标点数据文件名 C：\CASS90\DEMO\YMSJ.DAT 后，命令区提示：

```
读点完成！共读入 60 点。
```

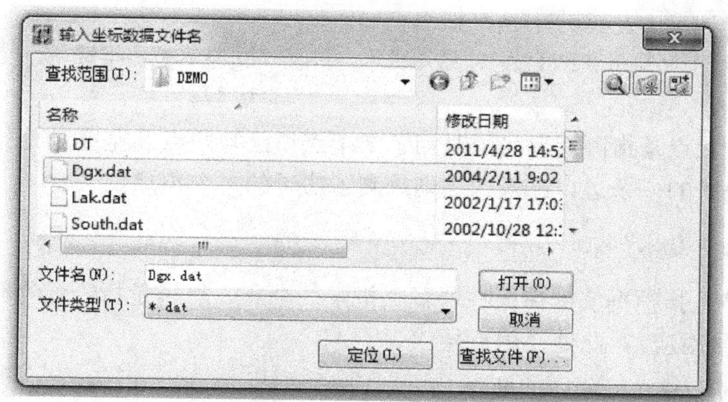

图 4－11 输入坐标数据文件名的对话框(一)

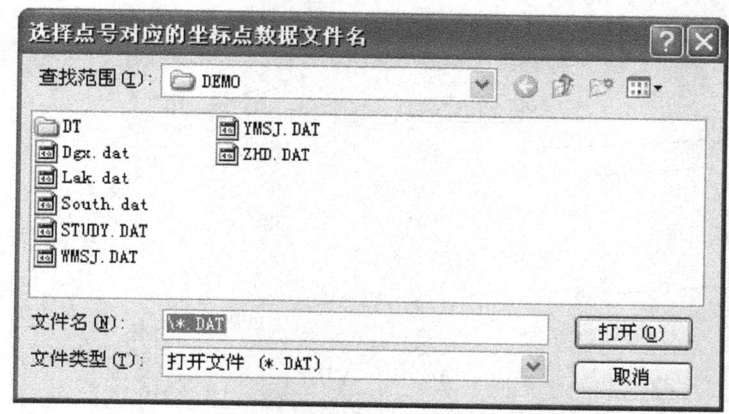

图 4－12 选择点号对应的坐标点数据文件名的对话框(一)

3）绘平面图

根据野外作业时绘制的草图，选择屏幕右侧菜单区相应的地形图图式符号，然后在屏幕中将所有的地物绘制出来。系统中所有地形图图式符号都是按照图层来划分的，例如所有表示测量控制点的符号都放在“控制点”这一层；所有表示独立地物的符号都放在“独立地物”这一层；所有表示植被的符号都放在“植被园林”这一层。

(1) 为了更加直观地在图形编辑区内看到各测点之间的关系，可以先将野外测点点号在屏幕中展出。其操作方法是选择屏幕顶部菜单“绘图处理”选项，这时系统弹出一个下拉菜单。再选择“展点”选项的“野外测点点号”选项。输入对应的坐标数据文件名 C：\CASS90\DEMO\YMSJ. DAT 后，便可在屏幕展出野外测点的点号。

(2) 根据外业草图，选择相应的地图图式符号在屏幕上将平面图绘出来。如图 4－13 所示，由 33，34，35 点号连成一间普通房屋。因为所有表示房屋的符号都放在“居民地”这一层，这时便可选择“居民地”→“一般房屋”选项，系统便弹出如图 4－14 所示的对话框。再选择“四点房屋”选项，图标变亮表示该图标已被选中，然后单击“确定”按钮。这时命令区提示：

绘图比例尺 1：//输入 1000，按回车键。
1. 已知三点/2. 已知两点及宽度/3. 已知四点< 1> ：//输入 1，按回车键(或直接按回车键默认选 1)。

说明：已知三点是指测矩形房子时测了 3 个点；已知两点及宽度则是指测矩形房子时测了两个点及房子的一条边；已知四点则是测了房子的 4 个角点。

点 P/<点号> //输入 33，按回车键。

说明：点 P 是指根据实际情况在屏幕上指定一个点；点号是指绘地物符号定位点的点号(与草图的点号对应)，此处使用点号。

点 P/<点号> //输入 34，按回车键。
点 P/<点号> //输入 35，按回车键。

这样，即将 33，34，35 点号连成一间普通房屋。

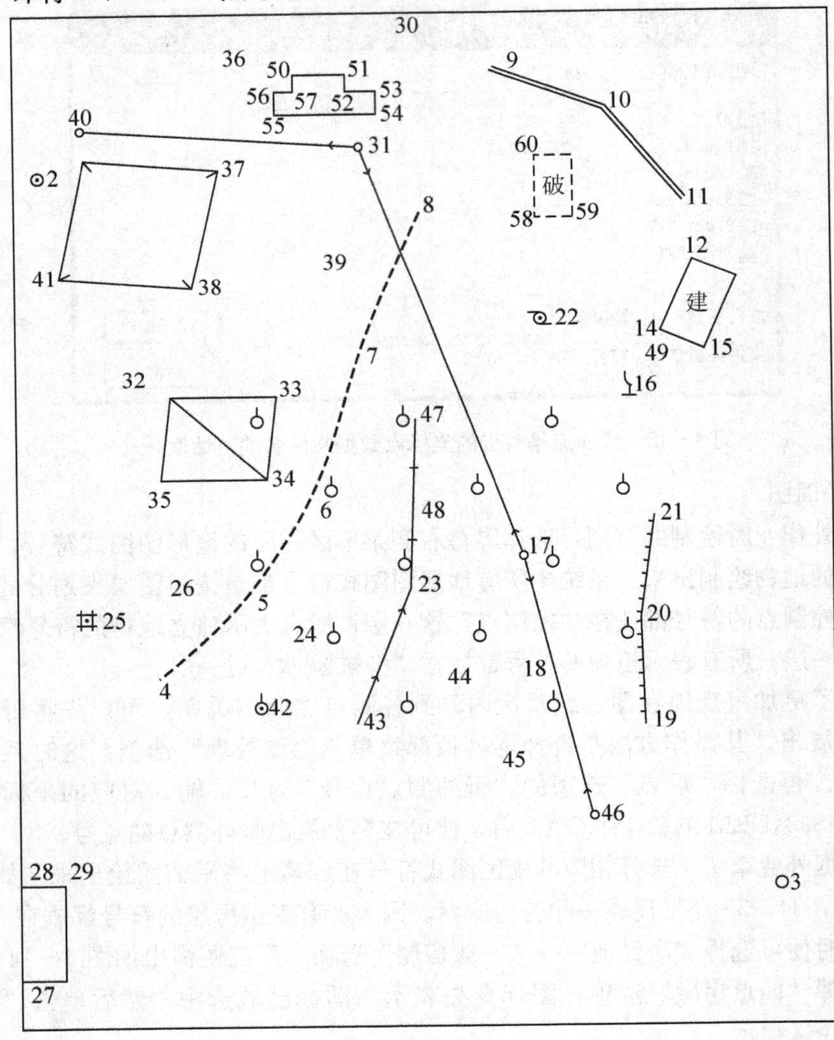

图 4－13　外业作业草图(二)

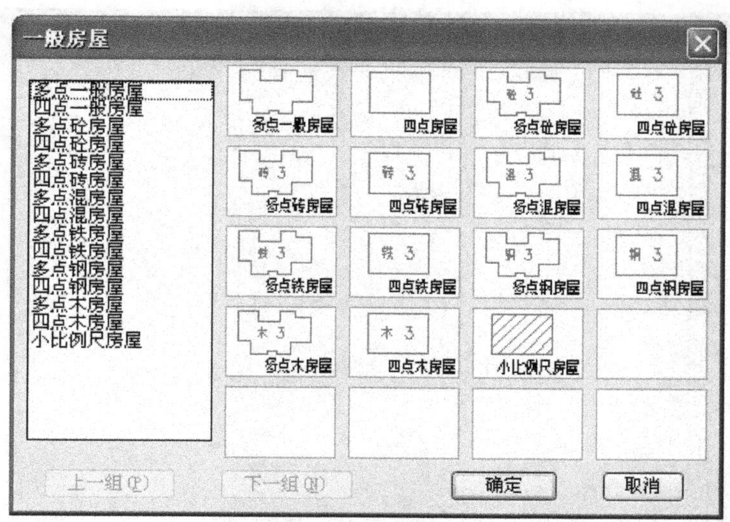

图4-14 选择“居民地”→“一般房屋”图层的对话框

特别提示

(1) 当房子是不规则的图形时，可用“实线多点房屋”或“虚线多点房屋”来绘出。

(2) 绘房子时，输入的点号必须按顺时针或逆时针的顺序输入，如上例的点号按33，34，35或35，34，33的顺序输入，否则绘出来房子就不对。

重复上述操作，将37，38，41号点绘成四点棚房；60，58，59号点绘成四点破坏房子；12，14，15号点绘成四点建筑中房屋；50，51，53，54，55，56，57号点绘成多点一般房屋；27，28，29号点绘成四点房屋。

同样在“居民地”层找到“依比例围墙”的图标，将9，10，11号点绘成依比例围墙的符号；在“居民地”层找到“篱笆”的图标将47，48，23，43号点绘成篱笆的符号。完成这些操作后，其平面图如图4-15所示。

再把草图中的19，20，21号点连成一段陡坎，其操作方法为选择屏幕右侧菜单“地貌土质”→“人工地貌”选项(因为表示陡坎的符号放在“地貌土质”这一层)，这时系统便弹出如图4-16所示的对话框。

选择“未加固陡坎”图标，再单击“确定”按钮。命令区提示：

```
请输入坎高,单位:米<1.0> ://输入坎高,按回车键(直接按回车键默认坎高为1m)。
```

说明：在这里输入的坎高(实测得的坎顶高程)，系统将坎顶点的高程减去坎高得到坎底点高程，这样在建立DTM时，坎底点便参与组网的计算。

```
点P/<点号> ://输入19,按回车键。
点P/<点号> ://输入20,按回车键。
点P/<点号> ://输入21,按回车键。
点P/<点号> ://按回车键或单击鼠标右键,结束输入。
```

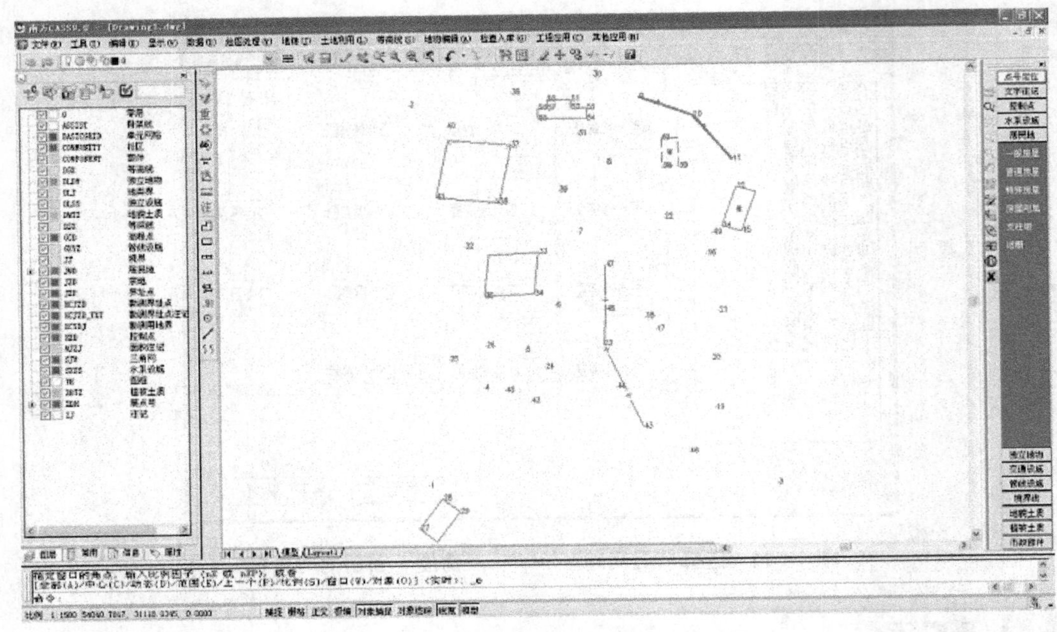

图 4-15 用“居民地”图层绘的平面图

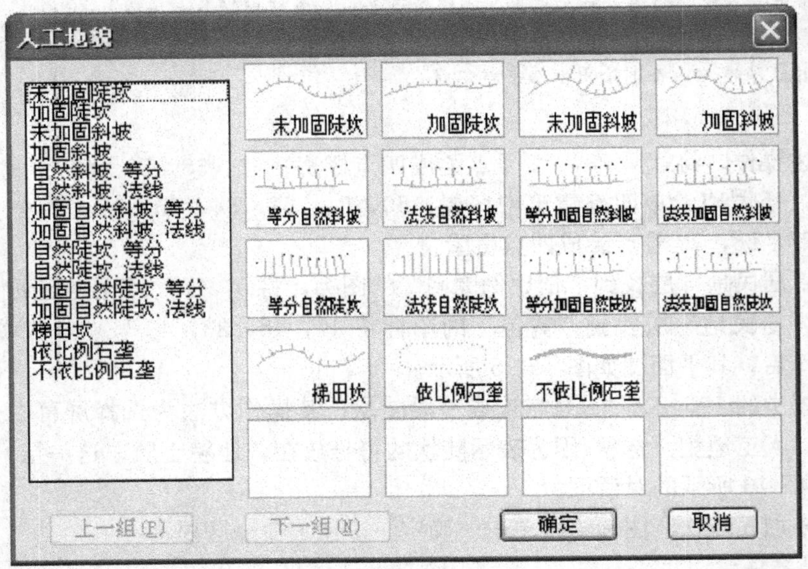

图 4-16 选择“地貌土质”→“人工地貌”图层的对话框

特别提示

如果需要在点号定位的过程中临时切换到坐标定位，可以按【P】键，这时进入坐标定位状态，想回到点号定位状态时再次按【P】键即可。

```
拟合吗？<N> //按回车键或单击鼠标右键，默认输入 N。
```

说明：拟合的作用是对复合线进行圆滑。

这时便在 19，20，21 号点之间绘成陡坎的符号，如图 4－17 所示。

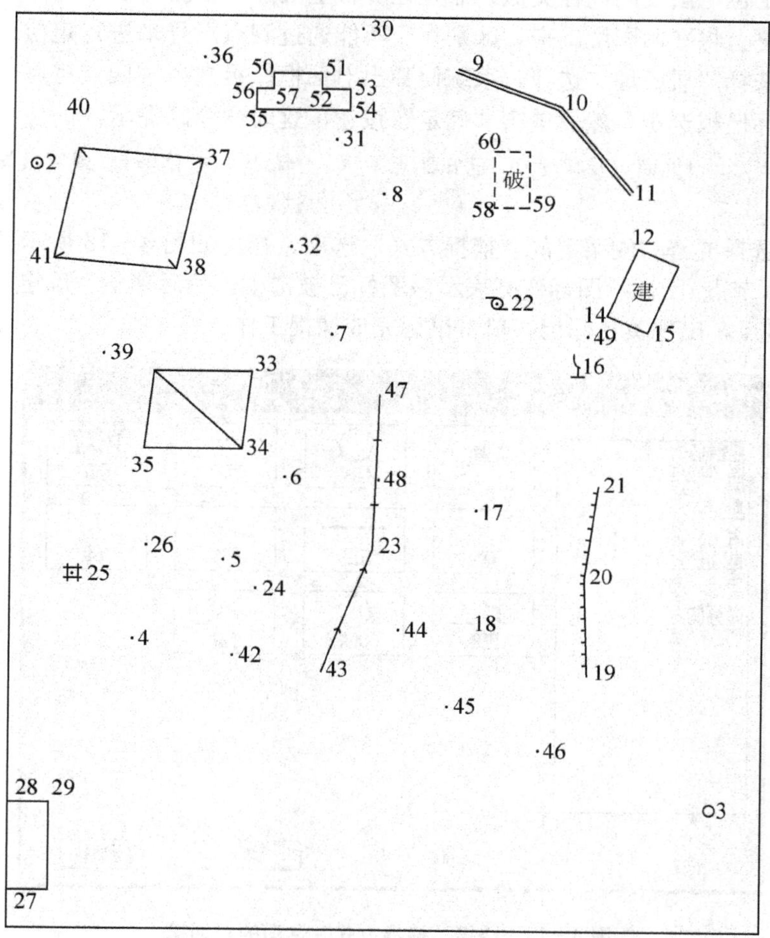

图 4－17 加绘陡坎后的平面图

特别提示

陡坎上的坎毛生成在绘图方向的左侧。

这样重复上述操作便可以将所有测点用地图图式符号绘制出来。在操作的过程中可以套用别的命令，如放大显示、移动图纸、删除、文字注记等。

2. 坐标定位法作业流程

1）定位成图

选择屏幕右侧菜单区的“坐标定位”选项，即进入“坐标定位”菜单。如果在“测点点号”状态下，可通过单击“CASS成图软件”按钮返回主菜单之后再进入“坐标定位”菜单。

2）绘平面图

与“点号定位”法成图流程类似，需先在屏幕上展点，根据外业草图选择相应的地图图式符号在屏幕上将平面图绘出来，区别在于不能通过测点点号来进行定位。仍以作居民地为例讲解。选择“居民地”选项，系统便弹出对话框。再选择“四点房屋”选项，图标变亮表示该图标已被选中，然后单击“确定”按钮。这时命令区提示：

```
1. 已知三点/2. 已知两点及宽度/3. 已知四点<1> ://输入 1,按回车键(或直接按回车键默认选 1)。
```

输入点：选择屏幕右侧菜单的“捕捉方式”选项，弹出如图 4－18 所示的对话框。再选择“NOD”（节点)图标，图标变亮表示该图标已被选中，然后单击“确定”按钮。这时鼠标靠近 33 号点，出现黄色标记，单击鼠标完成捕捉工作。

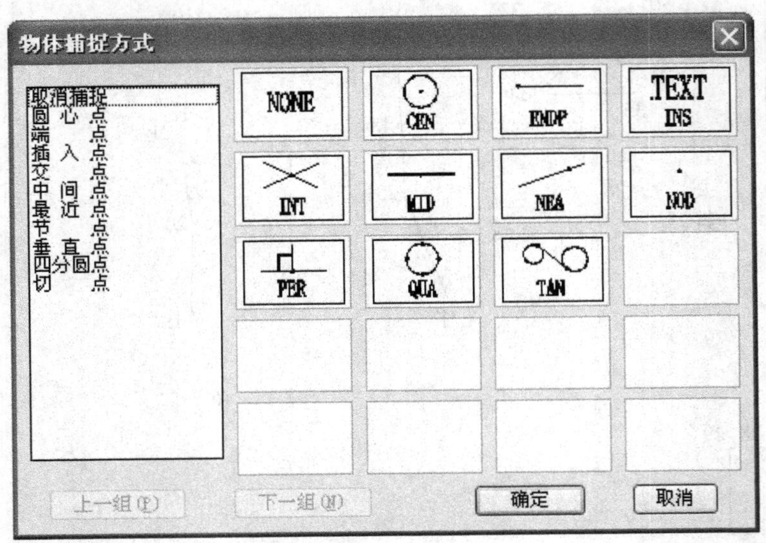

图 4－18　选择“捕捉方式”选项的对话框

```
输入点://同上操作捕捉 34 号点。
输入点://同上操作捕捉 35 号点。
```

这样，即将 33，34，35 号点连成一间普通房屋。

特别提示

在输入点时，嵌套使用了捕捉功能，选择不同的捕捉方式会出现不同形式的黄颜色光标，适用于不同的情况。

命令区要求“输入点”时可以直接单击，为了精确定位也可输入实地坐标。下面以“路灯”为例进行演示。选择屏幕右侧菜单“独立地物”→“其他设施”选项(因为表示路灯的符号放在“独立地物”这一层)，这时系统便弹出“独立地物”的对话框，如图 4 - 19 所示，选择“路灯”图标，图标变亮表示该图标已被选中，然后单击“确定”按钮。这时命令区提示：

> 输入点://输入 143.35,159.28,回车。

这时就在(143.35，159.28)处绘好了一个路灯。

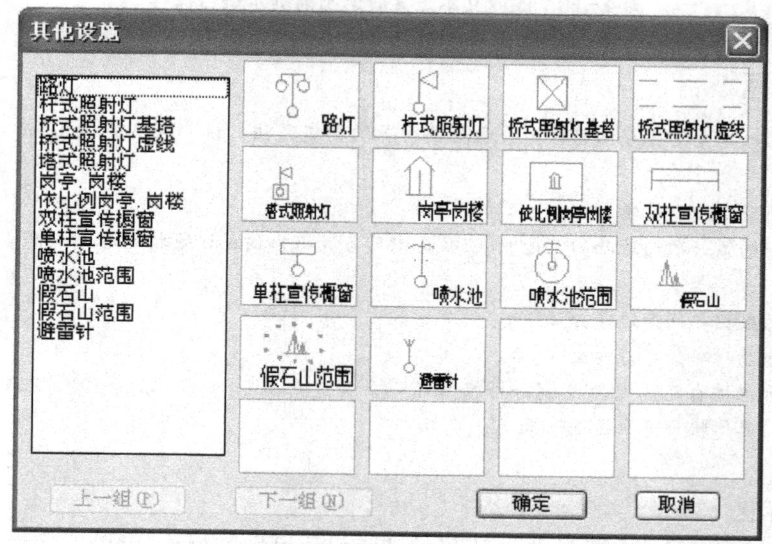

图 4 - 19 选择“独立地物”→“其他设施”图层的对话框

特别提示

随着鼠标在屏幕上移动，左下角提示的坐标实时变化。

3. 编码引导法作业流程

此方式也称为“编码引导文件+无码坐标数据文件自动绘图方式”。

1) 编辑引导文件

(1) 选择“编辑”→“编辑文本”选项后该处以高亮度(深蓝)显示，屏幕命令区出现以下提示：

> File to edit://输入要编辑的文件名,确定合适的路径和文件名,此处以 C:\CASS90\DEMO\WMSJ.YD 为例，按回车键。

屏幕上将弹出记事本，这时根据野外作业草图，参考附录 A 的地物代码以及文件格式，编辑好此文件。

(2) 选择“文件”选项，出现文件类操作的下拉菜单，然后选择“退出”选项，出现如图 4 - 20 所示的对话框。再单击“是”按钮，即回到 CASS 屏幕。同时，引导文件已经编好并存盘。

图 4-20 改变文本正文时退出前提示是否保存

特别提示

(1) 文件名一定要有完整的路径。关于此编辑器的高级用法，请参阅有关 Windows95/98 方面的书籍。

(2) 每一行表示一个地物。

(3) 每一行的第一项为地物的“地物代码”，以后各数据为构成该地物的各测点的点号(依连接顺序的排列)。

(4) 同行的数据之间用逗号分隔。

(5) 表示地物代码的字母要大写。

(6) 用户可根据自己的需要定制野外操作简码，通过更改 C：\CASS90\SYSTEM\JCODE.DEF 文件即可实现，具体操作见本手册附录 A。

2) 定显示区

此步操作与“点号定位”法作业流程的“定显示区”的操作相同。

3) 编码引导

编码引导的作用是将“引导文件”与“无码的坐标数据文件”合并生成一个新的带简编码格式的坐标数据文件。这个新的带简编码格式的坐标数据文件在下一步“简码识别”操作时将要用到。

(1) 选择“绘图处理”选项。

(2) 选择“编码引导”选项，该处以高亮度(深蓝)显示即出现如图 4-21 所示对话框。输入编码引导文件名 C：\CASS90\DEMO\WMSJ.YD，或通过 Windows 窗口操作找到此文件，然后单击“确认”按钮。

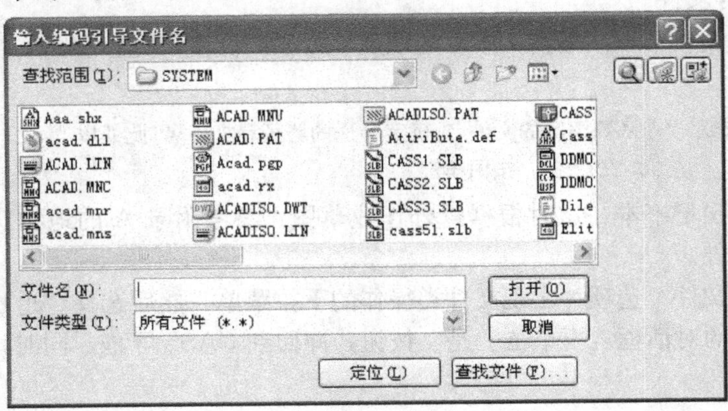

图 4-21 输入编码引导文件名的对话框

(3) 屏幕出现如图 4－22 所示对话窗。要求输入坐标数据文件名，此时输入 C：\CASS90\DEMO\WMSJ. DAT。

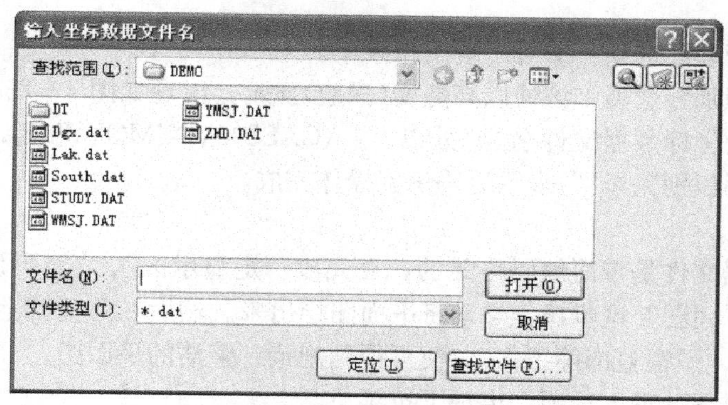

图 4－22 输入坐标数据文件名的对话框(二)

(4) 这时，屏幕出现如图 4－23 所示对话框。输入生成的简编码坐标文件名 C：\CASS90\DEMO\WMYD. DAT。

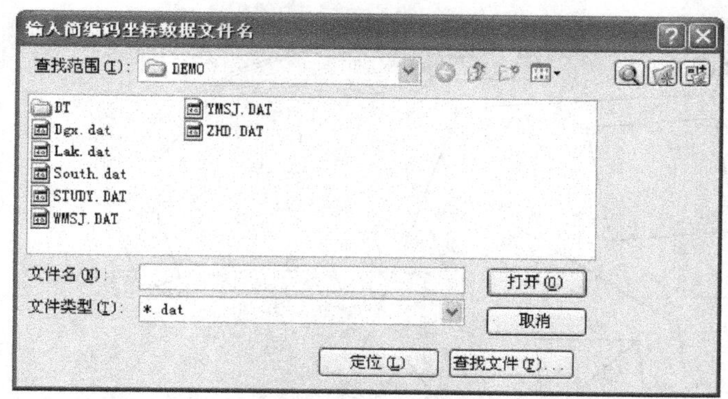

图 4－23 输入简编码坐标数据文件名的对话框

(5) 当命令区提示“编码引导完毕!”时，表示编码引导操作完成。

4) 简码识别

此步具体操作与后边“简码法”作业流程的“简码识别”的操作相同，因为 WMYD. DAT 已经是一个带简码格式的坐标数据文件。选择“数据处理”→“简码识别”选项，系统要求输入文件名时输入 C：\CASS90\DEMO\WMYD. DAT。

5) 绘平面图

此步具体操作与后边“简码法”作业流程的“绘平面图”相同。选择“数据处理”→“绘平面图”选项，要求输入文件名时输入 C：\CASS90\DEMO\WMYD. DAT，这时就在屏幕上自动绘出平面图。

4. 简码法的工作方式

1) 定显示区

此步操作与“草图法”中“测点点号”定位绘图方式作业流程的“定显示区”操作相同。

2）简码识别

简码识别的作用是将带简编码格式的坐标数据文件转换成计算机能识别的程序内部码（又称绘图码）。

选择“绘图处理”选项，即可出现下拉菜单。

选择“简码识别”选项，该处以高亮度(深蓝)显示，出现如图 4－23 所示对话框。输入带简编码格式的坐标数据文件名(此处以 C：\CASS90\DEMO\YMSJ. DAT 为例)。当提示区显示“简码识别完毕!”表示简码识别操作完成。

3）绘平面图

因为坐标数据文件是带简编码格式的，在完成“定显示区”、“简码识别”的操作后，便可以通过“绘平面图”这步操作自动将平面图绘出来。然后在此基础上进行图形的编辑（修改、文字注记、图幅整饰等工作），便可得到规范、整洁的平面图。

（1）选择“绘图处理”选项，出现下拉菜单。

（2）选择“绘平面图”选项，该处以高亮度(反白)显示后单击，便可在屏幕上自动地绘出地物平面图来，然后可以加上文字注记，如图 4－24 所示。

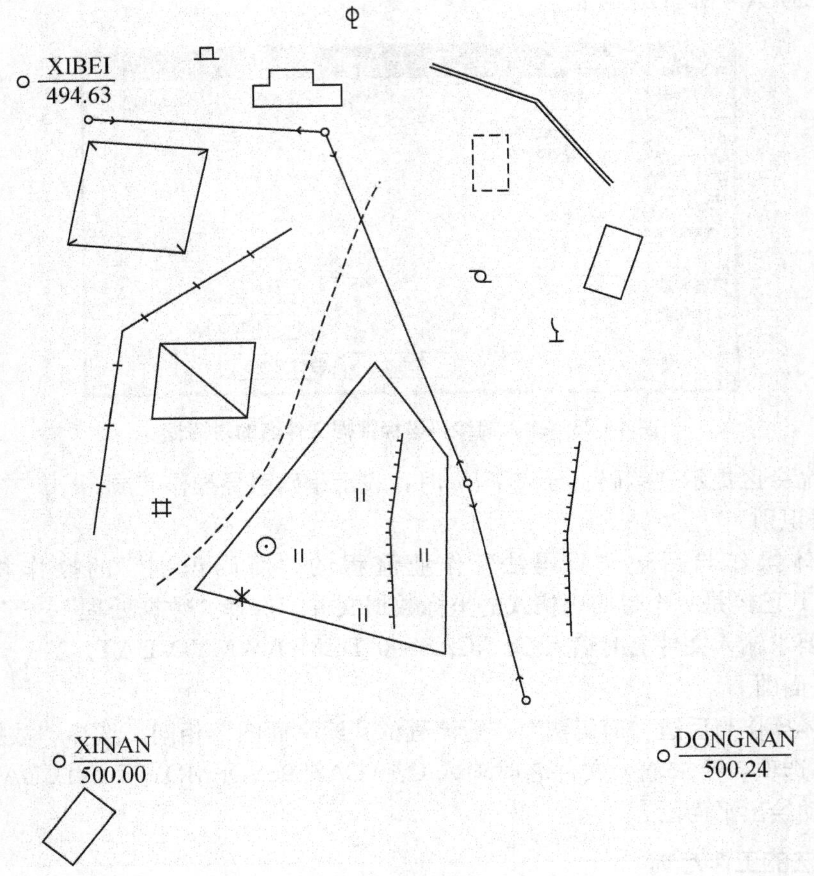

图 4－24　用 YMSJ. DAT 绘的平面图

至此，已经将“草图法”、“简码法”工作方法介绍完毕。其中“草图法”包括点号定位法、坐标定位法、编码引导法。编码引导法的外业工作也需要绘制草图，但内业通过编辑编码引导文件，将编码引导文件与无码坐标数据文件合并生成带简码的坐标数据文件，其后的操作等效于“简码法”，可自动绘图。按照其中的任何一种作业方式操作都可将平面图绘制出来。

CASS 软件支持多种多样的作业模式，除了“草图法”、“简码法”以外，还有“白纸图数字化法”、“电子平板法”，如果有自己习惯的作业方法可灵活选择。如果接触数字化成图不久或者还没有形成习惯，推荐使用“草图法”中的点号定位法工作方式。目前在国内，外业工作还是一件非常辛苦的事，需要跋山涉水、风吹日晒，个中艰辛测绘工作者深有体会，因此要尽量减轻野外的工作量，把成图的工作尽量安排在办公室内进行，“草图法”和“简码法”是符合这个要求的。而两者相比，“草图法”更加直观，在地物情况比较复杂时效率更高，关键是如果出错在内业编辑时较容易修改。

4.2.3 用 CASS 软件测制地形图——绘制等高线

在地形图中，等高线是表示地貌起伏的一种重要手段。常规的平板测图等高线是由手工描绘的，等高线可以描绘的比较圆滑但精度稍低。在数字化自动成图系统中，等高线由计算机自动勾绘，生成的等高线精度相当高。

CASS 软件在绘制等高线时，充分考虑到等高线通过地性线和断裂线的处理，如陡坎、陡崖等。CASS 软件能自动切除通过地物、注记、陡坎的等高线。由于采用了轻量线来生成等高线，CASS 软件在生成等高线后，文件大小比其他软件小了很多。

在绘等高线之前，必须先将在野外测的高程点建立数字地面模型(DTM)，然后在数字地面模型上勾绘出等高线。

1. 建立数字地面模型(构建三角网)

数字地面模型，是在一定区域范围内规则格网点或三角网点的平面坐标(x，y)和其地物性质的数据集合，如果此地物性质是该点的高程 Z，则此数字地面模型又称为数字高程模型(DEM)。这个数据集合从微分角度三维地描述了该区域地形地貌的空间分布。DTM 作为新兴的一种数字产品，与传统的矢量数据相辅相成、各领风骚，在空间分析和决策方面发挥的作用越来越大。借助计算机和地理信息软件，DTM 数据可以通过建立各种各样的模型解决一些实际问题，主要的应用有按用户设定的等高距生成等高线图、透视图、坡度图、断面图、渲染图、与数字正射影像 DOM 复合生成景观图，或者计算特定物体对象的体积、表面覆盖面积等，还可用于空间复合、可达性分析、表面分析、扩散分析等方面。

在使用 CASS 软件自动生成等高线时，也要先建立数字地面模型。在这之前，可以先“定显示区”及“展点”，“定显示区”的操作与 4.2.2“草图法”中“点号定位”法的工作流程中的“定显示区”的操作相同，出现界面要求输入文件名时输入“C：\CASS90\DEMO\DGX.DAT”。展点时可选择“展高程点”选项。要求输入文件名时输入“C：\CASS90\DEMO\DGX.DAT”，单击“打开”按钮后命令区提示：

注记高程点的距离(米)//根据规范要求输入高程点注记距离(即注记高程点的密度)，按回车键默认为注记全部高程点的高程。

这时，所有高程点和控制点的高程均自动展绘到图上。

(1) 选择“等高线”选项，出现下拉菜单，如图 4－25 所示。

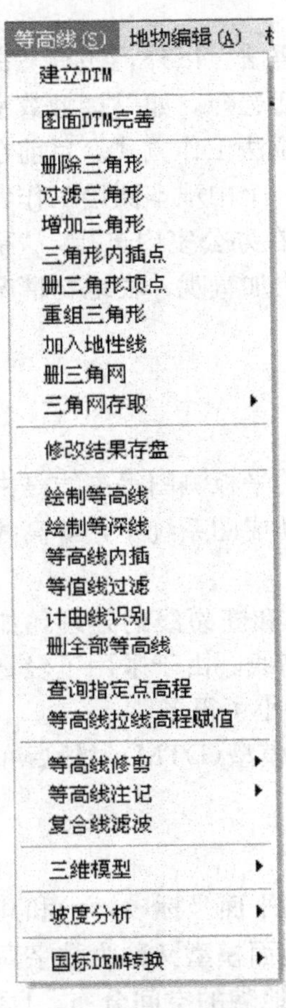

图 4－25　绘“等高线”菜单

(2) 选择“建立 DTM”选项，该处以高亮度(深蓝)显示，单击后出现如图 4－26 所示对话窗。

这时，输入文件名 C：\CASS90\DEMO\DGX.DAT，单击“打开”按钮后命令区提示：

请选择:1. 不考虑坎高 2. 考虑坎高<1> ://按回车键(默认选 1)。

说明：此处提问在建立三角网时是否要考虑坎高因素。如果要考虑坎高因素，则在建立 DTM 前系统自动沿着坎毛的方向插入坎底点(坎底点的高程等于坎顶线上已知点的高程减去坎高)，这样新建坎底的点便参与三角网组网的计算。因此在建立 DTM 之前必须要先将野外的点位展出来，再用捕捉最近点方式将陡坎绘出来，然后还要赋予陡坎各点坎高。

请选择地性线://地性线应过已测点,如不选则直接回车。
Select Objects://按回车键(表示不选地性线)。

说明：地性线是过已知点的复合线，如山脊线、山谷线。如有地性线，可用鼠标逐个点取地性线，如地性线很多，可专门新建一个图层放置，提示选择地性线时选定测区所有实体，再输入图层名将地性线挑出来。

请选择:1. 显示三角网 2. 不显示三角网<1> ://按回车键(默认选 1)。

说明：显示三角网是将建立的三角网在屏幕编辑区显示出来。如选 1，建完 DTM 后所有三角形同时显示出来；如果不想修改三角网，可以选 2。如果建三角网时考虑坎高或地性线，系统在建三角网时速度会减慢。

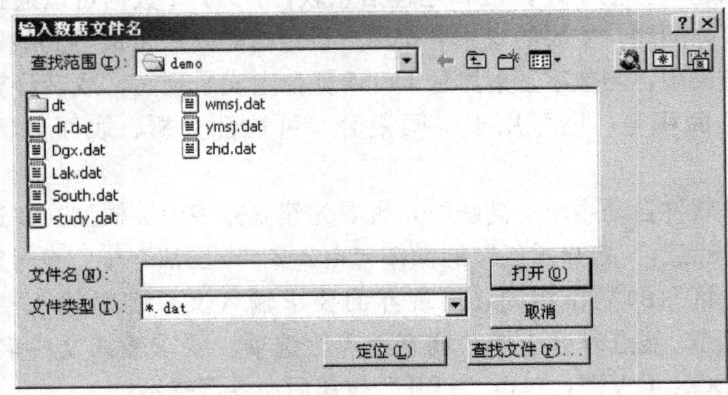

图 4－26　输入数据文件名的对话框

命令区提示生成的三角形个数，生成如图 4 - 27 所示的三角网。

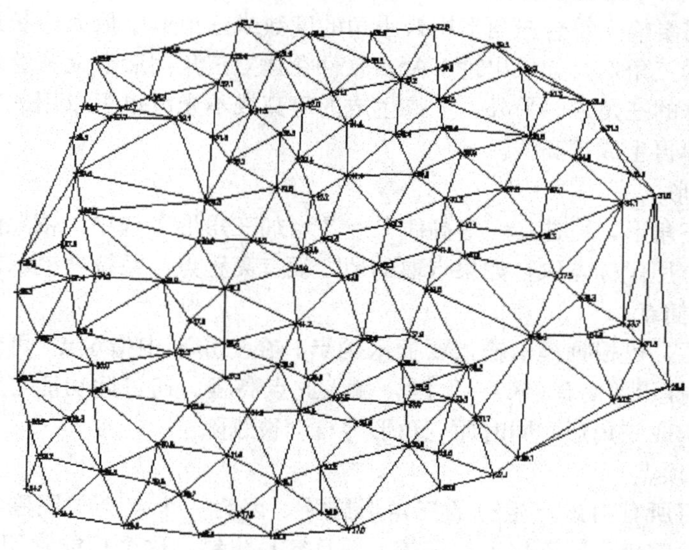

图 4 - 27 用 DGX. DAT 数据建立的三角网

2. 修改数字地面模型(修改三角网)

一般情况下，由于地形条件的限制在外业采集的碎部点很难一次性生成理想的等高线，如楼顶上控制点。另外还因现实地貌的多样性和复杂性，自动构成的数字地面模型与实际地貌不太一致，这时可以通过修改三角网来修改这些局部不合理的地方。

1) 删除三角形

如果在某局部内没有等高线通过的，则可将其局部内相关的三角形删除。删除三角形的操作方法是：先将要删除三角形的地方局部放大，再选择“等高线”→“删除三角形”选项，命令区提示“Select Objects:”，这时便可选择要删除的三角形。如果误删，可用 U 命令将误删的三角形恢复。删除三角形后如图 4 - 28 所示。

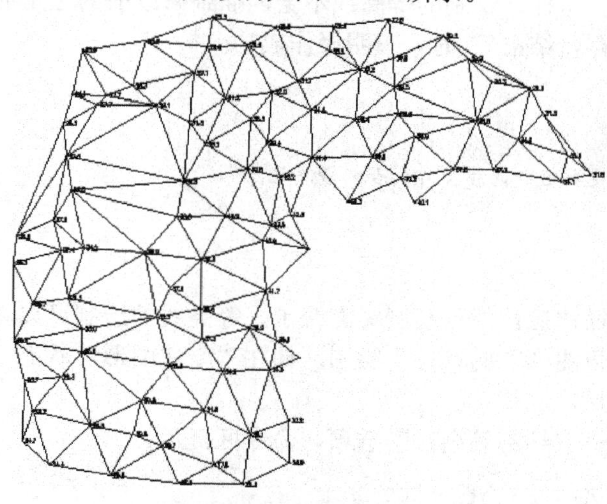

图 4 - 28 将右下角的三角形删除

2）过滤三角形

可根据用户需要输入符合三角形中最小角的度数或三角形中最大边长最多大于最小边长的倍数等条件的三角形。如果出现 CASS 软件在建立三角网后点无法绘制等高线，可过滤掉部分形状特殊的三角形。另外，如果生成的等高线不光滑也可以用此功能将不符合要求的三角形过滤掉再生成等高线。

3）增加三角形

如果要增加三角形，可选择“等高线”→“增加三角形”选项，依照屏幕的提示在要增加三角形的地方用鼠标点取，如果点取的地方没有高程点，系统会提示输入高程。

4）三角形内插点

选择此命令后，可根据提示输入要插入的点。在三角形中指定点(可输入坐标或用鼠标直接点取)，当提示“高程(米)＝”时，输入此点高程。通过此功能可将此点与相邻的三角形顶点相连构成三角形，同时原三角形会自动被删除。

5）删三角形顶点

用此功能可将所有由该点生成的三角形删除。因为一个点会与周围很多点构成三角形，如果手工删除三角形，不仅工作量较大而且容易出错。这个功能常用在发现某一点坐标错误时，要将它从三角网中剔除的情况。

6）重组三角形

指定两相邻三角形的公共边，系统自动将两三角形删除，并将两三角形的另两点连接起来构成两个新的三角形，这样做可以改变不合理的三角形连接。如果因两三角形的形状特殊无法重组，会有出错提示。

7）删三角网

生成等高线后就不再需要三角网了，这时如果要对等高线进行处理，三角网比较碍事，可以用此功能将整个三角网全部删除。

8）修改结果存盘

通过以上命令修改了三角网后，选择“等高线”→“修改结果存盘”选项，把修改后的数字地面模型存盘。这样，绘制的等高线不会内插到修改前的三角形内。

当命令区显示“存盘结束！”时，表明操作成功。

特别提示

修改了三角网后一定要进行此步操作，否则修改无效！

3. 绘制等高线

完成第一、二步操作后，便可绘制等高线了。等高线的绘制可以在绘平面图的基础上叠加，也可以在“新建图形”的状态下绘制。如在“新建图形”状态下绘制等高线，系统会提示输入绘图比例尺。

选择“等高线”→“绘制等高线”选项，命令区提示：

```
最小高程为 490.400m,最大高程为 500.230m
```

请输入等高距〈单位:米〉://根据比例尺,按图式规范的要求输入等高距,例如输入 1,按回车键。
请选择:1. 不光滑 2. 张力样条拟合 3. 三次 B 样条拟合 4. SPLINE<1> ://选择等高线绘制的方式,例如输入 3,按回车键。

如果选 1，绘制出来的等高线是折线，是分析三角网得来的最原始图形，在此基础上进行拟合就可得到更光滑的等高线。选 2 就是把折线进行张力样条拟合，这时的等高线最忠实于地形，也比折线美观。三次 B 样条是最优的等高线生成方式，用这种方式生成的等高线最光滑，外观最好，但是会有少许失真。因此，如果用三次 B 样条生成等高线后会发现等高线没有过整数高程点。

正在绘图,请稍候!

当命令区显示："绘制完成!"便完成绘制等高线的工作，如图 4-29 所示。

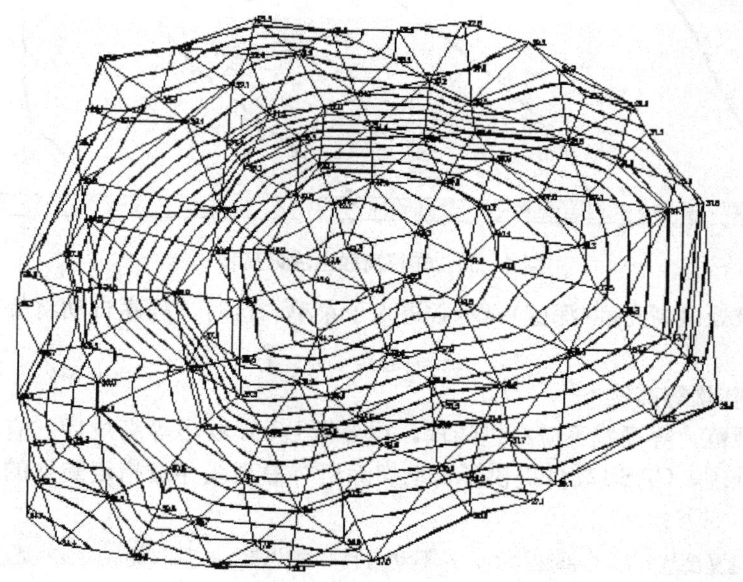

图 4-29 完成绘制等高线的工作

4. 等高线的修饰

1）注记等高线

用"窗口缩放"选项得到局部放大图如图 4-30 所示，再选择"等高线"→"等高线注记"→"单个高程注记"选项。

命令区提示：

选择需注记的等高(深)线：//移动鼠标至要注记高程的等高线位置，如图 4-30 所示之位置 A，单击。
依法线方向指定相邻一条等高(深)线：//移动鼠标至如图之等高线位置 B，单击。

等高线的高程值即自动注记在 A 处，且字头朝 B 处。

2）切除穿建筑物等高线

选择"等高线"选项，出现下拉菜单。然后选择"等高线修剪"→"切除穿建筑物等

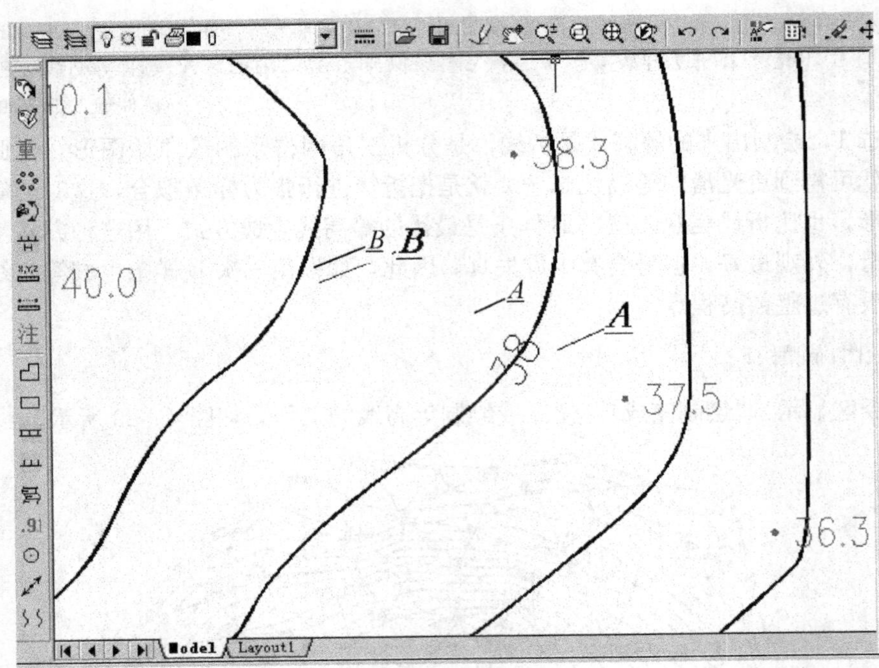

图 4-30　在等高线上注记高程

高线”选项，该处以高亮度(深蓝)显示，进入子菜单。这时，程序自动将等高线穿过房屋的部分切除。

3）切除穿陡坎等高线

按照制图规范，等高线不应穿过陡坎，在分析 DTM 绘出等高线后，应对穿过了陡坎的等高线进行处理，CASS 软件提供了自动切除所有等高线穿过指定陡坎的功能。运行此功能，系统提示如下：

请选择：1. 选择陡坎？2. 全部陡坎<1> //默认选择 1，如果直接按回车键下一步就是选择陡坎，如果选 2，系统会自动在图中寻找所有陡坎，无须手工逐个选取。

再次按回车键，系统将会开始处理，自动将所有等高线与陡坎的重叠部分切除。

4）切除穿围墙等高线

程序自动切除所有等高线穿过指定围墙的部分，要注意用鼠标点取围墙时应选围墙骨架线，即白色的线条。

5）切除指定二线间等高线

命令区提示：

选择第一条线：//用鼠标指定一条线，例如选择公路的一边。
选择第二条线：//用鼠标指定第二条线，例如选择公路的另一边。

程序将自动切除等高线穿过此两条线间的部分。

6）切除穿高程注记等高线

程序自动切除所有等高线穿过高程注记的部分。在注记了高程后，可用此功能将等高线进行处理。

7）切除指定区域内等高线

选择一封闭复合线，系统将该复合线内所有等高线切除。

特别提示

封闭区域的边界一定要是复合线，如果不是系统将无法处理。

8）等值线滤波

此功能可在很大程度上给绘好等高线的图形文件减肥。一般的等高线都是用样条拟合的，这时虽然从图上看结点数很少，但事实却并非如此。以高程为 38 的等高线为例说明，如图 4－31 所示。

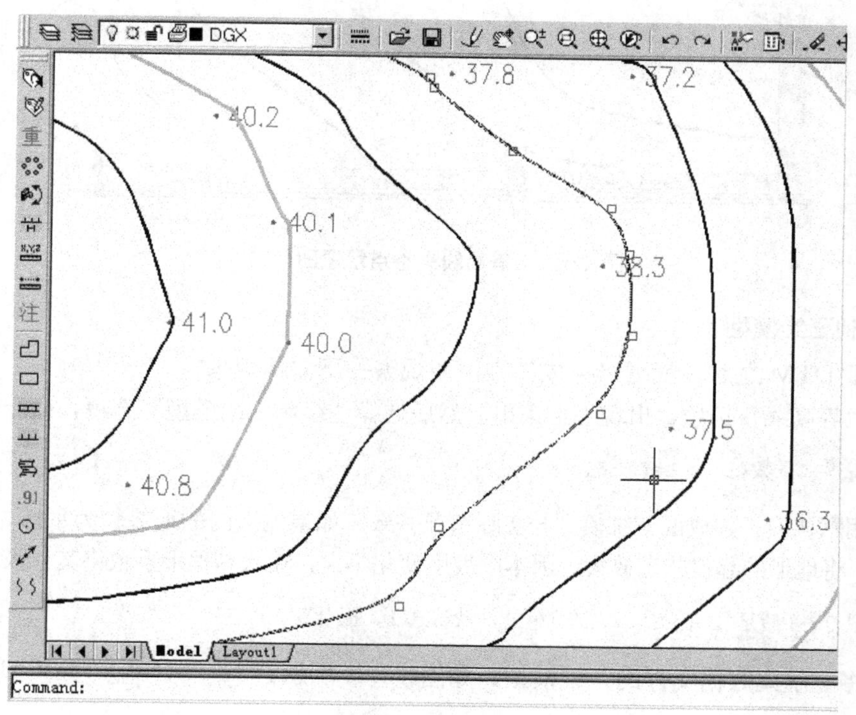

图 4－31 等高线夹持点示意图(一)

选中等高线，发现图上出现了一些夹持点，千万不要认为这些点就是这条等高线上实际的点，这些只是样条的锚点。要还原它的真面目，需做下面的操作。

选择“等高线”→“切除穿高程注记等高线”选项，结果如图 4－32 所示。

这时在等高线上出现了密布的夹持点，这些点才是这条等高线真正的特征点，所以如果看到一个很简单的图在生成了等高线后变得非常大，原因就在这里。如果想将这幅图的尺寸变小，用“等值线滤波”功能就可以了。执行此功能后，系统提示如下：“请输入滤波阀值：<0.5 米>”，这个值越大，精简的程度就越大，但是会导致等高线失真(即变形)，因此用户可根据实际需要选择合适的值。一般选系统默认的值就可以了。

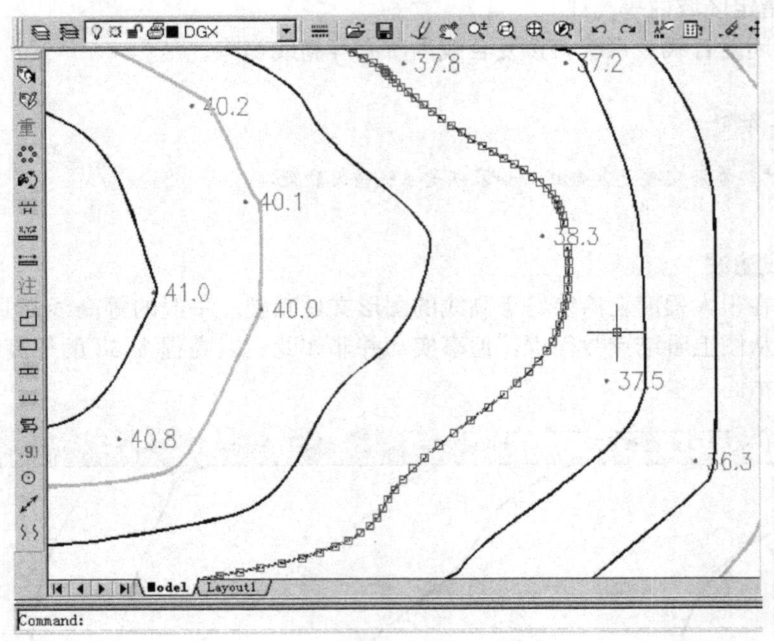

图 4-32　等高线夹持点示意图(二)

5. 绘制三维模型

建立了 DTM 之后，就可以生成三维模型观察一下立体效果。

选择“等高线”选项，出现下拉菜单。然后选择“绘制三维模型”选项，命令区提示：

输入高程乘系数<1.0> ：输入 5。

如果用默认值，建成的三维模型与实际情况一致。如果测区内的地势较为平坦，可以输入较大的值，将地形的起伏状态放大。因本图坡度变化不大，输入高程乘系数将其夸张显示。

是否拟合？(1)是(2)否<1> //按回车键，默认选 1，拟合。

这时将显示此数据文件的三维模型，如图 4-33 所示。

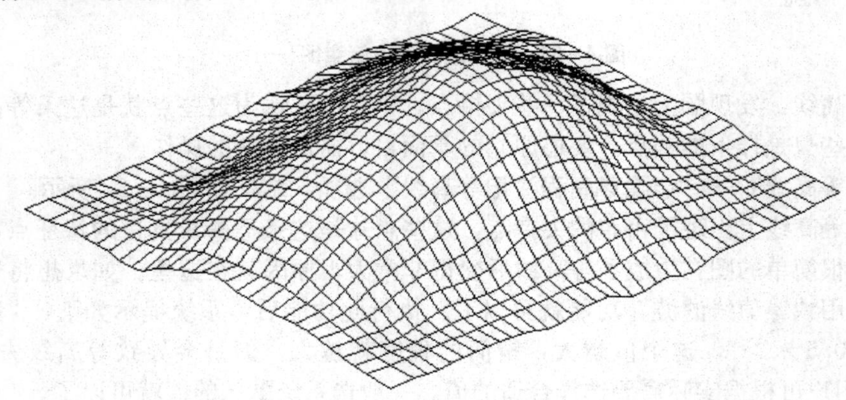

图 4-33　三维效果

另外利用“低级着色方式”、“高级着色方式”功能还可对三维模型进行渲染等操作，利用“显示”菜单下的“三维静态显示”的功能可以转换角度、视点、坐标轴，利用“显示”菜单下的“三维动态显示”功能可以绘出更高级的三维动态效果。

4.2.4 编辑与整饰

在大比例尺数字测图的过程中，由于实际地形、地物的复杂性，漏测、错测是难以避免的，这时必须要有一套功能强大的图形编辑系统对所测地图进行屏幕显示和人机交互图形编辑，在保证精度情况下消除相互矛盾的地形、地物，对于漏测或错测的部分及时进行外业补测或重测。另外，地图上的许多文字注记说明，如道路、河流、街道等也是很重要的。

图形编辑的另一重要用途是对大比例尺数字化地图的更新，可以借助人机交互图形编辑，根据实测坐标和实地变化情况，随时对地图的地形、地物进行增加或删除、修改等，以保证地图具有很好的现势性。

对于图形的编辑，CASS软件提供“编辑”和“地物编辑”两种下拉菜单。其中，“编辑”是由AutoCAD提供的编辑功能，包括图元编辑、删除、断开、延伸、修剪、移动、旋转、比例缩放、复制、偏移复制等；“地物编辑”是由南方CASS系统提供的对地物编辑功能，包括线型换向、植被填充、土质填充、批量删剪、批量缩放、窗口内的图形存盘、多边形内图形存盘等。下面举例说明。

1. 图形重构

通过屏幕右侧菜单绘出一个围墙、一块菜地、一条电力线、一个自然斜坡，如图4-34所示。

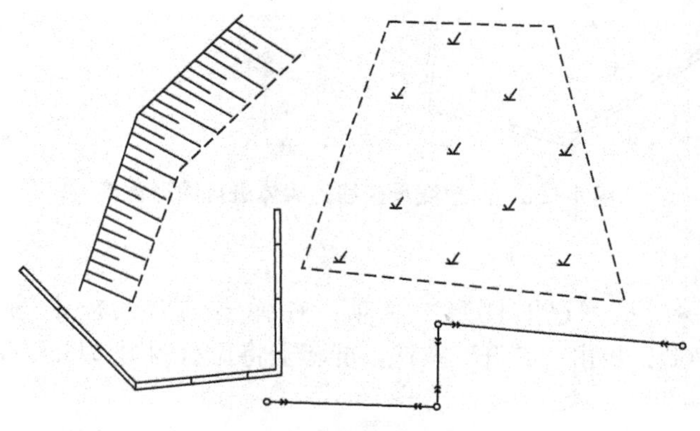

图4-34 作出几种地物

CASS软件设计了骨架线的概念，复杂地物的主线一般都是有独立编码的骨架线。单击骨架线，再单击显示蓝色方框的结点使其变红，移动到其他位置或者将骨架线移动位置，效果如图4-35所示。

选择“地物编辑”→“图形重构”(也可选择左侧工具条的“图形重构”按钮)，命令区提示：

选择需重构的实体:< 重构所有实体> //按回车键表示对所有实体进行重构功能。

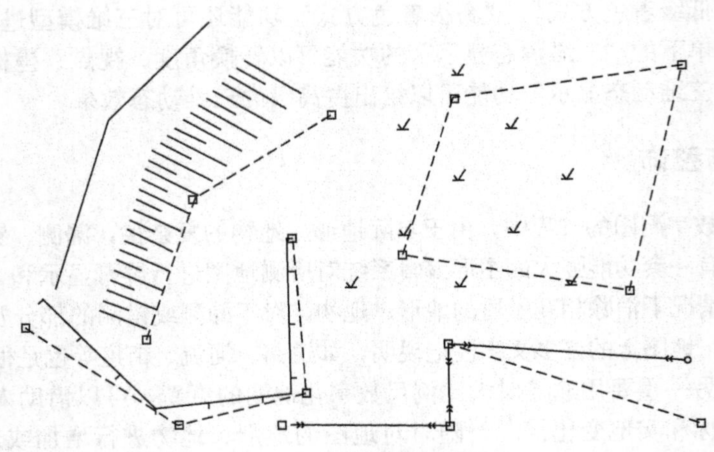

图 4－35　改变原图骨架线

此时，原图转化为如图 4－36 所示图形。

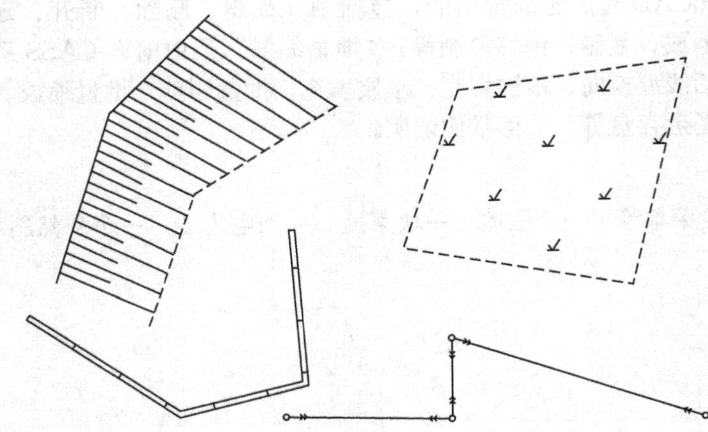

图 4－36　对改变骨架线的实体进行图形重构

2. 改变比例尺

选择“文件”→“打开已有图形”选项，在弹出的对话框中输入“C：\CASS90\DEMO\STUDY.DWG”，单击“打开”按钮，屏幕上将显示例图 STUDY.DWG，如图 4－37 所示。

选择“绘图处理”→“改变当前图形比例尺”选项，命令区提示：

```
当前比例尺为　1：500
输入新比例尺<1：500>　1：//输入要求转换的比例尺,例如输入 1000。
```

这时屏幕显示的 STUDY.DWG 图就转变为 1：1000 的比例尺，各种地物包括注记、填充符号都已按 1：1000 的图示要求进行转变。

3. 查看及加入实体编码

通过屏幕右侧菜单绘出一个多点房屋、一个未加固陡坎，如图 4－38 所示。

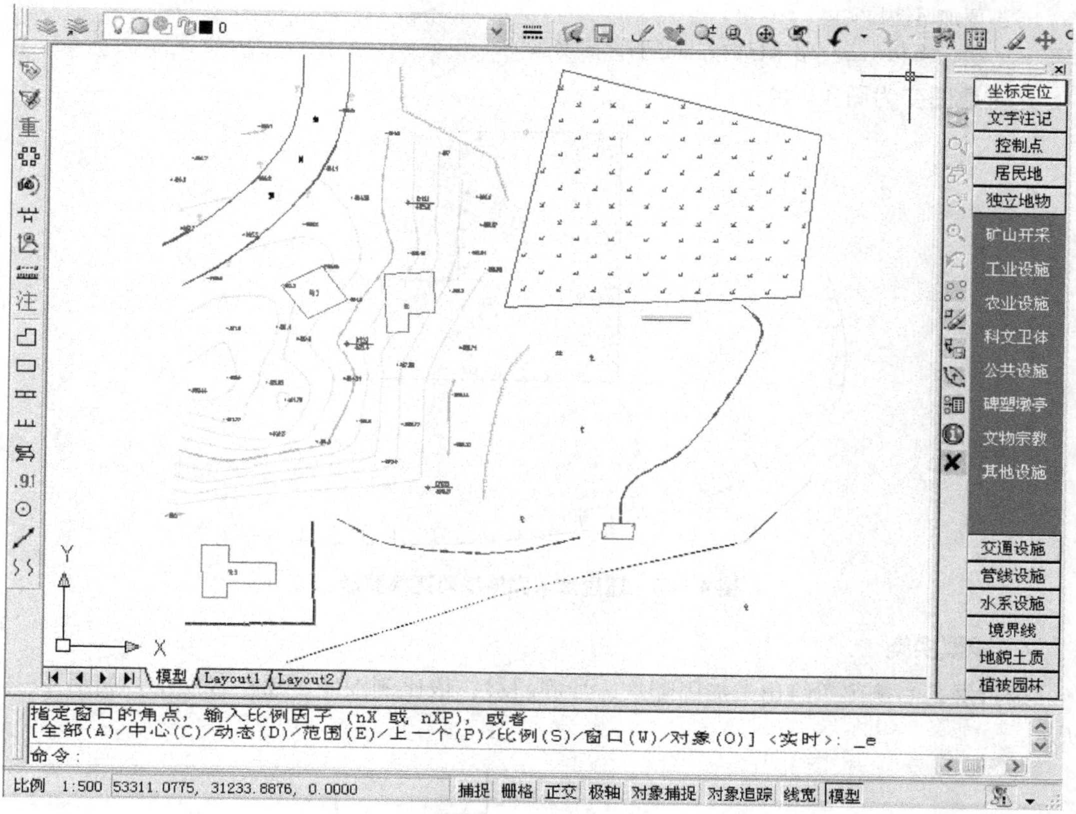

图 4－37　例图 STUDY. DWG

选择“数据处理”→“查看实体编码”选项，命令区提示“选择图形实体”，鼠标变成一个方框，再将其移至多点房屋的线上，单击工作区弹出对话框，如图 4－39 所示。

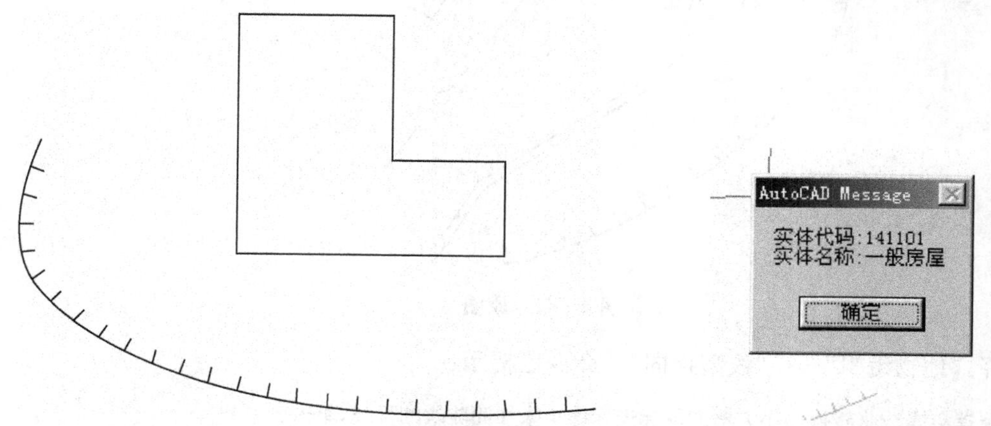

图 4－38　绘出一个多点房屋、一个未加固陡坎　　图 4－39　查看实体属性的对话框

选择“数据处理”→“加入实体编码”选项，命令区提示：

输入代码(C)/<选择已有地物> //鼠标变成一个方框，这时选择下侧的陡坎。

选择要加属性的实体：
Select Objects//用鼠标的方框选择多点房屋。

这时原图变为图 4 - 40。

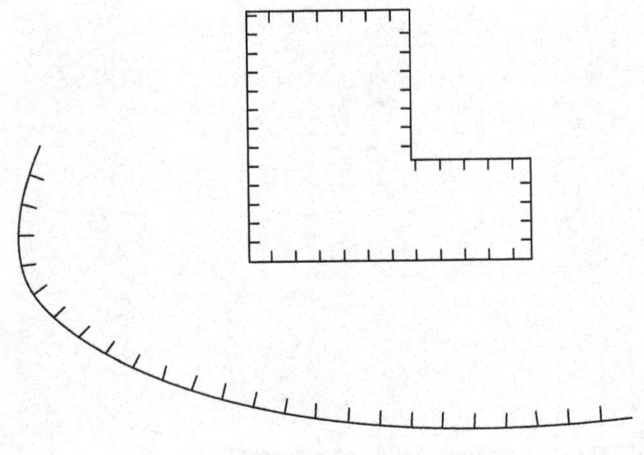

图 4 - 40　通过加入实体编码变换图形

4. 线型换向

通过屏幕右侧菜单绘出未加固陡坎、加固斜坡、依比例围墙、栅栏各一个，如图 4 - 41 所示。

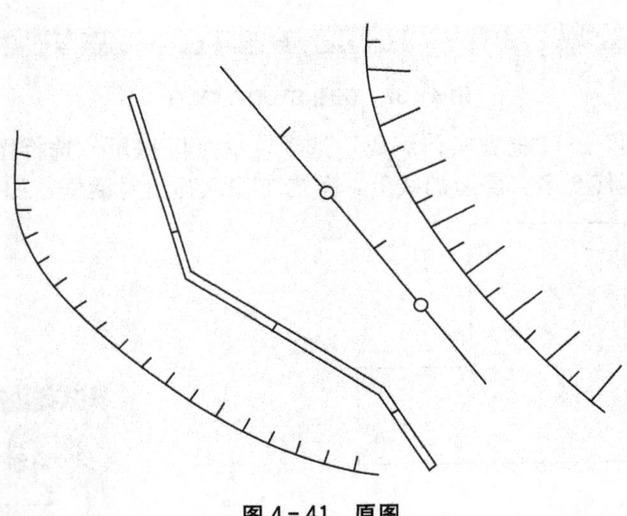

图 4 - 41　原图

选择"地物编辑"→"线型换向"，命令区提示：

请选择实体//将转换为小方框的鼠标光标移至未加固陡坎的母线，单击。

这样，该条未加固陡坎即转变了坎的方向。以同样的方法选择"线型换向"命令（或在工作区右击重复上一条命令），单击栅栏、加固陡坎的母线，以及依比例围墙的骨架线（显示黑色的线），完成换向功能。结果如图 4 - 42 所示。

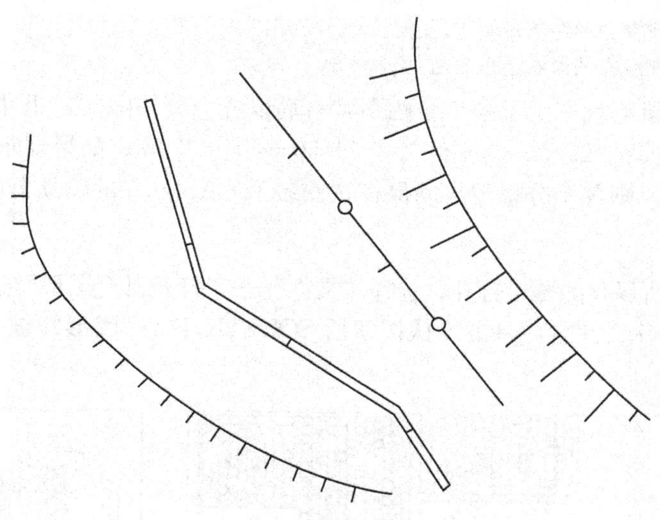

图 4－42 线型换向后的图

5. 坎高的编辑

选择“地貌土质”选项绘一条未加固陡坎，在命令区提示“输入坎高：(米)<1.000>”时，回车默认 1m。

选择“地物编辑”菜单项，弹出下拉菜单，选择“修改坎高”选项，则在陡坎的第一个结点处出现一个十字丝，命令区提示：

选择陡坎线
当前坎高=1.000 米,输入新坎高<默认当前值> ://输入新值,按回车键(或直接按回车键默认 1m)。

十字丝跳至下一个结点，命令区提示：

当前坎高=1.000 米,输入新坎高<默认当前值> ://输入新值,回车(或直接回车默认 1m)。

如此重复，直至最后一个结点结束。这样便将坎上每个测量点的坎高进行了更改。

6. 图形分幅

在图形分幅前，应作好分幅的准备工作，应了解图形数据文件中的最小坐标和最大坐标。

特别提示

在 CASS 软件下侧信息栏显示的坐标和测量坐标是相反的，即 CASS 软件系统中前面的数为 Y 坐标(东方向)，后面的数为 X 坐标(北方向)。

选择“绘图处理”菜单项，弹出下拉菜单，选择“批量分幅”选项，命令区提示：

请选择图幅尺寸:(1)50×50(2)50×40<1> //按要求选择。此处直接按回车键默认选 1。
请输入分幅图目录名：//输入分幅图存放的目录名，按回车键。如输入 C：\CASS90\demo\。

输入测区一角://在图形左下角单击。

输入测区另一角://在图形右上角单击。

这样在所设目录下就产生了各个分幅图，自动以各个分幅图的左下角的东坐标和北坐标结合起来命名，如："29.50—39.50"、"29.50—40.00"等。如果要求输入分幅图目录名时直接按回车键，则各个分幅图自动保存在安装了CASS9.0的驱动器的根目录下。

7. **图幅整饰**

把图形分幅时所保存的图形打开，选择"文件"→"打开已有图形"选项，在对话框中输入SOUTH1.DWG文件名，单击确认按钮后SOUTH1.DWG图形即被打开，如图4-43所示。

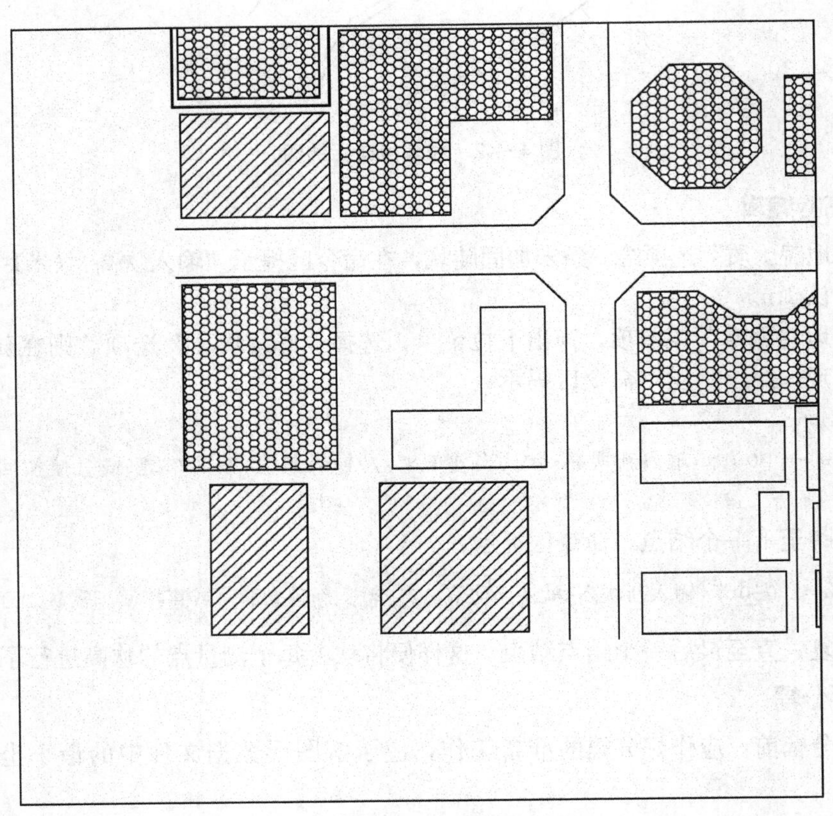

图4-43　打开SOUTH.DWG的平面图

选择"文件"→"加入CASS90环境"选项。

选择"绘图处理"→"标准图幅(50×50CM)"选项显示如图4-44所示的对话框。输入图幅的名字、邻近图名、批注，在左下角坐标的"东"、"北"栏内输入相应坐标，例如此处输入40000，30000，按回车键。选中"删除图框外实体"复选框则可删除图框外实体，按实际要求选择，例如此处选中。最后单击"确定"按钮即可。

因为CASS软件系统所采用的坐标系统是测量坐标，即1∶1的真坐标，加入50cm×50cm图廓后如图4-45所示。

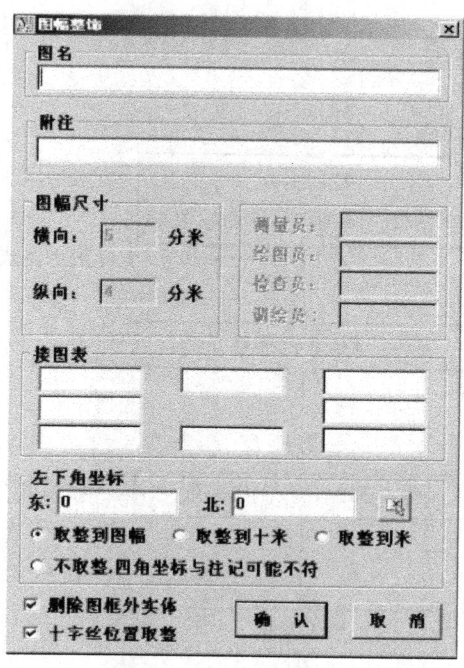

图 4 - 44 图幅整饰对话框

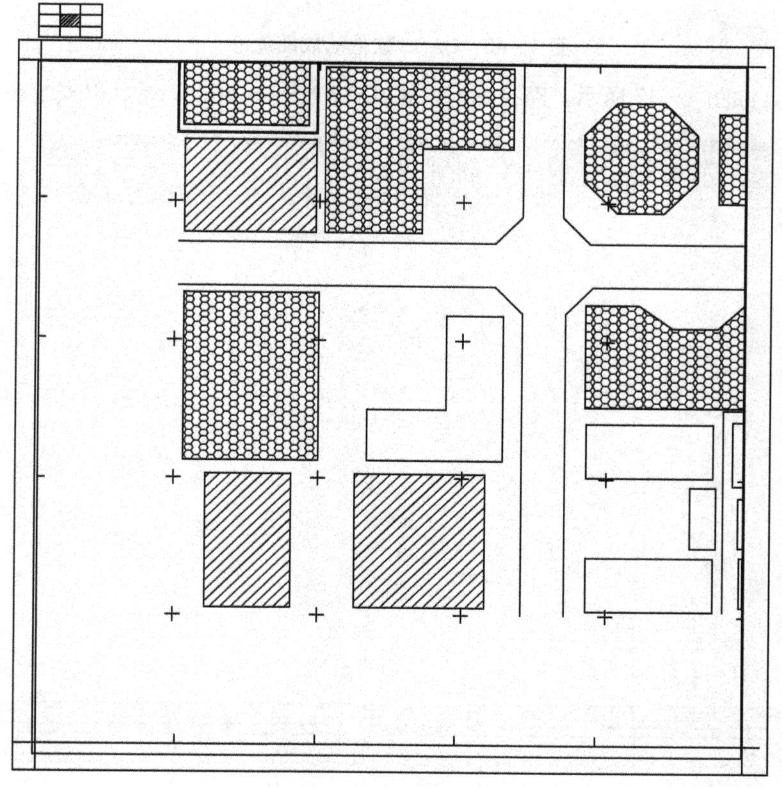

图 4 - 45 加入图廓的平面图

4.2.5 用 CASS 出一张图

CASS 软件的成图流程如图 4-46 所示。

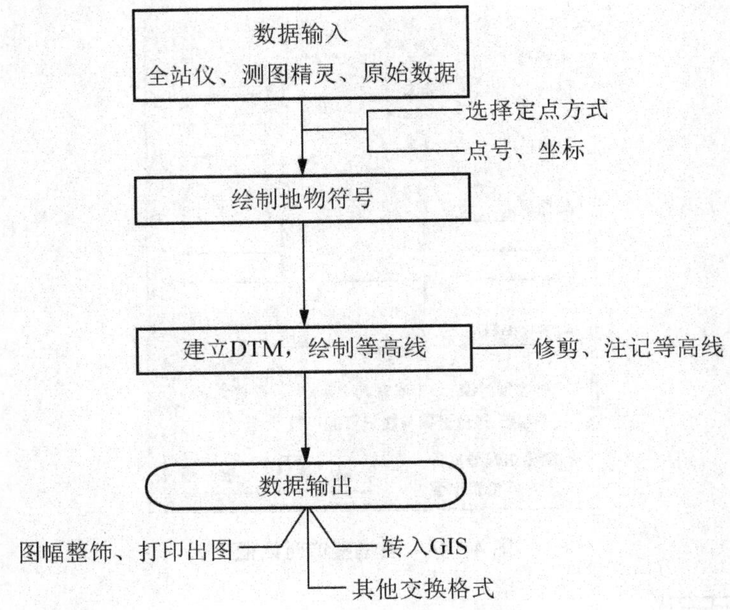

图 4-46　CASS 软件的成图流程

打开例图，如图 4-47 所示，路径为 C：\CASS90\demo\study. dwg(以安装在 C 盘为例)。

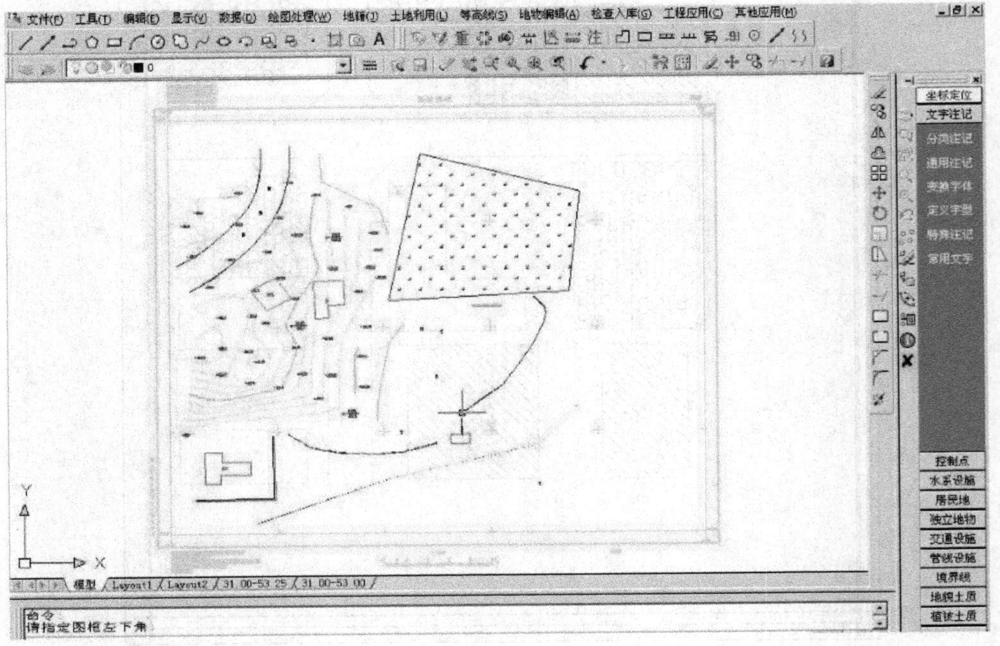

图 4-47　选 study. dwg

1. 定显示区

进入 CASS 软件后选择“绘图处理”选项，即出现如图 4－48 所示下拉菜单。

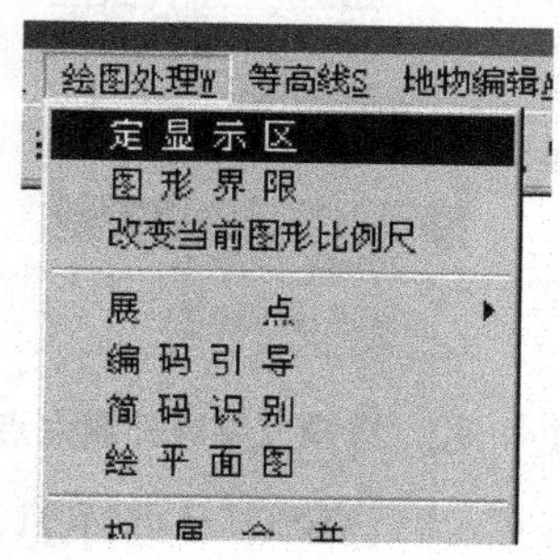

图 4－48 “绘图处理”菜单

然后选择“定显示区”选项，即出现一个对话窗如图 4－22 所示。这时，需要输入坐标数据文件名。可参考 Windows 选择打开文件的方法操作，也可直接通过键盘输入，在“文件名:”(即光标闪烁处)输入 C：\CASS90\DEMO\STUDY. DAT，再单击“打开”按钮。这时，命令区显示：

最小坐标(米)：X= 31056.221，Y= 53097.691
最大坐标(米)：X= 31237.455，Y= 53286.090

2. 选择测点点号定位成图法

选择“测点点号”选项，即出现如图 4－49 所示的对话框。

图 4－49 选择点号对应的坐标点数据文件名的对话框(二)

输入点号坐标数据文件名 C：\CASS90\DEMO\STUDY. DAT 后，命令区提示：

读点完成！ 共读入 106 个点

3. 展点

选择“绘图处理”选项这时系统弹出一个下拉菜单。再选择“绘图处理”→“展野外测点点号”选项，如图 4－50 所示。单击后便出现对话框。

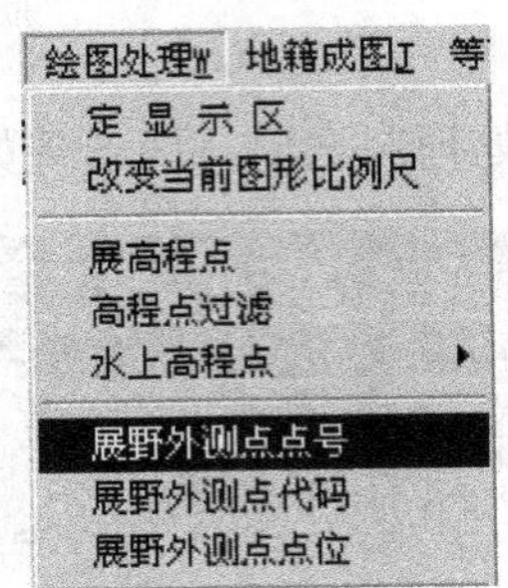

图 4-50　选择“展野外测点点号”

输入对应的坐标数据文件名 C：\CASS90\DEMO\STUDY. DAT 后，便可在屏幕上展出野外测点的点号，如图 4-51 所示。

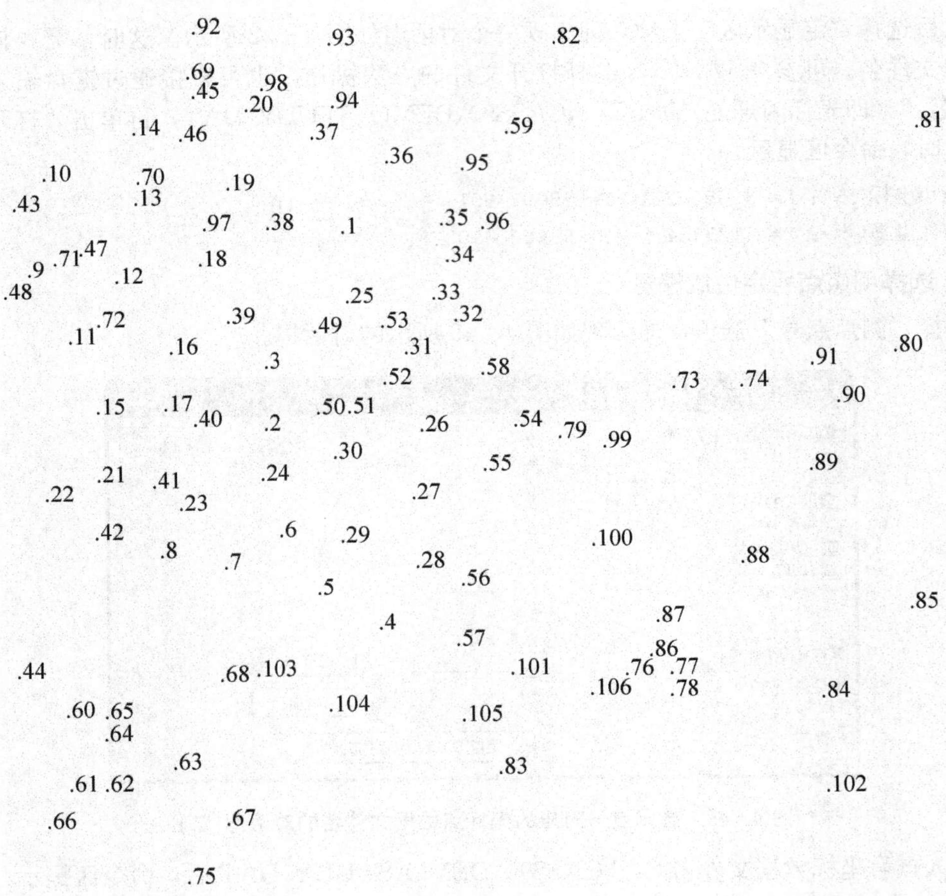

图 4-51　STUDY. DAT 展点图

4. 绘平面图

CASS 可以灵活使用工具栏中的缩放工具进行局部放大以方便编图，把左上角放大的方法如下：选择“交通设施”→“城际公路”选项，弹出如图 4-52 所示的对话框。

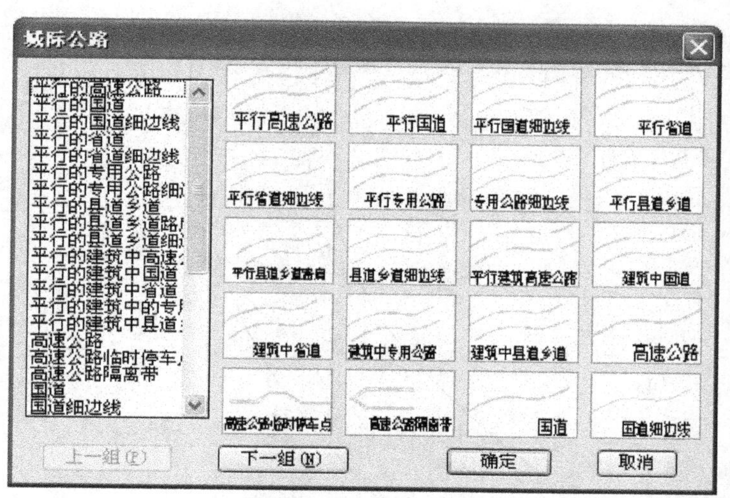

图 4-52 “城际公路”对话框

通过“下一组”按钮找到“平行县道乡道”并选中，再单击“确定”按钮，命令区提示：

绘图比例尺 1://输入 500,按回车键。
点 P/<点号> //输入 92,按回车键。
点 P/<点号> //输入 45,按回车键。
点 P/<点号> //输入 46,按回车键。
点 P/<点号> //输入 13,按回车键。
点 P/<点号> //输入 47,按回车键。
点 P/<点号> //输入 48,按回车键。
点 P/<点号> //按回车键。
拟合线<N> ? //输入 Y,按回车键。

说明：输入 Y，将该边拟合成光滑曲线；输入 N(默认为 N)，则不拟合该线。

1. 边点式/2. 边宽式<1> ://按回车键默认 1。

说明：选 1(默认为 1)，将要求输入公路对边上的一个测点；选 2，要求输入公路宽度。

对面一点
点 P/<点号> //输入 19,按回车键。

这时平行等外公路就做好了，如图 4-53 所示。

下面作一个多点房屋。选择“居民地”→“一般房屋”选项，弹出如图 4-14 所示的界面。

选择“多点砼房屋”，再单击“确认”按钮。命令区提示：

第一点：
点 P/<点号> //输入 49,按回车键。
指定点：
点 P/<点号> //输入 50,按回车键。
闭合 C/隔一闭合 G/隔一点 J/微导线 A/曲线 Q/边长交会 B/回退 U/点 P/< 点号> //输入 51,按回车键。

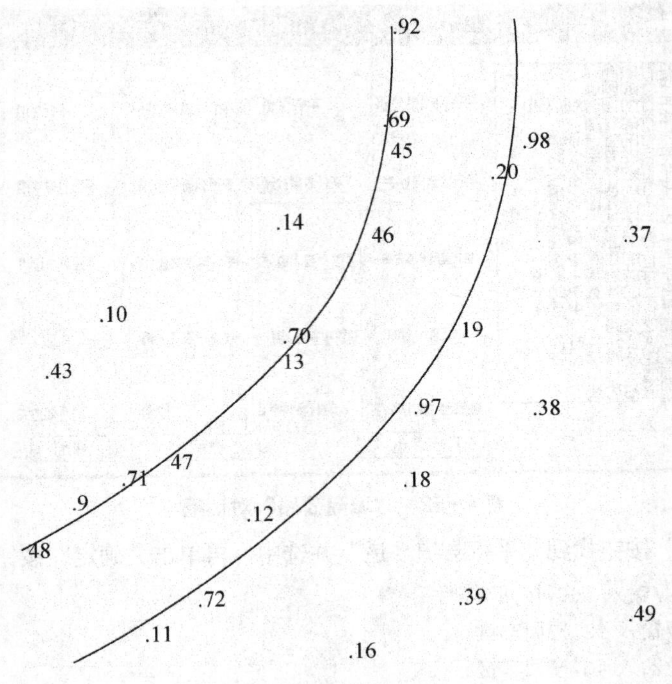

图 4-53　做好一条平行等外公路

闭合 C/隔一闭合 G/隔一点 J/微导线 A/曲线 Q/边长交会 B/回退 U/点 P/<点号> //输入 J,按回车键。

点 P/<点号> //输入 52,按回车键。

闭合 C/隔一闭合 G/隔一点 J/微导线 A/曲线 Q/边长交会 B/回退 U/点 P/<点号> //输入 53,按回车键。

闭合 C/隔一闭合 G/隔一点 J/微导线 A/曲线 Q/边长交会 B/回退 U/点 P/<点号> //输入 C,按回车键。

输入层数:<1> 按回车键(默认输 1 层)。

说明：选择多点砼房屋后自动读取地物编码，用户不须逐个记忆。从第 3 点起弹出许多选项，这里以“隔一点”功能为例，输入 J，输入一点后系统自动算出一点，使该点与前一点及输入点的连线构成直角。输入 C 时，表示闭合。

再做一个多点砼房，熟悉一下操作过程。命令区提示：

Command:dd

输入地物编码:<141111> 141111

第一点:点 P/<点号> //输入 60,按回车键。

指定点:

点 P/<点号> //输入 61,按回车键。

闭合 C/隔一闭合 G/隔一点 J/微导线 A/曲线 Q/边长交会 B/回退 U/点 P/<点号> //输入 62,按回车键。

闭合 C/隔一闭合 G/隔一点 J/微导线 A/曲线 Q/边长交会 B/回退 U/点 P/<点号> //输入 A,按回车键。

微导线-键盘输入角度(K)/<指定方向点(只确定平行和垂直方向)> //单击 62 点上侧一定距离处。

距离<m> : //输入 4.5，按回车键。

闭合 C/隔一闭合 G/隔一点 J/微导线 A/曲线 Q/边长交会 B/回退 U/点 P/<点号> //输入 63，按回车键。

闭合 C/隔一闭合 G/隔一点 J/微导线 A/曲线 Q/边长交会 B/回退 U/点 P/<点号> //输入 J，按回车键。
点 P/<点号> //输入 64，按回车键。
闭合 C/隔一闭合 G/隔一点 J/微导线 A/曲线 Q/边长交会 B/回退 U/点 P/<点号> //输入 65，按回车键。
闭合 C/隔一闭合 G/隔一点 J/微导线 A/曲线 Q/边长交会 B/回退 U/点 P/<点号> //输入 C，按回车键。
输入层数：<1> //输入 2，按回车键。

说明："微导线"功能由用户输入当前点至下一点的左角(°)和距离(m)，输入后软件将计算出该点并连线。要求输入角度时若输入 K，则可直接输入左向转角；若直接单击，只可确定垂直和平行方向。此功能特别适合知道角度和距离但看不到点的位置的情况，如房角点被树或路灯等障碍物遮挡时。

两栋房子"建"好后，效果如图 4-54 所示。

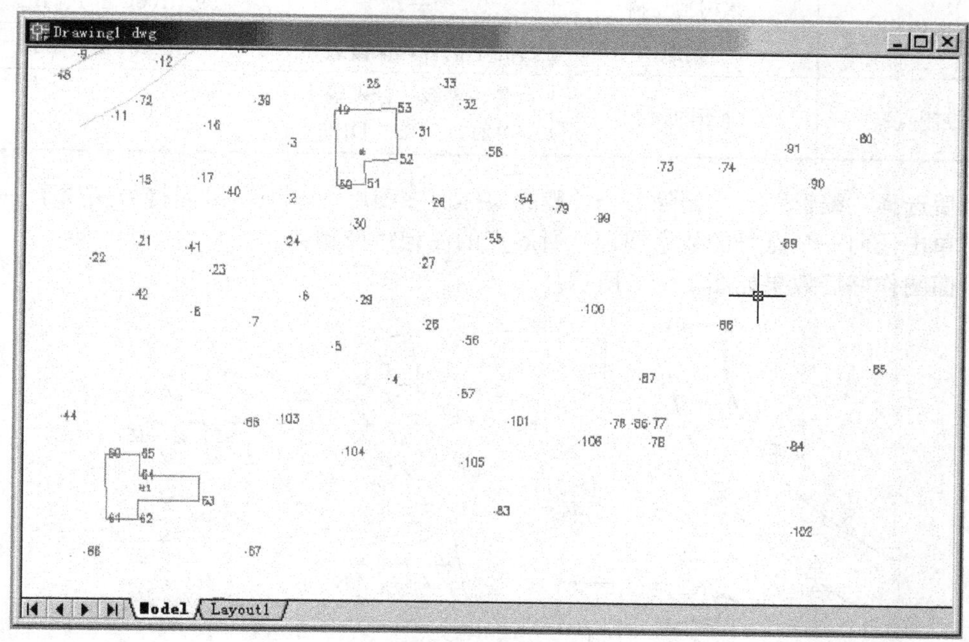

图 4-54 "建"好两栋房子

类似以上操作，分别利用右侧屏幕菜单绘制其他地物，见表 4-3。

表 4-3 绘制其他地物

屏幕菜单	地物类型	地物属性	测点点号
"居民地"	四点房	2 层砖结构	3、39、16
	依比例围墙	不拟合	68、67、66
	四点棚房	—	76、77、78
"交通设施"	小路	拟合	86、87、88、89、90、91
	乡村路	不依比例	103、104、105、106

续表

屏幕菜单	地物类型	地物属性	测点点号
“地貌土质”	陡坎	拟合，坎高为 1m	54、55、56、57
	加固陡坎	不拟合，坎高为 1m	93、94、95、96
“独立地物”	路灯	—	69、70、71、72、97、98
	宣传橱窗	—	73、74
	肥气池	不依比例	59
“水系设施”	水井	—	79
“管线设施”	输电线	地面上	75、83、84、85
“植被园林”	果树独立树	—	99、100、101、102
	菜地	边界不拟合，保留边界	58、80、81、82
“控制点”	埋石图根点	点名、等级：分别输入 D121、D123、D135	1、2、4

最后选择“编辑”→“删除”→“删除实体所在图层”选项，鼠标符号变成了一个小方框，单击任何一个点号的数字注记，所展点的注记将被删除。

平面图作好后效果如图 4－55 所示。

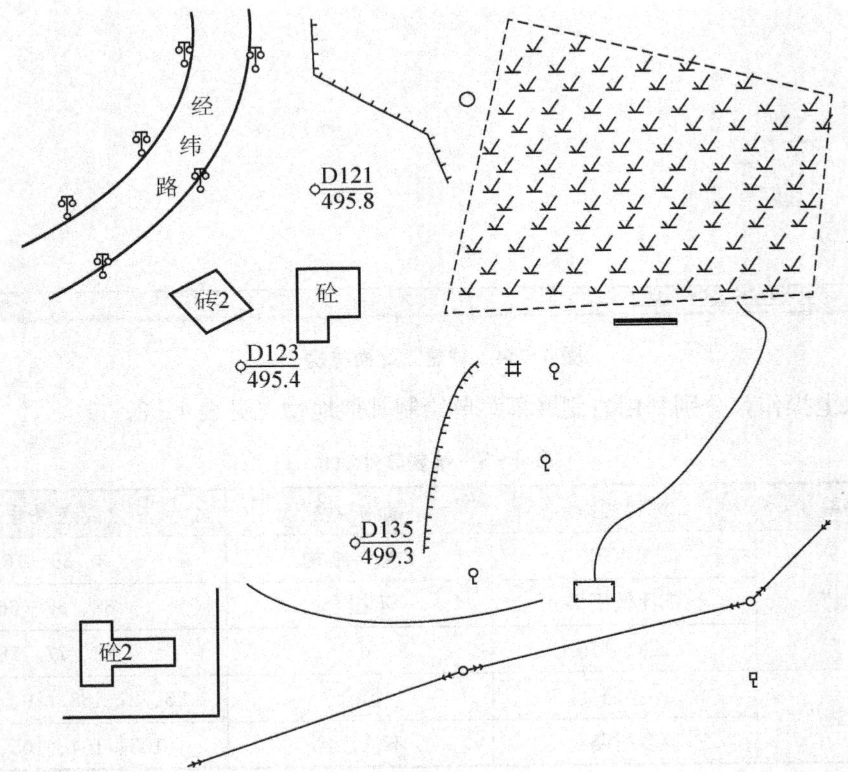

图 4－55　STUDY 的平面图

5. 绘等高线

(1) 展高程点。选择“绘图处理”→“展高程点”选项，将会弹出数据文件的对话框，找到 C：\CASS90\DEMO\STUDY. DAT，单击“确定”按钮，命令区提示：注记高程点的距离(米)：直接按回车键表示不对高程点注记进行取舍，全部展出来。

(2) 建立 DTM。选择“等高线”→“用数据文件生成 DTM”选项，将会弹出数据文件的对话框，找到 C：\CASS90\DEMO\STUDY. DAT，单击“确定”按钮，命令区提示：

```
请选择:1. 不考虑坎高 2. 考虑坎高<1> ://按回车键(默认选 1)。
请选择地性线：//地性线应过已测点，如不选则直接按回车键。
Select Objects：//按回车键表示没有地性线。
请选择：1. 显示建三角网结果 2. 显示建三角网过程 3. 不显示三角网<1> ：//按回车键默认选 1。
```

这样左部区域的点连接成三角网，其他点在 STUDY. DAT 数据文件里高程为 0，故不参与建立三角网(数据文件介绍参见“三角网的编辑与使用”)。建立 DTM 如图 4－56 所示。

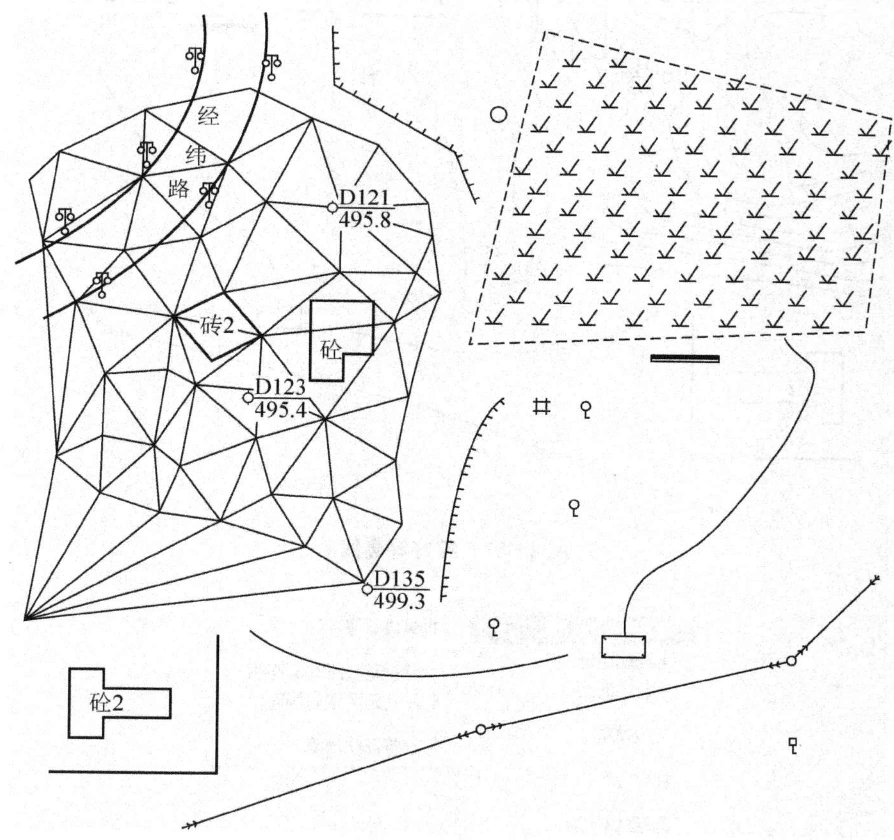

图 4－56 建立 DTM

(3) 绘等高线。选择“等高线”→“绘等高线”选项，命令区提示：

```
最小高程为 490.400m,最大高程为 500.228 米
```

请输入等高距<单位:米> ://输入 1,按回车键。

请选择:1. 不光滑 2. 张力样条拟合 3. 三次 B 样条拟合 4. SPLINE<1> ://输入 3,按回车键。

这样等高线就绘好了。

再选择“等高线”→“删三角网”选项，这时屏幕显示如图 4－57 所示。

等高线的修剪选择“等高线”→“等高线修剪”选项，如图 4－58 所示。

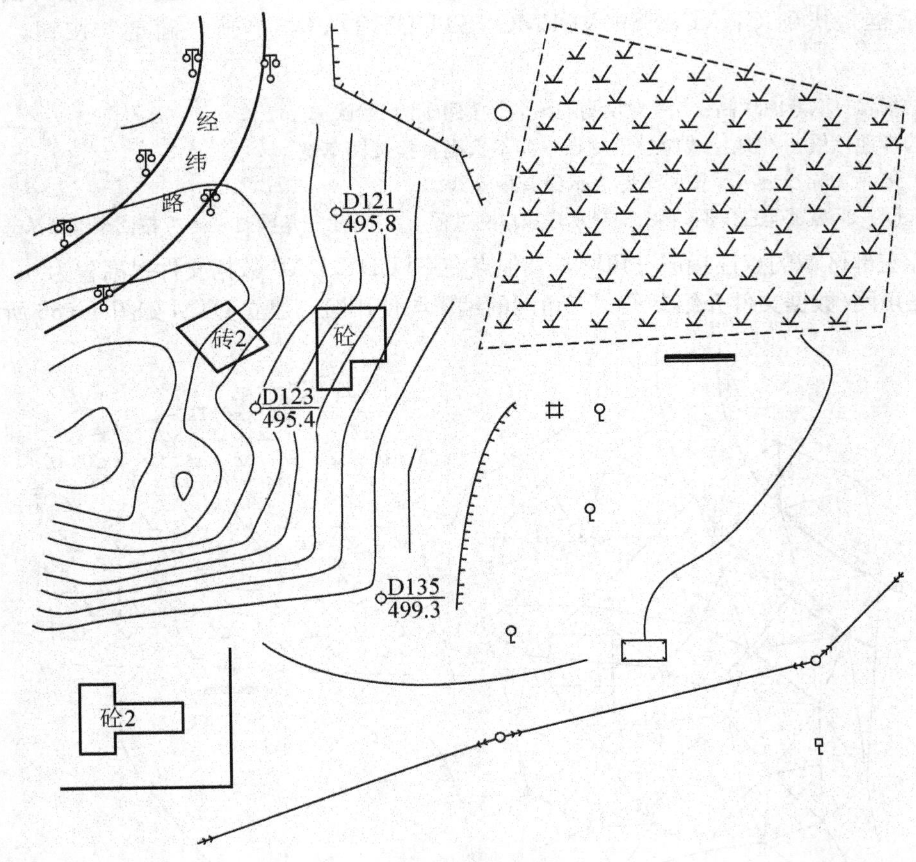

图 4－57　绘好等高线

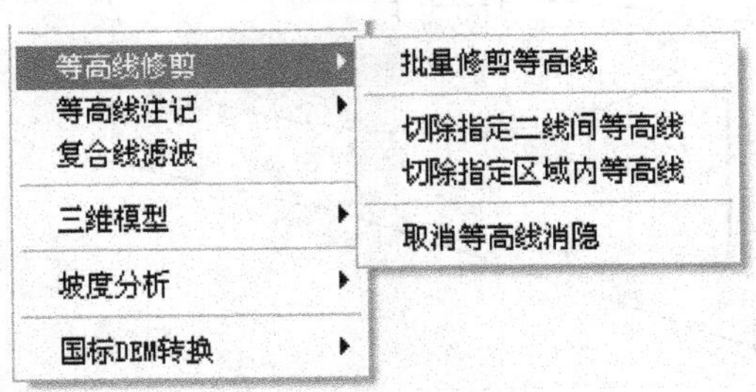

图 4－58　“等高线修剪”菜单

选择“切除指定区域内等高线”选项，软件将自动搜寻穿过建筑物的等高线并将其进行整饰。选择“切除指定二线间等高线”选项，按提示依次单击左上角的道路两边，

CASS9.0 将自动切除等高线穿过道路的部分。选择“批量修剪等高线”选项，CASS 软件将自动搜寻，把等高线穿过注记的部分切除。

6. 加注记

下面演示在平行等外公路上加“经纬路”3 个字。

选择“文字注记”选项，弹出对话框。

单击“注记文字”命令，然后单击“确定”按钮，命令区提示：

请输入图上注记大小(mm)<3.0> //按回车键默认 3mm。
请输入注记内容：//输入“经”，按回车键。
请输入注记位置(中心点)：//在平行等外公路两线之间的合适的位置单击。

用同样的方法在合适的位置输入“纬”、“路”二字。

经过以上各步，生成的图如本项目第一幅图所示。

7. 加图框

单击“绘图处理”菜单下的“标准图幅(50×40)”命令，弹出如图 4-59 所示的对话框。

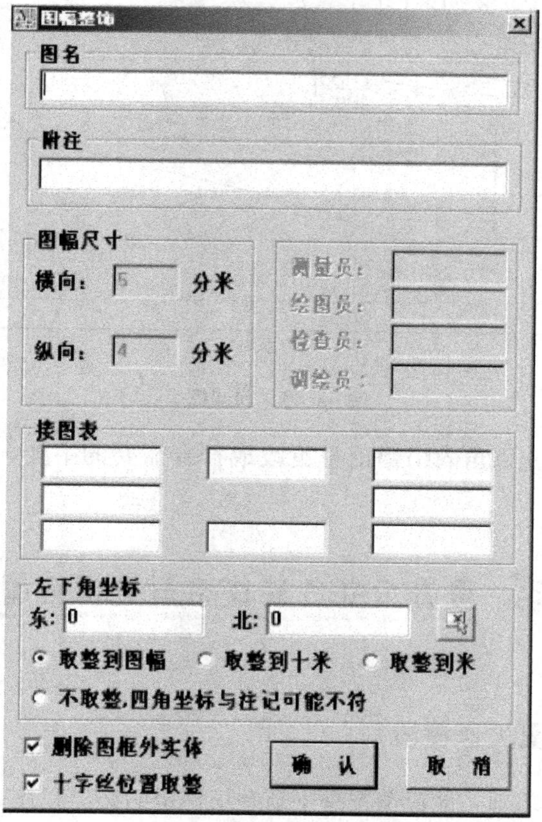

图 4-59 图幅整饰对话框

在“图名”栏里输入“建设新村”；在“左下角坐标”的“东”、“北”栏内分别输入

“53073”、“31050”；在“删除图框外实体”栏前打勾，然后单击“确认”按钮，这样这幅图就做好了，如图 4-60 所示。

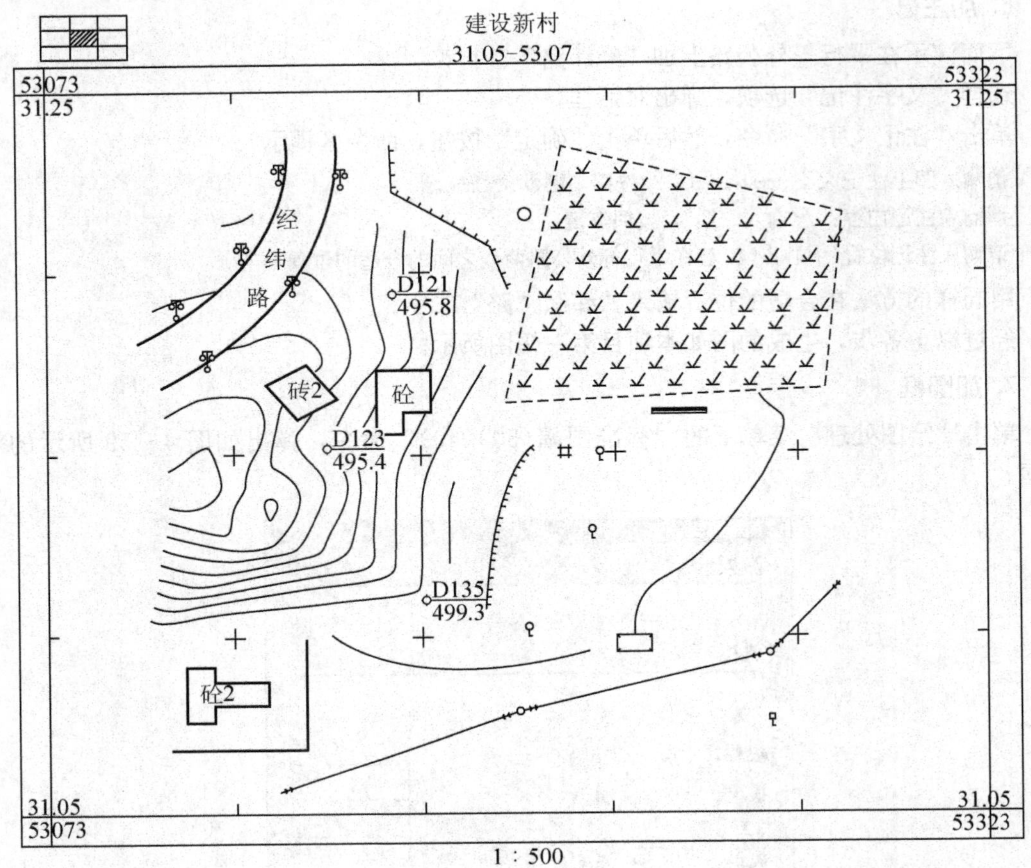

图 4-60　加图框

另外，可以将图框左下角的图幅信息更改成符合需要的字样，可以将图框和图章用户化。

4.3　南方 CASS 软件绘制数字地籍图

4.3.1　地籍调查测量工作流程

地籍是土地管理的基础，地籍调查是土地登记规定的必经程序。随着数字化地图的兴起和现代化信息管理的需要，建立城镇数字地籍数据库的工作已经势在必行，而城镇数字地籍调查测量则是建立城镇地籍数据库的基础。为此，国土资源部和各地方土地管理部门明确要求城镇范围内的土地登记必须以数字地籍调查测量的结果为依据，全面推行现代化、规范化的地籍管理工作。

地籍调查主要包括权属调查和地籍测量两大部分，前者主要工作是由相关人员实地共同指认界址点的位置及对界址点做出正确描述，并经本宗邻宗指界人员签名确认；后者主要工作是运用科学手段测定界址点的位置测算宗地的面积、绘制地籍图等。数字地籍调查测量的任务则是将这两项工作形成计算机存储的数字、图形、文字信息。

CASS 测图软件除了可以完成数字地形图的测绘还可以完成数字地籍图的测绘，提供宗地图、界址点成果表、各类项目面积成果表等。地籍调查测量工作流程如图 4 - 61 所示。

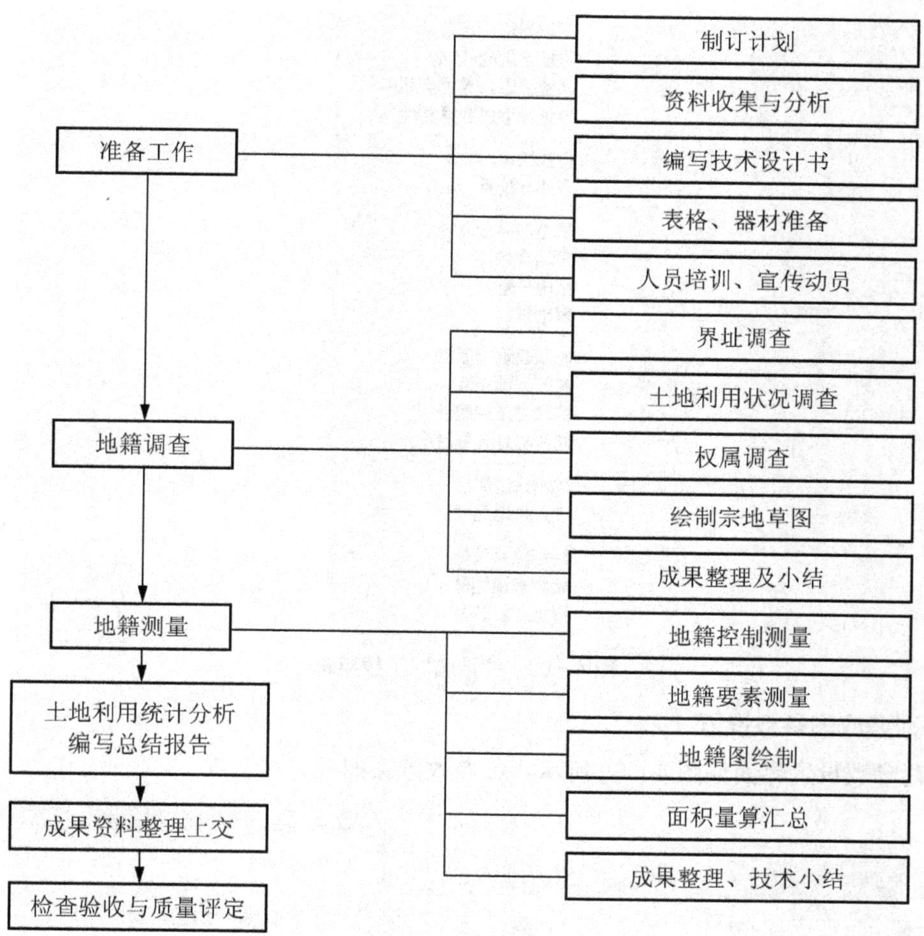

图 4 - 61　地籍调查测量工作流程

4.3.2　数字地籍图的绘制

CASS 提供的地籍图绘制方法类似于地形图的绘制方法，即在外业采集地物或界址点的点位坐标、地物属性和连接关系后，用 CASS 系统来绘制数字地籍图。地籍下拉菜单如图 4 - 62 所示。

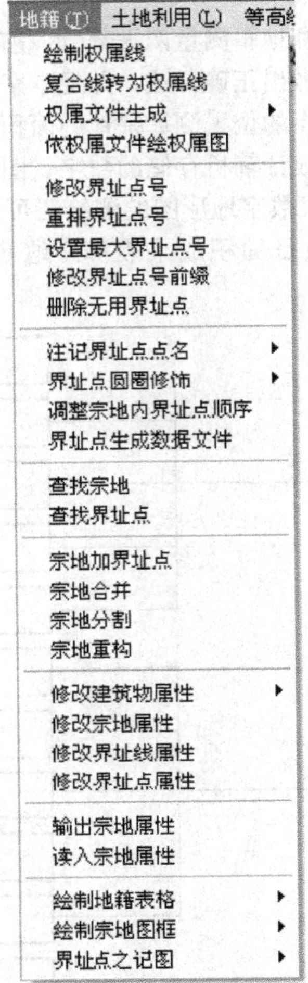

图 4-62 “地籍”下拉菜单

1. 地籍成图参数设置

地籍参数设置界面如图 4-63 所示，各参数意义如下。

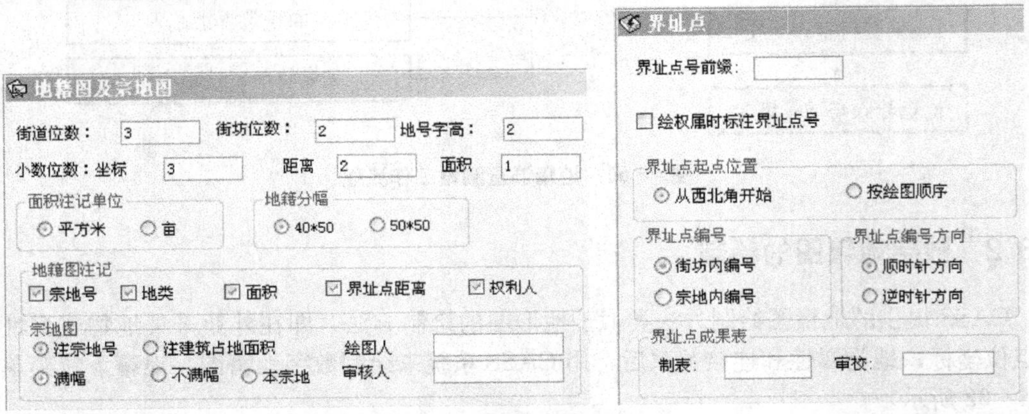

地籍图及宗地图
街道位数： 3　街坊位数： 2　地号字高： 2
小数位数：坐标 3　距离 2　面积 1
面积注记单位　⊙平方米　○亩
地籍分幅　⊙40*50　○50*50
地籍图注记　☑宗地号　☑地类　☑面积　☑界址点距离　☑权利人
宗地图　⊙注宗地号　○注建筑占地面积　绘图人
⊙满幅　○不满幅　○本宗地　审核人

界址点
界址点号前缀：
☐绘权属时标注界址点号
界址点起点位置　⊙从西北角开始　○按绘图顺序
界址点编号　⊙街坊内编号　○宗地内编号
界址点编号方向　⊙顺时针方向　○逆时针方向
界址点成果表　制表：　审校：

图 4-63 地籍参数设置界面

① 街道位数和街坊位数：依实际要求设置宗地号街道、街坊位数。

② 地号字高：依实际需要设置宗地号注记地高度。

③ 小数位数：依实际需要设置坐标、距离和面积的小数位数。

④ 界址点编号：提供街坊内编号和宗地内编号的切换开关。

⑤ 宗地图：控制宗地图内图形是否满幅显示或只显示本宗地。

⑥ 地籍图注记：提供各种权属注记的开关供用户选用。

2. 权属线绘制

权属线绘制各参数意义如下。

绘制权属线：权属线可以通过鼠标直接定位和由权属文件生成两种方式绘制，菜单如图 4－64 所示。

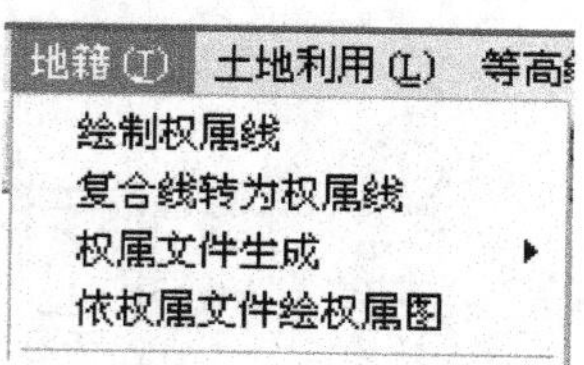

图 4－64 “地籍”菜单

鼠标定位绘制：这种方法最直观，权属线绘制出来后系统立即弹出对话框，要求输入属性，单击“确定”按钮后系统将宗号、权利人、地类编号等信息加到权属线里。

3. 权属文件生成

权属文件生成各参数意义如下。

权属文件生成：通过事前生成权属信息数据文件的方法来绘制权属线，权属信息数据文件可由下面的方法生成，菜单如图 4－65 所示。

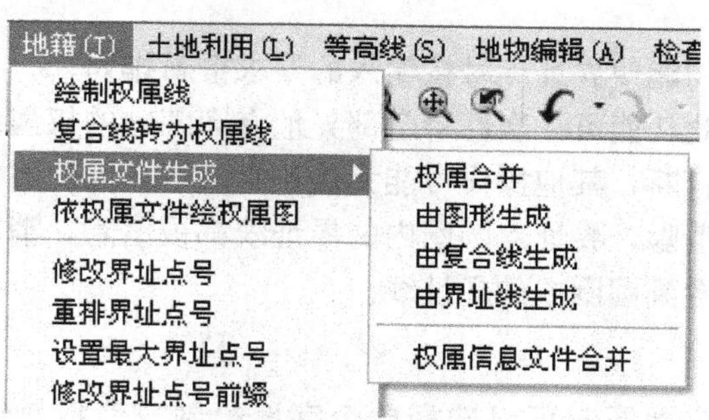

图 4－65 “权属文件生成”菜单

权属合并：由引导文件(＊.yd)和坐标文件(＊.dat)合并而成由图形生成权属，即由地籍测量得到的界址点坐标数据文件和地籍调查得到的宗地的权属信息用此功能完成权属信息文件的生成。

由复合线生成权属：由图面存在的复合线生成权属文件。

由权属线生成权属：由图面已经存在的权属线生成权属文件。

4. 图形编辑

图 4－66 所示即地籍图图形编辑窗口，各参数意义如下。

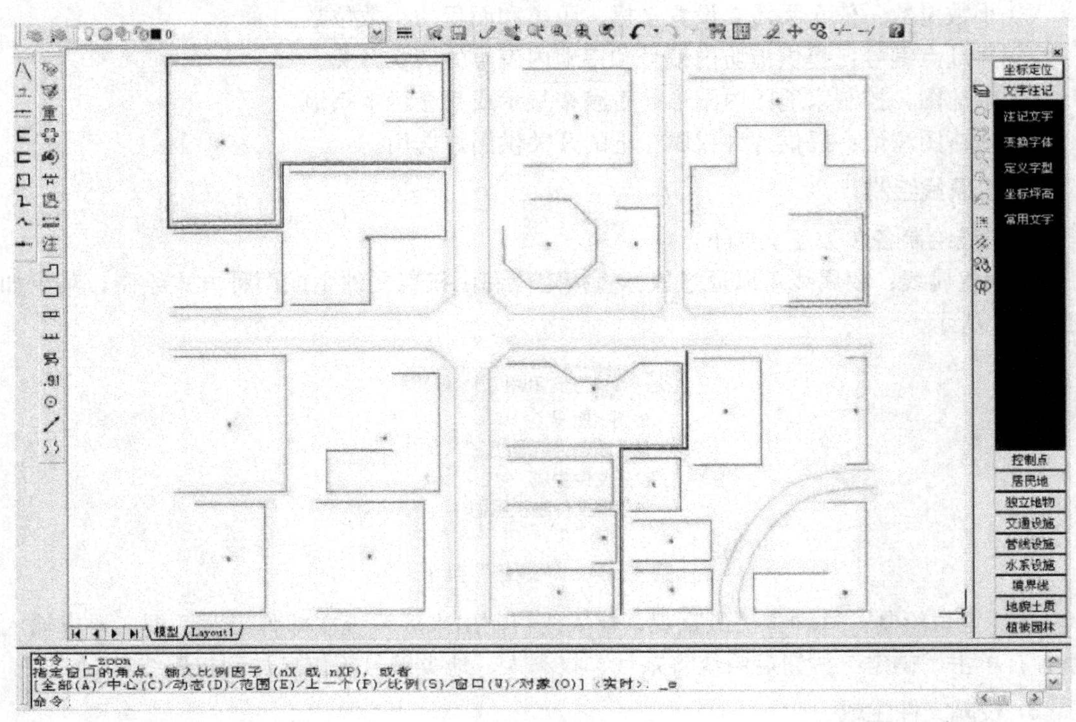

图 4－66 地籍图图形编辑

修改界址点号：可以逐个或者批量修改界址点的点号，如果输入的点号有效软件将其写入界址点圆圈的属性中，如果当前宗地中此点号已存在软件会弹出提示对话框提示此点号存在。

重排界址点号：此功能使界址点号按输入的要求重新排列。

界址点圆圈修饰：此功能可一次性将全部界址点圆圈内的权属线剪切或消隐。如果使用剪切，所有权属线被打断，其他操作可能无法正常进行，因此建议此步操作在成图的最后一步进行；如果使用消隐，界址点圆圈内的界址线都被消隐，消隐后所有界址线仍然是一个整体，移屏时可以看到圆圈内的界址线。

5. 绘制宗地图

绘制宗地图：绘制宗地图时可以选择单个宗地绘制或者批量绘制所选择的所有宗地图。宗地图参数设置对话框如图 4－67 所示。宗地图样图如图 4－68 所示。

6. 绘制地籍表格

在汇总地籍测量成果时，除了地籍图和宗地图外，各种地籍表格也是非常重要的成果资料，故还需要绘制界址点成果表及各种面积的统计资料，如界址点成果表、界址点坐标表，各种面积统计表等。

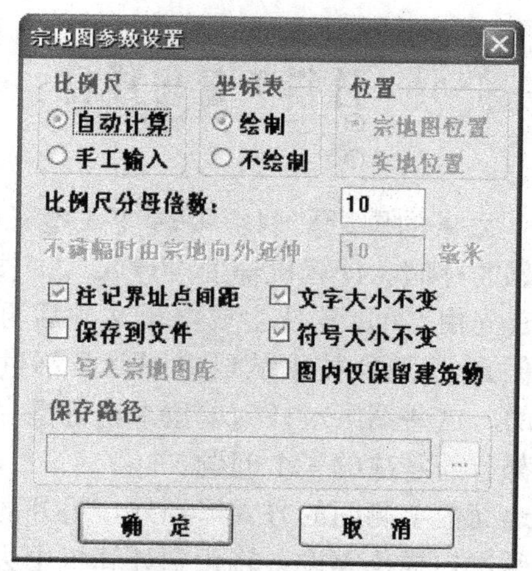

图 4－67　宗地图参数设置对话框

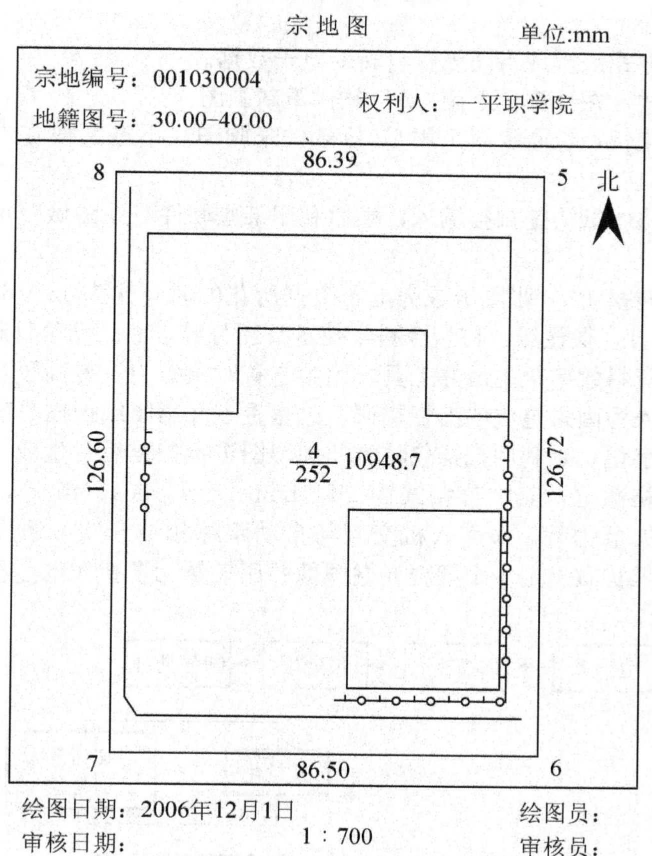

图 4－68　宗地图样图

7. 图形输出

地籍图、宗地图和地籍表格绘制完成后，经过编辑即可用打印机或绘图仪绘制出图。

4.4 扫描矢量化成图

随着信息化时代的到来，大量的图纸资料需要转变成电子数据以利于方便快捷的分发、查询、处理以及安全可靠的存储。计算机辅助设计(CAD)技术的应用已相当普遍，如今生成的绝大部分图纸都是首先由CAD软件生成电子文件后再被打印输出或直接以电子文件形式被保存和使用的。但是，CAD技术从成熟到普及不过是近几年的事情，一些图纸资料仍是以纸为载体存放的。这些图纸对任何单位来说都是一笔财富，如何将它们有效地转变成电子数据是各单位都急需解决的一个问题。

数字地形图目前除通过地面数字测图的方式得到外，另外的一种主要方式就是扫描数字化。一般将纸质的地形图通过扫描仪等设备转化到计算机中去，使用专业的处理软件进行处理和编辑，将其转化成为计算机能存储和处理的数字地形图，这个过程就称为地形图的数字化。

通常，有3种方式来实现将图纸资料转变电子数据。

(1) 用手工方式，在计算机上用CAD软件重新画图。

(2) 借助数字化仪，也需要人工用CAD软件来画图，不过这种方式现在基本上已经被淘汰了。

(3) 用扫描仪将图纸快速扫描输入，然后利用某些软件对原图做一定的编辑处理或矢量化。

用这3种方式转换1000张图纸成为电子数据所花的时间比为13：6.5：1，所需的费用之比为11：5.5：1。很显然，在当今科学技术日新月异、商品竞争日趋激烈的时代，扫描输入是解决图纸资料数字化的最好工具，因为它省时、省力，提高了生产效率，节约了开支，同时排除了人为因素造成的潜在错误。这里重点介绍图纸扫描数字化印方式。

地形图扫描数字化，是利用扫描仪将纸质地形图进行扫描后，生成一定分辨率并按行和列规则划分的栅格数据，其文件格式为gif、bmp、tga、pcx、tif等，应用扫描矢量化软件进产栅格数据矢量化后，采用人机交互与自动跟踪相结合的方法来完成地形图矢量化。扫描矢量化过程实质上是一个解释光栅图像并用矢量元素替代的过程，其作业流程如图4-69所示。

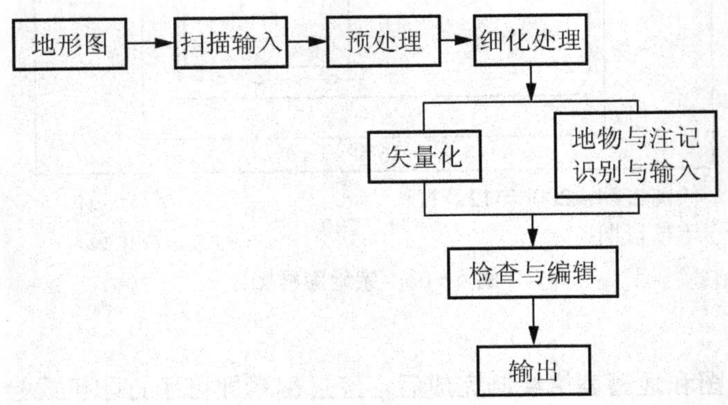

图4-69 地形图矢量化流程

4.4.1 地形图扫描

扫描仪作为一种常用的计算机外设，可以将介质(图纸)上的图像采集输入到计算机里并形成一个电子文件。目前的扫描仪按其工作原理可分为电荷耦合器件(CCD)扫描仪及接触式感光器件(CIS或LIDE)扫描仪两种；按其接口形式分主要有EPP、SCSI及USB 3种扫描仪。其中CCD扫描仪因其技术发展较为成熟，具有扫描清晰度高、景深表现力好、寿命长等优点，因而得到广泛使用；但因其采用了包含光学透镜等在内的精密光学系统，使得其结构较为脆弱。在日常使用中，除了要防尘以外，更要防止剧烈的撞击和频繁的移动，以免损坏光学组件。有的扫描仪(如Acer、Scan、Prisa、320P等)还设有专门的锁定/解锁(1ock/udlock)机构，移动扫描仪前应先锁住光学组件；但要特别注意的是，再次使用扫描仪之前一定要首先解除锁定。对于幅面比较大(大于A3)的图纸，可以用大幅面的扫描仪来实现图纸的计算机输入，如丹麦产的Contex扫描仪，可以扫描的最大国纸宽度为914mm，长度不限。普通扫描仪可以扫描单色、灰度或彩色的图像；而对于电子线路图来说，将图纸扫描成单色的图像文件就可以了。若图纸是蓝图，则最好采用大幅面扫描仪，因为大幅面扫描仪一般有比较好的消蓝去污功能。当然，用有关软件也可以实现去污的目的。

一般来讲，比较旧的图纸或多或少总会存在污点、折痕、断线、模糊不清或纸撕裂等问题。扫描仪是忠实地反映原图的，只不过带消蓝去污功能的扫描仪能自动将蓝底色和小的污点消掉。如果我们需要得到清晰干净、不失真的图纸，就需要用相应的软件对计算机里的图像文件作净化处理。经过净化处理的图像文件可以按照需要打印、输出、保存或插到别的文件里。如果需要在原图的基础上做些修改，如改变、删掉或增加某些内容，则需要使用能对电子图像文件做上述修改的软件。对图像文件做修改的软件有两类，一类叫光栅编辑软件，一类叫矢量化软件。

通常直接扫描生成的图像文件是光栅文件，即由栅格像素组成的位图。这种位图只有用相应的程序才能被打开和浏览。形象地说，光栅文件中的一条直线是由许多光栅点构成的，这些光栅点没有任何的位置信息、属性，相互间没有联系，编辑起来比较困难，如编辑光栅线就是要编辑一个个光栅点。而常用的CAD软件中绘制的图形是矢量文件。矢量文件中的一条条线是由起点、终点坐标和线宽、颜色、层等属性组成，对它的操作是按对线的操作进行的，编辑很方便，如要改变一条线的宽度只要改变它的宽度属性，要移动它只要改变它的坐标。对应这两种类型的编辑处理软件就是光栅编辑软件和矢量化软件。

光栅编辑软件能对光栅图像进行操作。相对来说，光栅图与矢量图有如下不同：①光栅图没有矢量图编辑修改方便、快捷，无法给实体赋予属性；②一般光栅图的存储空间比矢量图大，但TIFF4格式的光栅图例外；③光栅图没有矢量图质量好，例如光栅线没有矢量线光滑；④有些操作，如提取信息，对光栅图是根本不可能进行的，只有矢量图才能从中提取信息；⑤光栅图对输出要求高，前几年流行的笔式绘图仪是不能输出光栅图的。

4.4.2 图像处理

图像经过扫描处理后，得到光栅图像，在进行扫描光栅图像的矢量化之前，需要对光栅文件进行预处理、细化处理和纠正工作。

1. 原始光栅图像预处理

纸质地形图经过扫描后，由于图纸不干净、线不光滑以及受扫描、摄像系统分辨率的限制，使扫描出来的图像带有黑色斑点、孔洞、凹陷和毛刺等噪声，甚至是有错误的光栅结构。因此，扫描地形图工作底图得到的原始光栅图像必须进行多项处理后才能完成矢量化，这就要用到光栅编辑软件。不同的光栅编辑软件提供的光栅编辑功能不同。目前世界上最好的光栅编辑软件是挪威的 RxAutoImagePro97，能实现智能光栅选择、边缘切除、旋转、比例缩放、倾斜校正、复制、变形、图像校准、去斑点、孔洞填充、平滑、细化、剪切、复制、粘贴、删除、合并、劈开等功能。对于仅仅是将图纸存档或做不多修改就打印输出的用户来说，这是一个最佳的选择。因为它可以避免购买全自动矢量化软件的投资，同时可以节省进行矢量化所花的人力和时间。对原始光栅图像的预处理实质上是对原始光栅图像进行修正，经修正最后得到正式光栅图像。其内容主要有以下几个方面。

(1) 采用消声和边缘平滑技术除去原始光栅图像中的噪声，减小这些因素对后续细化工作的影响和防止图像失真。

(2) 对原始光栅图像进行图幅定位坐标纠正，修正图纸坐标的偏差；由于数字化图最终采用的坐标系是原地形图工作底图采用的坐标系统，因此还要进行图幅定向，将扫描后形成的栅格图像坐标转换到原地形图坐标系中。

(3) 进行图层、图层颜色设置及地物编码处理，以方便矢量化地形图的后续应用。

2. 正式光栅图像的细化处理

细化处理过程是在正式光栅图像数据中，寻找扫描图像线条的中心线的过程。衡量细化质量的指标有细化处理所需内存容量、处理精度、细化畸变、处理速度等。细化处理时要保证图像中的线段连通性，但由于原图和扫描的因素，在图像上总会存在一些毛刺和断点，因此要进行必要的毛刺剔除和人工补断，细化的结果应为原线条的中心线。

3. 正式光栅图像的纠正

因为地图在扫描的过程中，由于印刷(打印)、扫描的过程会产生误差，存放过程中纸张会有变形，导致扫描到电脑中的地图实际值和理论值不相符，即光栅图像图幅坐标格网、西南角点坐标、图幅坐标格网、图幅大小及图幅的方向与相对应比例的标准地形团的图幅坐标格网、西南角点坐标、坐标格网、图幅大小及图幅方向不一致。因此，需要对正式光栅图像进行纠正处理。目前，对光栅图像进行纠正的软件非常多，这里以南方 CASS 地形地籍成图软件为例来介绍其纠正扫描地形图的过程。

(1) 首先根据图形大小在“绘图输处理”菜单下插入一个图幅。

(2) 接下来选择“工具”→“光栅图像”→“插入图像”选项插入一幅扫描好的栅格图，如图 4-70 所示；这时会弹出图像管理对话框，如图 4-71 所示；选择“附着”按钮，弹出选择图像文件对话框，如图 4-72 所示；选择要矢量化的光栅图，单击“打开”按钮，进入图形管理对话框，如图 4-73 所示；选择好图形后，单击“确定”按钮即可。命令行将提示：

```
Specify insertion point<0,0> :
```

输入图像的插入点坐标或直接在屏幕上点取，系统默认为(0，0)。

```
Base image size:Width:1.000000,Height:0.828415,Millimeters
```

命令行显示图像的大小，直接按回车键。

```
Specify scale factor<1> :
```

图形缩放比例，直接按回车键。

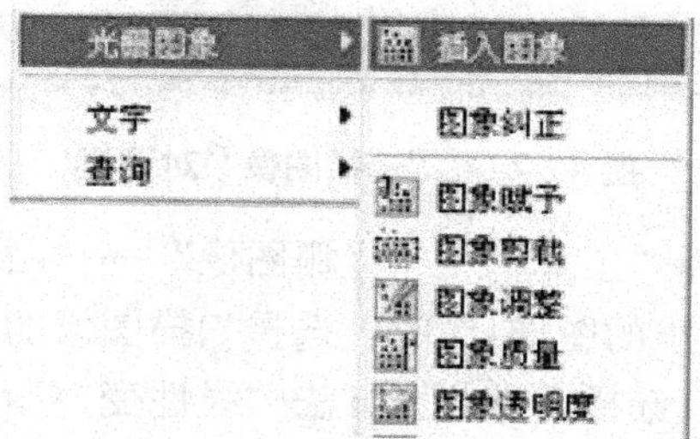

图 4-70 插入一幅栅格图

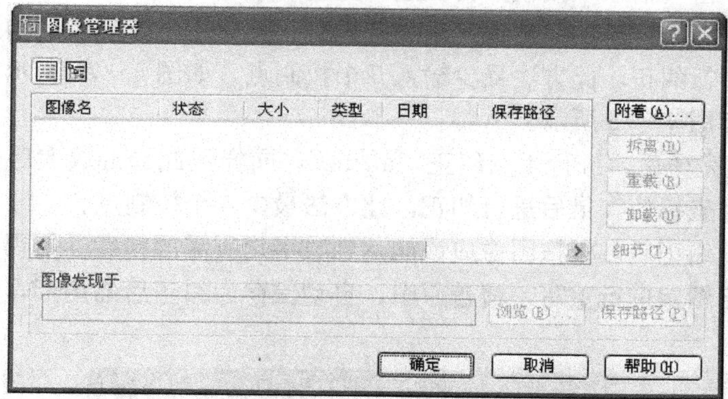

图 4-71 “图像管理器”对话框

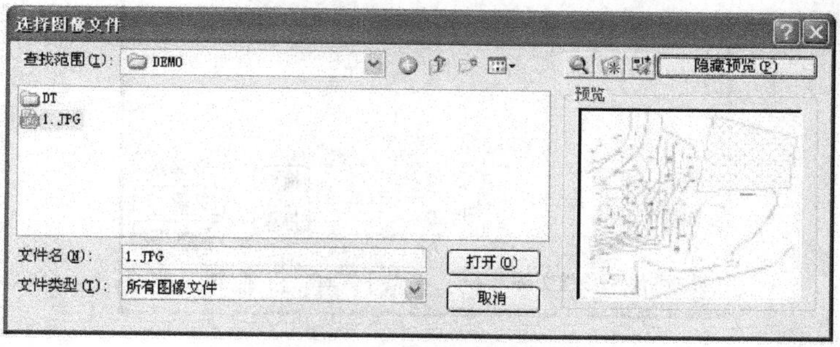

图 4-72 “选择图像文件”对话框

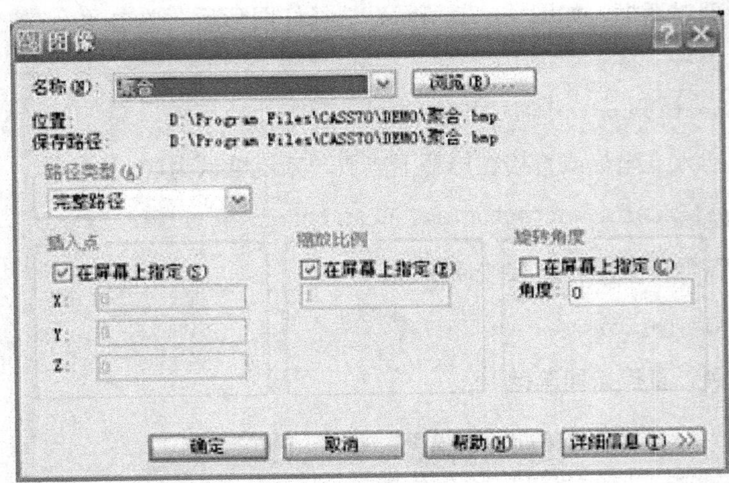

图 4-73 “选择图像”对话框

(3) 插入图形之后，选择“工具”→“光栅图像”→“图形纠正”选项对图像进行纠正，命令区提示：“选择要纠正的图像：”时，选择扫描图像的最外框，这时会弹出图形纠正对话框，如图 4-74 所示。选择 5 点纠正方法“线性变换”，单击“图面：”一栏中“拾取”按钮，回到光栅图，局部放大后选择角点或已知点，此时自动返回纠正对话框，在“实际：”一栏中单击“拾取”按钮，再次返回光栅图，选取控制点图上实际位置，返回图像纠正对话框后，单击“添加”按钮，添加此坐标。完成一个控制点的输入后，依次拾取输入各点，最后进行纠正。此方法最少输入 5 个控制点，如图 4-75 所示。纠正之前可以查看误差大小，如图 4-76 所示。

(4) 5 点纠正完毕后，进行 4 点纠正“affine”，同样依此局部放大后选择各角点或已知点添加各点实际坐标值，最后进行纠正。此方法最少 4 个控制点。

(5) 经过两次纠正后，栅格图像应该能达到数字化所需的精度。值得注意的是，纠正过程中将会对栅格图像进行重写，覆盖原图，自动保存为纠正后的图形，所以在纠正之前需备份原图。

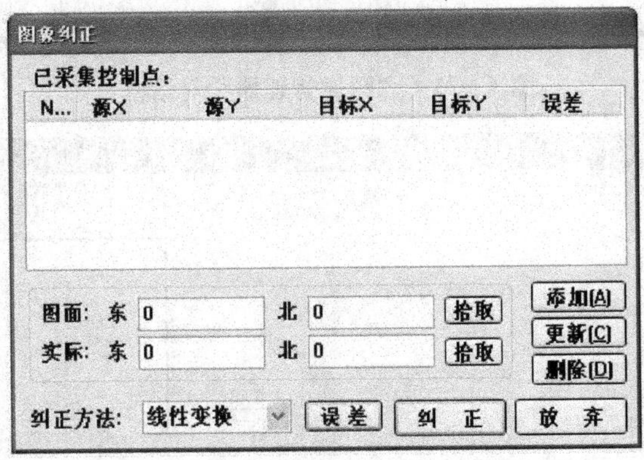

图 4-74 图像纠正对话框

(6) 在“工具”→“光栅图像”选项中，还可以对图像进行图像赋予、图形剪切、图像调整、图像质量、图像透明度、图像框架的操作。用户可以根据具体要求，对图像进行调整。

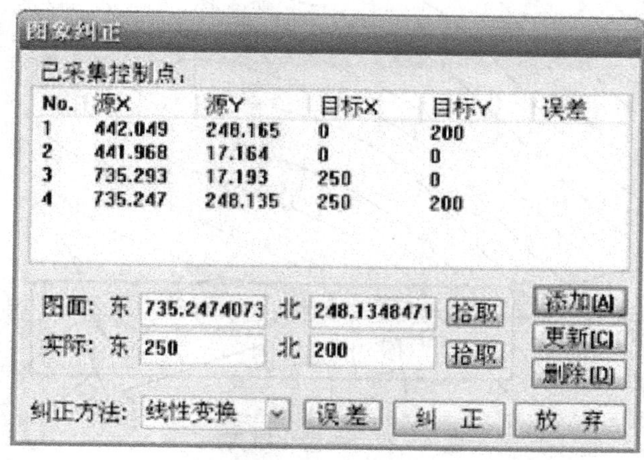

图 4-75 五点纠正

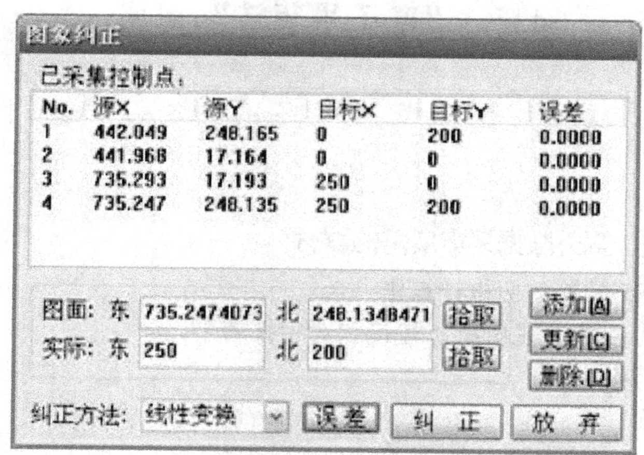

图 4-76 误差消息框

4.4.3 地形图的矢量化

根据需要将光栅图转换成矢量图的过程叫矢量化。矢量化就是从用像素点根据描述的位图文件中识别出线、圆、弧、字符、各种电路符号等基本几何图形。

图像纠正完毕后，利用右侧的屏幕菜单，可以进行图形的矢量化工作。图 4-77 所示为矢量化等高线。右侧的屏幕菜单是测绘专用交互绘图菜单。进入该菜单的交互编辑功能时，必须先选定定点方式。定点方式包括“坐标定位”、“测点点号”、“电子平板”、“数字化仪”等方式。其中包括大量的图式符号，用户可以根据需要利用图式符号，进行矢量化工作。

图 4-77　矢量化等高线

4.5 “电子平板法”测图

4.5.1　测区准备

1. “电子平板法”野外数据采集所需的器材

(1) 安装好 CASS 软件的便携计算机一台。

(2) 全站仪一套(主机、三脚架、棱镜和对中杆若干)。

(3) 数据传输电缆一条。

(4) 对讲机若干。

2. 人员安排

根据电子平板作业的特点，一个作业小组的人员通常配备如下。

测站观测员、计算机操作员各一名，跑尺员一至两名。根据实际情况，为了加快采集速度，跑尺员可以适当增加；遇到人员不足的情况，测站上可只留一个人，同时进行观测和计算机操作。

4.5.2　出发前准备

1. 录入测区的已知坐标

完成测区的各种等级控制测量，并得到测区的控制点成果后，便可以向系统录入测区的控制点坐标数据，以便野外进行测图时调用。录入测区的控制点坐标数据可以按以下步骤操作。

选择“编辑”→“编辑文本文件”选项，在弹出选择文件对话框中输入控制点坐标数据文件名，如果是不存在该文件名，系统便弹出如图 4 - 78 所示的对话框，否则系统出现如图 4 - 79 的窗口。

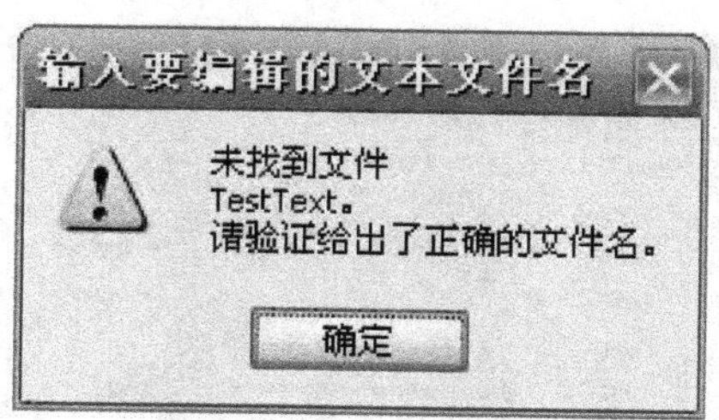

图 4 - 78　创建新文件名的对话框

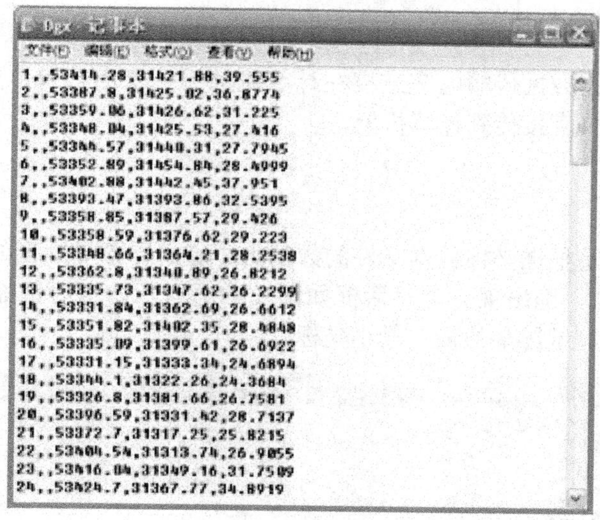

图 4 - 79　记事本的文本编辑器

这时，系统便出现记事本的文本编辑器，按以下格式输入控制点的坐标。格式如下。

1 点点名，1 点编码，1 点 Y(东)坐标，1 点 X(北)坐标，1 点高程

……

N 点点名，N 点编码，N 点 Y(东)坐标，N 点 X(北)坐标，N 点高程

4.5.3　测站设置

1. 测前准备

完成测区的控制测量工作和输入测区的控制点坐标等准备工作后，便可以进行野外测图了。

(1) 安置仪器。在点上架好仪器，并把便携机与全站仪用相应的电缆连接好，开机后进入 CASS 9.0。

(2) 设置全站仪的通信参数(详见数据通信)。

（3）在主菜单选择“文件”→“CASS参数配置”选项后，选择“电子平板”页，出现如图4－80所示的对话框，选定所使用的全站仪类型，并检查全站仪的通信参数与软件中设置是否一致，单击“确定”按钮确认所选择的仪器。

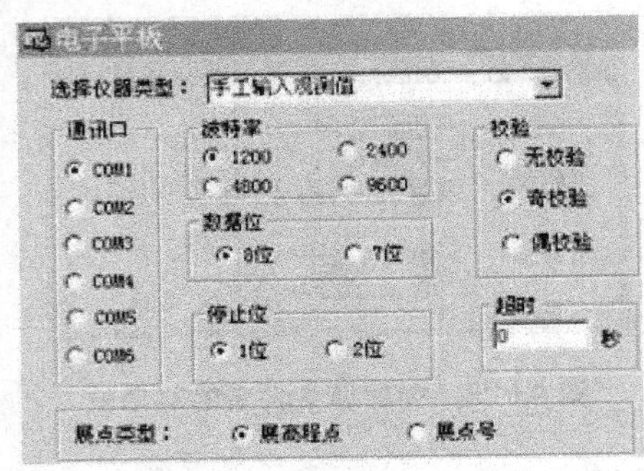

图4－80　“电子平板”参数配置

说明：通信口是指数据传输电缆连接在计算机的哪一个串行口，要按实际情况输入，否则数据不能从全站仪直接传到计算机上。

2. 测站设置

1）定显示区

定显示区的作用是根据坐标数据文件的数据大小定义屏幕显示区的大小。选择“绘图处理/定显示区”选项，即出现一个对话框如图4－81所示。这时，输入控制点的坐标数据文件名，则命令行显示屏幕的最大最小坐标。

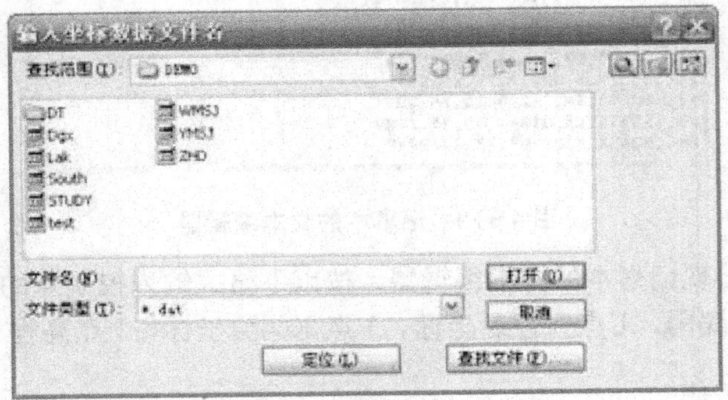

图4－81　输入坐标数据文件名对话框(三)

2）测站准备工作

（1）单击屏幕右侧菜单中的“电子平板”项，如图4－82所示，弹出如图4－83所示的对话框。

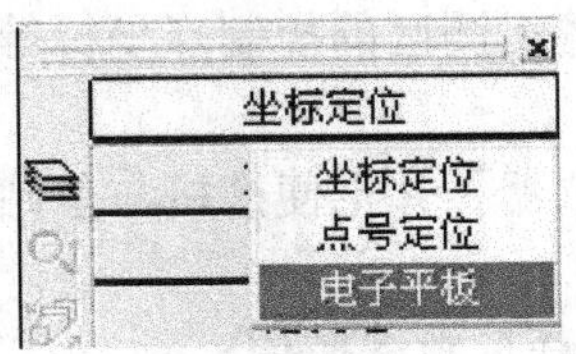

图4－82　“坐标定位”菜单

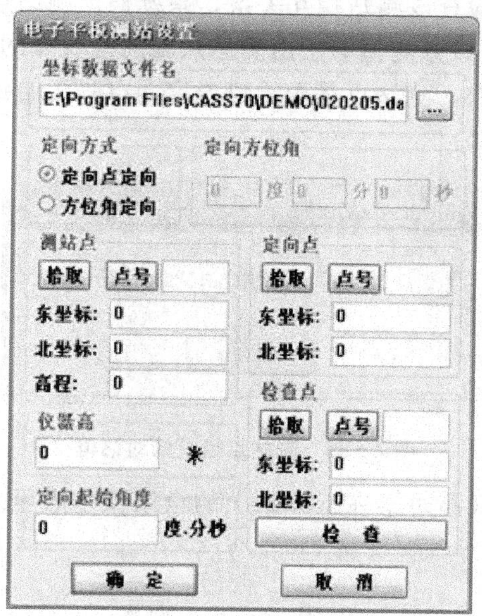

图 4-83 测站设置对话框

提示输入测区的控制点坐标数据文件。选择测区的控制点坐标数据文件，如 C：\CASS9.0\DEMO\study.DAT。

(2) 若事前已经在屏幕上展出了控制点则直接单击“拾取”按钮再在屏幕上捕捉作为测站、定向点的控制点；若屏幕上没有展控制点则手工输入测站点点号及坐标、定向点点号及坐标、定向起始值、检查点点号及坐标、仪器高等参数，利用展点和拾取的方法输入测站信息如图 4-84 所示。

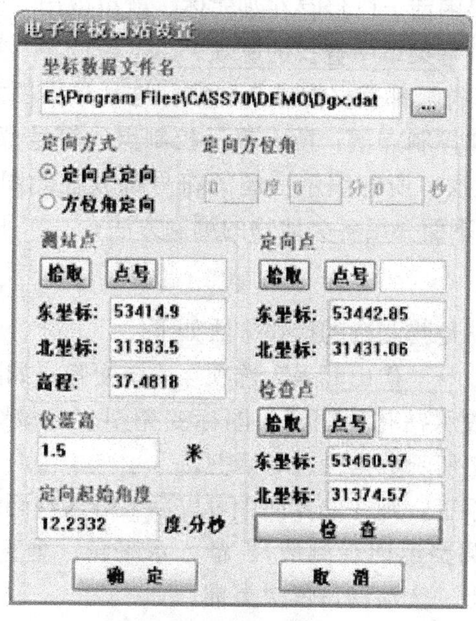

图 4-84 测站定向

说明：检查点是用来检查该测站相互关系，系统根据测站点和检查点的坐标反算出测站点与检查点的方向值(该方向值等于由测站点瞄向检查点的水平角读数)。这样便可以检查出坐标数据是否输错、测站点是否给错或定向点是否给错，单击“检查”按钮弹出如图 4－85 所示检查信息。

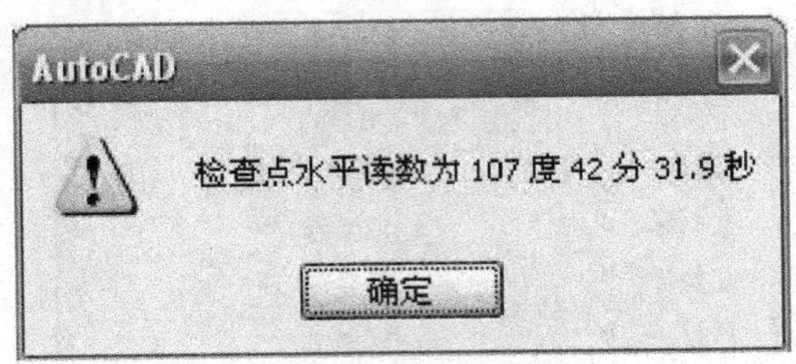

图 4－85　测站点检查的对话框

说明：仪器高指现场观测时架在三脚架上的全站仪中点至地面图根点的距离，以 m 为单位。

4.5.4　碎部测量

当测站的准备工作都完成后，如用相应的电缆连好全站仪与计算机、输入测站点点号、定向点点号、定向起始值、检查点点号、仪器高等，便可以进行碎部点的采集、测图工作了。

在测图的过程中，主要是利用系统屏幕的右侧菜单功能，如要测一幢房子、一条电线杆等，需要用鼠标选取相应图层的图标；也可以同时利用系统的编辑功能，如文字注记、移动、复制、删除等操作；也可以同时利用系统的辅助绘图工具，如画复合线、画圆、操作回退、查询等操作；如果图面上已经存在某实体，就可以用“图形复制”功能绘制相同的实体，这样就避免了在屏幕菜单中查找的麻烦。

CASS 系统中所有地形符号都是根据最新国家标准地形图图式、规范编的，并按照一定的方法分成各种图层，如控制点层：所有表示控制点的符号都放在此图层(三角点、导线点、GPS 点等)；居民地层：所有表示房屋的符号都放在此图层(包括房屋、楼梯、围墙、栅栏、篱笆等符号)。下面介绍各类地物的测制方法。

1. 点状地物测量方法

以测一钻孔为例，点状地物测量的操作方法如下。

(1) 选择“独立地物”→“矿山开采”选项，系统便弹出如图 4－86 所示的对话框。

(2) 在对话框中选择表示钻孔的图标，图标变亮则表示该图标被选中，再单击“确定”按钮，弹出如图 4－87 所示数据输入对话框。

此处仪器类型选择为手工，则在此界面中可以手工输入观测值(若仪器类型为全站仪，则系统自动驱动全站仪观测并返回观测值)。输入水平角、垂直角、斜距、棱镜高等值，单击“确定”按钮后选择下一个地物，依次类推。

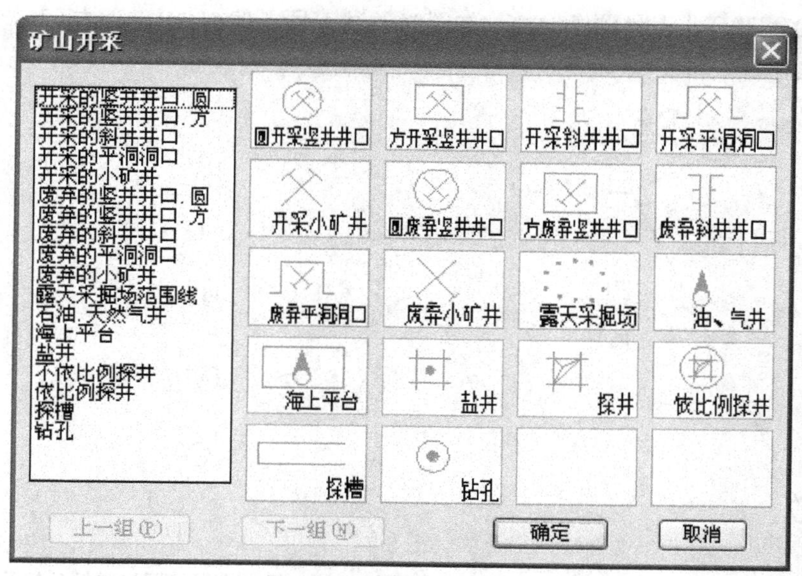

图 4－86　选择“独立地物”项的“矿山开采”对话框

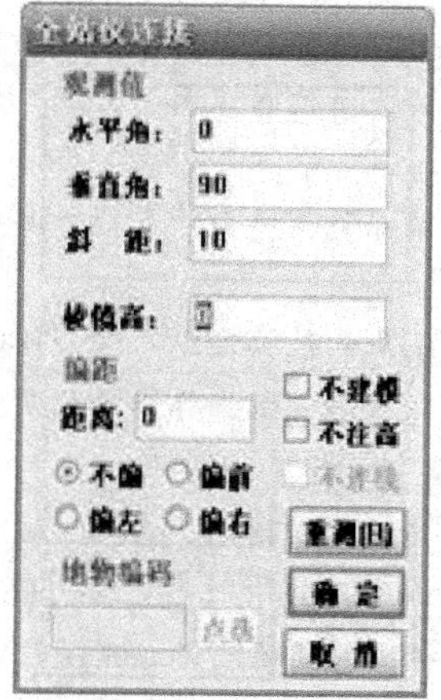

图 4－87　电子平板数据输入

① 不偏：对所测的数据不做任何修改。

② 偏前：指棱镜与地物点、测站点在同一直线上，即角度相同，偏距为实际地物点到棱镜的距离。

③ 偏左：实际地物点在垂直与测站与棱镜连线左边，偏距为实际地物点到棱镜的距离。偏左示意图如图 4－88 所示。

④ 偏右：实际地物点在垂直与测站与棱镜连线右边，偏距为实际地物点到棱镜的距离。

系统接收到观测数据便在屏幕自动将钻孔的符号展出来如图 4－89 所示，并且将被测点的 X、Y、H 坐标写到先前输入的测区的控制点坐标数据文件中，如 C：\CASS90\

DEMO\020205.DAT，点号顺序增加。如图为通过1号点偏前(2)，偏左(3)，偏右(4)测出的其他钻孔符号。

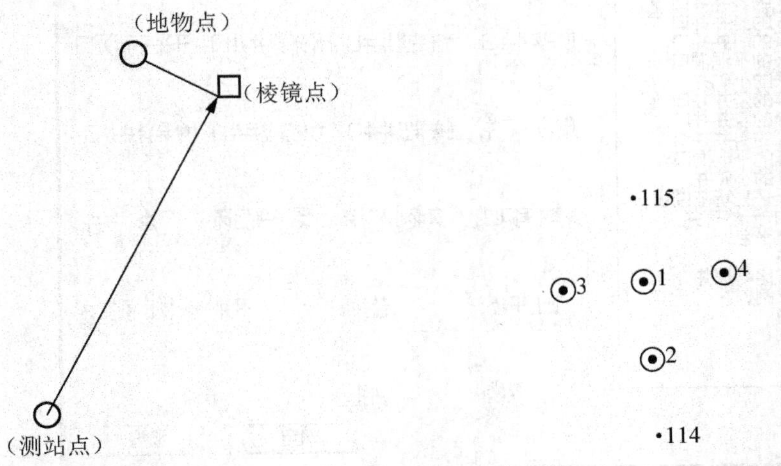

图4-88　偏左示意图　　　图4-89　系统在屏幕展出的钻孔符号

特别提示

(1) 如选择手工输入观测值，系统会提示输入边长、角度，如选择全站仪，系统会自动驱动全站仪测量。

(2) 标高默认为上一次的值。当测某些不需参与等高线计算的地物(如房角点)时，则在选择“不建模”，不展高程的点则选择“不展高”。

(3) 测碎部点的定点方式分全站仪定点和鼠标定点两种，可通过屏幕右侧菜单的“方式转换”项进行切换。全站仪定点方式是根据全站仪传来的数据算出坐标后成图；鼠标定点方式是利用鼠标在图形编辑区直接绘图。

(4) 观测数据分为自动传输、手动传输两种情况。自动传输是由程序驱动全站仪自动测距、自动将观测数据传至计算机，如宾得全站仪；手动传输则是全站仪测距、人工干预传输，如徕卡全站仪。

(5) 当系统驱动全站仪测距后20～40s时间还没完成测距时，将自动中断操作，并弹出如图4-90所示的对话框。

图4-90　“通讯超时”的对话框

(6) 如果某地物还没测完就中断了，转而去测另一个地物，可利用“加地物名”功能添加地物名备查，待继续测该地物时利用“测单个点”功能的“输入要连接本点地物名”项继续连接测量，请参阅后面的多棱镜测量方法。

2. 四点房测量方法

四点房测量操作方法如下。

首先选择“居民地”→“一般房屋”选项，系统便弹出如图 4-14 所示的对话框。

移动鼠标到表示“四点房屋”的图标处单击，被选中的图标和汉字都呈高亮度显示。然后单击“确定”按钮，弹出“全站仪连接”对话框，如图 4-91 所示。

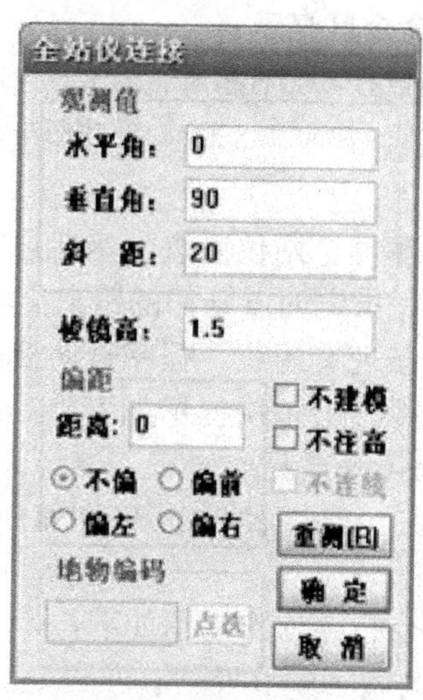

图 4-91 测量四点房屋

系统驱动全站仪测量并返回观测数据(手工则直接输入观测值)，方法同前。当系统接收到数据后，便自动在图形编辑区将表示简单房屋的符号展绘出来，如图 4-92 所示。

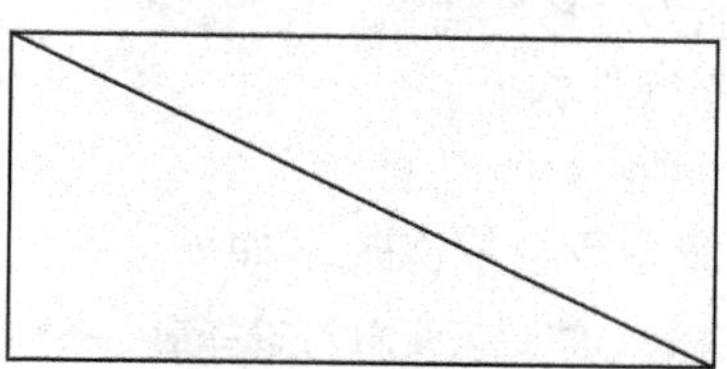

图 4-92 展绘出简单房屋的符号

3. 多点房测制方法

1）多点房测制方法操作方法

首先选择“居民地”→“一般房屋”选项，系统便弹出如图 4-14 所示的对话框。

移动鼠标到对话框左边的“多点砼房屋”处或表示多点砼房屋的图标处单击，被选中的图标和汉字都呈高亮度显示。然后单击“确定”按钮。

将仪器瞄向第一个房角点，命令区显示：

```
<跟踪 T/区间跟踪 N>
```

将仪器瞄向第二个房角点，命令区显示：

曲线 Q/边长交会 B/跟踪 T/区间跟踪 N/垂直距离 Z/平行线 X/两边距离 L/< 鼠标定点,按回车键连接,按 Esc 键退出>

将仪器瞄向第三个房角点，命令区显示：

曲线 Q/边长交会 B/跟踪 T/区间跟踪 N/垂直距离 Z/平行线 X/两边距离 L/隔一点 J/微导线 A/延伸 E/插点 I/回退 U/换向 H<指定点>

将仪器瞄向第四个房角点，命令区显示：

曲线 Q/边长交会 B/跟踪 T/区间跟踪 N/垂直距离 Z/平行线 X/两边距离 L/闭合 C/隔一闭合 G/隔一点 J/微导线 A/延伸 E/插点 I/回退 U/换向 H<鼠标定点,按回车键连接,按 Esc 键退出>

2）操作说明

(1) 输入 Q 为绘曲线。系统驱动全站仪测点，然后自动在两点间画一条曲线。

(2) 输入 B 为边长交会定点。指定两点延伸的距离交会定点。

(3) 输入 T 为跟踪，选择一条现有的线，程序自动沿该线绘线。

(4) 输入 N 为区间跟踪，命令行会依次提示如下：

选择跟踪线起点://选择要跟踪的线的起点。
居中点://如果跟踪存在两个或两个以上的路径,则要选择居中点。
结束点://选择跟踪结束点。

(5) 输入 Z 为垂直距离，命令行会依次提示如下：

垂直与其他线方向[请选择线]://选择参照线。
相对于被选线的方向://指定垂直的方向。
距离://输入垂距。

(6) 输入 X 为平行线，命令行会依次提示如下：

平行与其他线方向[请选择线]://选择参照线。
相对于被选线的方向://指定平行的方向。
距离://输入要沿平行方向延伸的距离。

(7) 输入 L 为两边距离，命令行会依次提示如下：

求和两边相距一定距离的点[请选择第一条线]://选择第一条线。
哪一侧://点击要计算的一侧。
距离://输入平行的距离。
求和两边相距一定距离的点[请选择第二条线]: //选择第二条线。
哪一侧: //点击要计算的一侧。
距离: //输入平行的距离。

(8) 输入 C 复合线将封闭，结束。

(9) 输入 G 为隔点闭合。系统计算出一个点，并自动从最后点经过计算点闭合到第 1 点，最后点(4)、计算点(5)、第 1 点(1)这 3 点应连成直角。

(10) 输入 J 为隔一点垂直。系统驱动全站仪新测一点，并计算出一个点使最后点、新测点、计算点 3 点连成直角并连线。

(11) 输入 A 为微导线。输入推算下一点的微导线边的左角或指定平行或垂直方向，根据输入的边长计算出该点并连线。

命令区提示：

```
微导线-键盘输入角度(K)/<指定方向点(只确定平行和垂直方向)>
```

操作：输入K系统提示输入角度、边长定点

默认为鼠标指定平行或垂直方向，然后输入边长定点。（程序识别模糊方向，判断平行或垂直）

（12）输入E为延伸，在当前线条方向上延伸合适的距离。

（13）输入I为插点，在已连接的线段间插入新点。

（14）输入U为删除最新测的一条边。

（15）输入H为删除最新测的一条边。

（16）默认为鼠标指定点，按回车键弹出连接窗口，按Esc键退出。

最后按回车键结束测量，成果如图4-93所示。

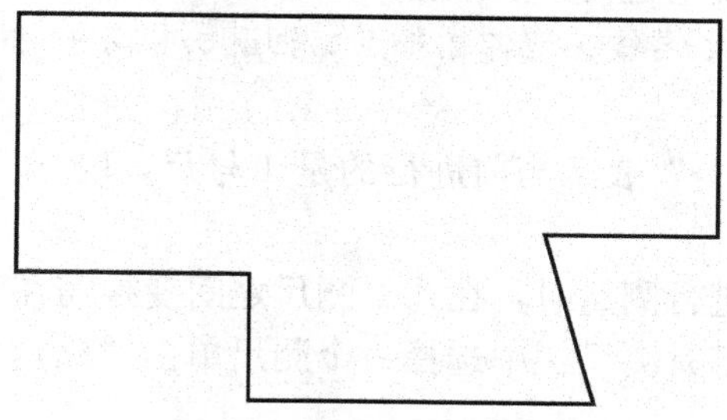

图4-93 展绘出的多点砼房屋符号

4. 其他线状地物测制方法

测制方法基本同多点房测制方法，绘制完毕系统会提问“拟合线<N>?”，如果是直线回答否，直接按回车键；如果是曲线回答是，输入Y即可。

5. 多棱镜测量

如果某地物还没测完就中断了，转而去测另一个地物，之后可根据多测尺方法继续测量该地物。

中断地物测量时，利用“多棱镜测量”功能设置测尺，待要继续测量该地物时，再利用“多镜测量”中测尺转换功能，在多个测尺之间切换。利用“多棱镜测量”时直接驱动全站仪测点，自动连接已加入测尺名的未完成地物符号。

一般如果地物比较复杂或使用多名跑尺员时，都要用多镜测量。以下介绍多镜测量的方法步骤。

（1）单击屏幕菜单的“多棱镜测量”命令，命令区提示：

```
选择要连接的复合线:<按回车键输入测尺名>
```

选择已有地物则不需设尺；按回车键则弹出设置测尺对话框如图4-94所示。

（2）选择“新地物”项，在“输入测尺名”下方的文本框输入测尺名，测尺名可以是数字、字母和汉字，如输入1后确定，则命令行提示：

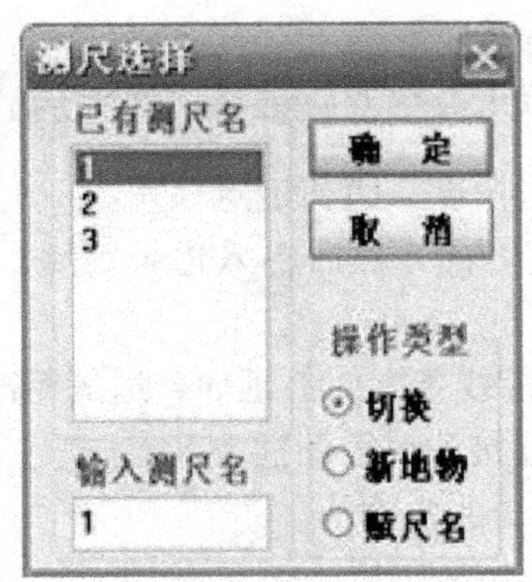

图 4-94　测尺选择对话框

```
切换 S/测尺 R< 1> /曲线 Q/边长交会 B/跟踪 T/区间跟踪 N/垂直距离 Z/平行线 X/两边距离 L/闭合 C/隔一闭合 G/隔一点 J/微导线 A/延伸 E/插点 I/回退 U/换向 H< 鼠标定点,回车键连接,Esc 键退出>
```

命令行中“测尺 R<1>”表示当前进行的是 1 号尺，输入 R 则回到设置测尺对话框换尺或添加尺。

切换：不止一个测尺进行测量时，在几个测尺之间变换需在观测时在命令行输入 R 后回到设置测尺对话框，在已有测尺栏中选择一个测尺单击“确定”按钮后则将该地物置为当前。

新地物：开始测量一个地物前就设置测尺名。

赋尺名：若测量一个地物前没有进行设尺，测量过程中又要中断，此时可以赋予其测尺名。

命令行各个选项功能：

① 输入 S 可以在不同的地物之间切换，指不用测尺功能，直接凭记忆来选择要连接的地物。

② 输入 R 回到设置测尺对话框进行测尺切换、新建或赋尺名。

③ 输入 Q 为绘曲线。系统驱动全站仪测点，然后自动在两点间画一条曲线。

④ 输入 B 为边长交会定点。指定两点延伸的距离交会定点。

⑤ 输入 C 复合线将封闭，测制结束。

⑥ 输入 G 为隔点闭合。系统会驱动全站仪测第 5 点，并自动从第 4 点经过第 5 点闭合到第 1 点。第 5 点即所谓的“隔点”。它满足的条件为角 4 和角 5 均为直角。

⑦ 输入 J 为隔一点垂直。系统驱动全站仪新测一点，并计算出一个点使最后点、新测点、计算点 3 点连成直角并连线。

⑧ 输入 A 为微导线。输入推算下一点的微导线边的左角(度分秒)，或者指定平行或垂直方向，根据距离(m)计算出该点并连线。

⑨ 输入 E 为延伸，在当前线条方向上延伸合适的距离。

⑩ 输入 I 为插点，在已连接的线段间插入新点。

⑪ 输入 U 为回退，删除上一步操作。

⑫ 输入H为换向，即确定当前观测点与已有地物是顺时针方向连接还是逆时针方向连接。

⑬ 鼠标定点即直接用鼠标在屏幕上输入点而不从全站仪读数据。

⑭ 回车为全站仪测点模式，根据提示测量。

⑮ 按Esc键退出测量。

测完平面图便可“绘制等高线”，进行等高线的绘制、编辑，最后就可以进行图形分幅、图幅整饰。

6. 平板测图注意事项

1）立尺注意事项

(1) 当测三点房时，要注意立尺的顺序，必须按顺时针或逆时针立尺。

(2) 当测有辅助符号(如陡坎的毛刺)，辅助符号生成在立尺前进方向的左侧，如果方向与实际相反，可用下面的方法换向。

“地物编辑(A)—线型换向”功能换向。

(3) 要在坎顶立尺，并量取坎高。

(4) 当测某些不需参与等高线计算的地物(如房角点)时，在观测控制平板上选择不建模选项。

2）野外作业注意事项

(1) 测图过程中，为防止意外应该每隔20或40分钟存一下盘。这样即使在中途因特殊情况出现死机，也不致前功尽弃。

(2) 如选择手工输入观测值，系统会提示输入边长、角度，如选择全站仪，系统会自动驱动全站仪测量。

(3) 镜高是默认为上一次的值。当测某些不需参与等高线计算的地物(如房角点)时，在观测控制平板上选择不建模选项。

(4) 测碎部点，其定点方式分全站仪定点方式和鼠标定点方式两种，可通过屏幕右侧菜单的“方式转换”项切换。全站仪定点方式是根据全站仪传来的数据算出坐标后成图；鼠标定点方式是利用鼠标在图形编辑区直接绘图。

(5) 跑尺员在野外立尺时，尽可能将同一地物编码的地物连续立尺，以减少在计算机处来回切换。

(6) 如果某地物还没测完就中断了，转而去测另一个地物，可利用“加地物名”功能添加地物名备查，待继续测该地物时利用“测单个点”功能的“输入要连接本点地物名”项继续连接测量，即多棱镜测量。

(7) 观测数据分为自动传输、手动传输两种情况。自动传输是由程序驱动全站仪自动测距、自动将观测数据传至计算机，如宾得全站仪；手动传输则是全站仪测距、观测数据的传输要人工干预，如徕卡全站仪。

(8) 当系统驱动全站仪测距过程中想中断操作时，Windows版则由系统的时钟控制，由系统向全站仪发出测距指令后20～40s还没完成测距，将自动中断操作，并弹出如图4－90所示的对话框。

(9) 右侧菜单“找测站点”，使测站点出现在屏幕的中央。

总之，采用电子平板的作业模式测图时，首先要准备好测站的工作，然后再进行碎部点的采集，测地物就在屏幕右侧菜单中选择相应图层中的图标符号，根据命令区的提示进行相应的操作即可将地物点的坐标测下来，并在屏幕编辑区里展绘出地物的符号，实现所测所得。

4.6 数字地图与GIS

4.6.1 GIS(地理信息系统)简介

地理信息系统(Geographic Information System，GIS)是集地球科学、信息科学与计算机技术为一体的高新技术，其作为有关空间数据管理、空间信息分析及传播的计算机系统，现已广泛应用于土地利用、资源管理、环境监测、城市与区域规划等众多领域，成为社会可持续发展的有效的辅助决策支持工具。

在众多的地理信息软件中，影响最广、功能最强、市场占有率最高的产品首推美国环境系统研究所(ESRI)开发的 Arc/Info 系统。

4.6.2 GIS 对数字地图的要求

GIS 的广泛应用对数字地图提出了新的要求。首先一个最基本的要求就是数字地图中的地物空间数据只能以“骨架线”数据的形式出现，不能附带地物符号。GIS 对数字地图的要求还与 GIS 软件平台有关，Arc/Info 是一个典型的地理信息系统软件，本模块介绍地理信息系统与 CASS9.0 的接口将主要以 Arc/Info 为例。下面以 ArcGIS 为例说明 GIS 对数字地图的基本要求。

Arc/Info 系统提供了用于地理数据的自动输入、处理、分析和显示的强大功能。它有点、线、面 3 种要素。点、线地物的性质由这些地物的代码表示；面状地物如房屋，区域填充由周围边界及中间的一个标识点(称为“label”点)构成，属性由标识点的代码表示。

Arc/Info 具有强大的地理分析及处理功能，因而对数据的要求也很高。下面是几类常见数据错误。

(1) 地物放错图层。指地物符号未放到指定层。如地理信息系统分为 7 个层，分别对应 7 大类地物，房屋应放于 B 层，如果放于 L 层，GIS 就会有错误标识。

(2) 代码值错误。指代码不合理，如代码为零。

(3) 地物属性错误或不合理。如高程点高程为零、房屋层数为零等都会有此类错误标识。

(4) 多边形标号错。指一个多边形内无标识点或有多于一个标识点的情形。后一种情况常发生在一个多边形有多个标识点或多边形未闭合的情况。

(5) 悬挂点和伪结点。

① 悬挂点形成原因。同图层线划相交，应在交点处各自断开，否则就有悬挂点。如定位不准，未接上或未相交。CASS9.0 提供点号或捕捉精确定位，基本可避免。如不慎

出现，用关键点编辑及捕捉或延伸、裁剪即可消除。

② 伪结点形成原因。同类线划间的交点处再无第 3 条线交于此(同类线划指代码相同的线)。两条同类线划间不能有结点，必须连续。3 条及 3 条以上的同类线划交于此点则是合理的伪结点。

GIS 对数字地图还有很多其他要求，这里不再赘述。

从上面的叙述可知 GIS 对数字化图的精确性、准确性有很高的要求。不同于一般的机助制图。面状区域的闭合以及检查和消除不合理的悬挂点、伪结点是 GIS 主要要求，CASS9.0 中可以自动断开同层相交线、自动识别去除不合理伪结点，并且提供了检查悬挂点及伪结点的功能，已基本上解决了上述问题。针对其他要求 CASS9.0 也可以很好地予以解决。

4.6.3 CASS 与 GIS 的接口方法

1. 交换文件接口

CASS9.0 为用户提供了文本格式的数据交换文件(扩展名是“.CAS”)。该文件包含了全部图形的几何和属性信息。通过交换文件可以将数字地图的所有信息毫无遗漏地导入 GIS。这就为用户的各种应用带来了极大的方便。DWG 文件一般方便于用户作各种规划设计和图库管理，CAS 文件方便于用户将数字地图导入 GIS。用户可根据自己的 GIS 平台的文件格式开发出相应的转换程序。

CASS9.0 的数据交换文件也为用户的其他数字化测绘成果进入 CASS9.0 提供了方便之门。CASS9.0 的数据交换文件与图形的转换是双向的，CASS9.0 在它的操作菜单中提供了这种双向转换的功能，即“数据处理”菜单的“生成交换文件”和“读入交换文件”功能。也就是说，不论用户的数字化测绘成果是以何种方法、何种软件、何种工具得到的，只要能转换(生成)为 CASS9.0 的数据交换文件，就可以将它导入 CASS9.0，供数字化测图工作利用。

2. DXF 文件接口

AutoCAD 是世界上最流行的图形编辑系统，其系统的灵活性、广泛的开放性受到用户的一致好评。它的图形交换格式已基本成为一种标准，受到了其他系统的广泛支持、兼容。

CASS9.0 采用 AutoCAD 2002 以上版本为系统平台，提供标准的 ASCII 文本格式的 DXF 数据交换文件。DXF 文件的详细结构请参考其他有关 AutoCAD 的书籍。通过 DXF 文件可实现与大多数图形系统的接口。

接口时编辑 CASS9.0 的系统(SYSTEM)目录下的 INDEX.INI 文件，将各符号对应的接口代码输入 INDEX.INI 相应位置。该文件记录每个图元的信息，不管这个图元是不是骨架线，所谓图元是图形的最小单位，一个复杂符号可以含有多个图元，文件格式如下。

```
CASS9.0编码,主参数,附属参数,图元说明,用户编码,GIS编码
```

图元只有点状和线状两种。如果是点状图元，主参数代表图块名，附属参数代表图块放大率；如果是线状图元，主参数代表线型名，附属参数代表线宽。

3. SHP 文件接口(用于 ArcGIS 系统)

GIS 版 CASS 也提供 E00(ArcGIS 的低版本数据格式)文件接口功能。

文本格式的 SHP 文件是 ArcGIS 系统自定义的数据格式，与其 Coverage(图层文件)完全对应，CASS9.0 直接解读 SHP 文件。避免了转换间的地物遗失。

符号化后进行编辑，入库也直接提交 SHP 文件，提交 DXF 文件入库，节省时间、快捷简便。(DXF 转成 ArcGIS 的 Coverage 文件要 10～20 分钟，SHP 文件只要不到一分钟。)

4. MIF/MID 文件接口(用于 MAPINFO 系统)

CASS9.0 还提供 MIF/MID 文件的接口。MAPINFO 的数据存放在两个文件内，MIF 文件中存放图形数据，MID 中存放文本数据。CASS9.0 的成果可以生成 MIF/MID 文件，直接读入到 MAPINFO。

单击“数据处理/图形数据格式转换/MAPINFO MIF/MID 格式”，系统会弹出一个对话框，输入要保存的文件名后，单击“保存”按钮即可完成文件的生成。

5. 国家空间矢量格式

CASS9.0 支持最新的国家空间矢量格式 vct2.0。GIS 软件种类众多，范围广泛，为了使不同的 GIS 系统可以互相交换空间数据，在世界范围内都制定了很多标准。我国也对国内的 GIS 软件制定了一个标准，也就是国家空间矢量格式，并要求所有的 GIS 系统都能支持这一标准接口。

单击“检查入库/输出国家空间矢量格式”，系统会弹出一个对话框，输入要保存的文件名后，单击“保存”按钮即可完成文件的生成。

4.6.4 CASS 在数据入库中的应用

1. 属性结构设置与编辑

1) 属性结构设置

在进行图形入库检查之前，要设置图形实体的属性结构。CASS 按图式把所有地形要素分为 10 个图层，把每个图层的实体划分为点、线、面、注记 4 类。图层的划分，由 work.def(cass\system)来定义。各实体的属性的定义文件 AttriBute.def(cass\system)。CASS 中图形实体的基本属性有要素代码、图层等。如果需要在指定的实体中，添加自定义的属性，就需要对实体的属性结构进行设置，如在房屋符号内添加“业主”属性。

2) 编辑实体附加属性

给被赋予了属性表的地物实体添加属性内容。

3) 复制实体附加属性

已经赋予了属性内容的实体，把该实体的属性信息复制给同一类型的其他实体。如已经把一个一般房屋添加了附加属性内容，就可以通过此命令将附加属性内容复制给图面上的其他一般房屋。

2. 图形实体检查

当属性结构设置完成，附加属性添加完毕，成果图就要经过以下的各项检查。通过检查的数据，才能输出 GIS 标准格式。

1）图形实体检查

此功能将从编码、属性完整、图层等方面检查图形，功能界面如图 4－95 所示。可批量或单个修改。错误信息将以错误实体属性表给出，双击错误描述行，将错误实体居中显示，如图 4－96 所示。

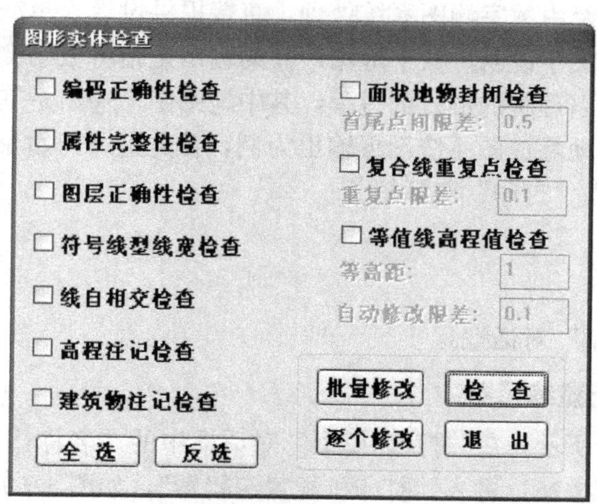

图 4－95　图形实体检查对话框

序号	句柄	说明
1	2436F4	编码不正确
2	2436F3	编码不正确
3	2436EC	编码不正确
4	2436EA	编码不正确
5	2436E6	编码不正确
6	2436E5	编码不正确
7	2436E4	编码不正确
8	2436E3	编码不正确
9	2436E2	编码不正确

图 4－96　错误实体属性表

2）实体、线的操作

对于无属性实体、伪结点、复合线多余点、重复实体。CASS 提供专有删除工具。

3）等高线的相关检查

等高线穿越地物、高程值、注记，CASS 提供专有检查工具。

4）误差检查

对坐标文件、点中误差、边长中误差，CASS 的专有检查功能。

5）构面处理

在 CASS 中，必须封闭的是房屋符号。针对有些作业不规范的图形，未封闭的房屋符号提供“手动跟踪构面”、“搜索封闭房屋”专用工具。

3. 数据输出

经过以上检查未报错的数据，可以直接输出通用的 GIS 格式。MapInfo 的 mid/mif 格式、ArcGIS 的 shp 格式以及国家空间矢量格式 VCT。

4.7 数字地图产品输出

数字地图产品是指经由数字测图系统处理，直接提供设计人员或决策者使用的各种地图、图像、数据报表或文字说明。数字地图产品的输出是指将数字测图系统处理的结果表示为某种用户需要的可以理解的形式的过程，其中地图图形输出是其主要表现形式。

以南方CASS地形地籍成图系统图形输出为例，首先进入开始菜单，选择“文件”→“绘图输出”选项，进入“打印”对话框。

4.7.1 普通选项

设置“打印机-模型”对话框。

1. 设置“打印机配置编辑器”

首先，如图4-97所示，在“打印-模型”对话框中的“名称：”一栏中选相应的打印机，然后单击“特性”按钮，进入“打印机配置编辑器”，如图4-98所示。

1）在“端口”选项卡中选取“打印到下列端口”单选按钮并选择相应的端口。

2）“设备和文档设置”选项卡

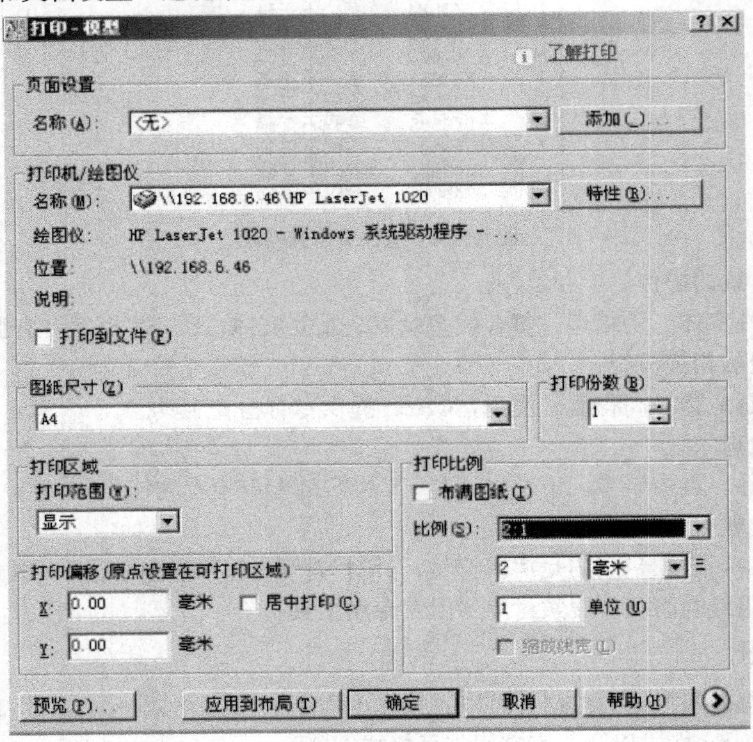

图4-97 打印-模型对话框

(1) 选择“用户定义图纸尺寸与标准”分支选项下的“自定义图纸尺寸”，如图 4 - 99 所示。在下方的“自定义图纸尺寸”对话框中单击“添加”按钮，添加一个自定义图纸尺寸。

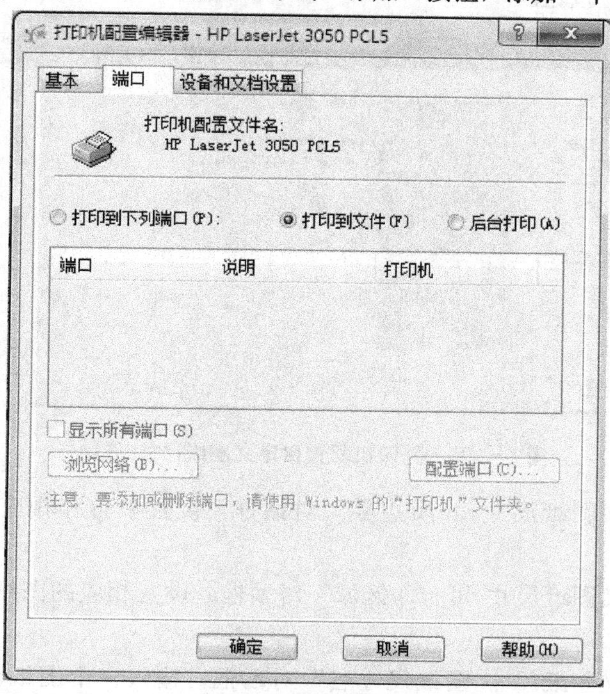

图 4 - 98　打印机配置编辑器端口设置

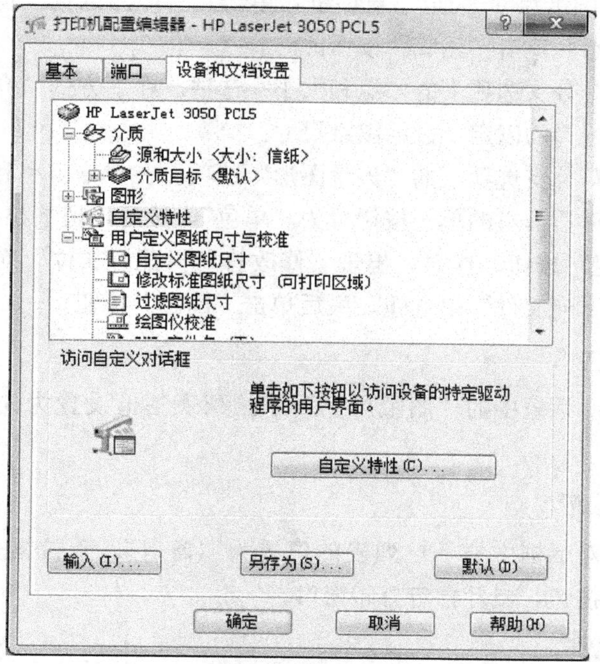

图 4 - 99　打印机配置自定义图纸尺寸

① 进入“自定义图纸尺寸-开始”对话框，选中“创建新图纸”单选按钮，如图 4-100 所示，单击“下一步”按钮。

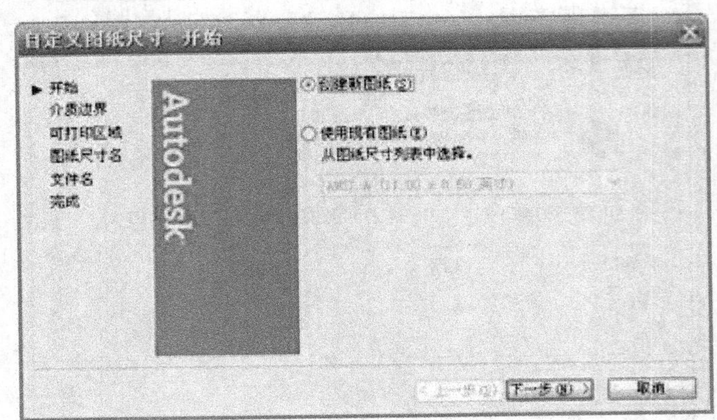

图 4-100　打印机配置自定义图纸尺寸-开始

② 进入“自定义图纸尺寸-介质边界”对话框，设置单位和相应的图纸尺寸，单击“下一步”按钮。

③ 进入“自定义图纸尺寸-可打印区域”对话框，设置相应的图纸边距，单击“下一步”按钮。

④ 进入“自定义图纸尺寸-图纸尺寸名”对话框，输入一个图纸名，单击“下一步”按钮。

⑤ 进入“自定义图纸尺寸-完成”对话框，单击“打印测试页”按钮，打印一张测试页，检查是否合格，然后单击“完成”按钮。

(2) 选择“介质”分支选项下的“源和大小”选项。在下方的“介质源和大小”对话框中的“大小”栏中选择的以定义过的图纸尺寸。

(3) 选择“图形”分支选项下的“矢量图形”选项。在“分辨率和颜色深度”对话框中，把“颜色深度”对话框里的单选按钮置为“单色”，然后，把下拉列表的值设置为“2级灰度”，单击“确定”按钮。这时，出现“修改打印机配置文件”对话框，在对话框中选中“将修改保存到下列文件”单选钮。最后单击“确定”按钮。

2. 设置“图纸尺寸”

把“图纸尺寸”对话框中的“图纸尺寸”下拉列表的值设置为先前创建的图纸尺寸设置。

3. 设置“打印区域”

把“打印区域”对话框中的下拉列表的值置为“窗口”，下拉框旁边会出现“窗口”按钮，单击“窗口”按钮，鼠标指定打印窗口。

4. 设置“打印比例”

把“打印比例”对话框中的“比例：”下拉列表选项设置为“自定义”，在“自定义：”

文本框中输入“1”毫米=“0.5”图形单位(1∶500 的图为“0.5”图形单位；1∶1000 的图为“1”图形单位，依次类推)。

4.7.2 更多选项

单击“打印”对话框右下角的按钮“⊙”，展开更多选项，如图 4-97 所示。

(1) 在“打印样式表(笔指定)”对话框中把下拉列表框中的值置为“monochrom.cth”打印列表(打印黑白图)。

(2) 在“图形方向”对话框中选择相应的选项。

4.7.3 预览并打印

单击“预览”按钮对打印效果进行预览，最后单击“确定”按钮打印。

项目小结

通过本项目的学习，要重点掌握数字化测图的内业工作。了解数据传输及通信参数的概念；掌握全站仪数据通信的步骤；掌握计算机中的南方 CASS 软件的设置相关；熟悉 CASS 软件的操作界面及 CASS 软件常用参数设置；掌握“草图法”工作方式中“点号定位”法、“坐标定位”法、“编码引导”法作业流程；掌握地物绘制中“简码法”工作方式；熟练等高线的绘制方法；熟练地形图的编辑与整饰工作；了解地籍调查测量工作流程；掌握城镇地籍测量成图作业流程；熟练地籍成图参数设置及作业过程；了解地形图扫描的过程及方法；理解图像处理的目的及流程；掌握地形图的矢量化；熟悉“电子平板”测图前的测区准备与出发前准备的内容、测站设置工作和碎部测量步骤；了解 GIS 及其对数字地图的要求；熟悉 CASS 软件与 GIS 的接口方法；了解 CASS 软件在数据入库中的应用；熟悉 CASS 软件地形图输出的选项设置。

项 目 测 试

1. 目前的数字测图都有哪些作业模式？
2. 全站仪与电脑之间的数据通信方式有哪些？什么叫波特率？
3. CASS 软件中“草图法”工作方式有几种？简述“测点点号定位成图法”基本操作步骤。
4. 简述 CASS 测图系统绘制等高线的主要操作步骤。
5. CASS 软件中地形图的编辑与整饰工作有哪些？
6. 电子平板测图所需要的仪器设备有哪些？
7. 电子平板测图与“草图法”测图相比，具有哪些优点？
8. 电子平板测图野外有哪些注意事项？
9. 简述电子平板法测图的工作步骤。

10. 什么叫数据编码？数据采集时为什么要采集编码？
11. CASS 测图系统中，野外操作码(简码)是如何规定的？
12. CASS 软件与 GIS 的接口方法有哪些？
13. 何谓地形图数字化？地形图数字化有几种方式？
14. 栅格图像与矢量图形有什么区别？
15. 简述如何用 CASS 软件制作宗地图。

项目5

数字地形图的应用

学习目标

学习本项目，要能够熟练地在数字地形图上用CASS软件量取点的坐标、两点的距离、方位角等要素；能够利用数字地形图绘制纵断面图、计算土石方量等操作。

学习要求

知识要点	技能训练	相关知识
基本几何要素的查询	(1) 查询指定点坐标 (2) 查询两点距离及方位 (3) 查询线长 (4) 查询实体面积	(1) 掌握查询指定点坐标的方法 (2) 掌握查询两点距离及方位的方法 (3) 掌握查询线长的方法 (4) 掌握查询实体面积的方法
土方量的计算	(1) DTM法土方计算 (2) 用断面法进行土方量计算 (3) 方格网法土方计算 (4) 等高线法土方计算 (5) 区域土方量平衡	(1) 掌握DTM法土方计算的方法 (2) 掌握用断面法进行土方量计算的方法 (3) 掌握用方格网法进行土方计算的方法 (4) 掌握用等高线法进行土方计算的方法 (5) 掌握区域土方量平衡的方法
断面图的绘制	绘制断面图	掌握绘制断面图
公路曲线设计	(1) 单个交点处理公路曲线设计 (2) 多个交点处理公路曲线设计	(1) 掌握单个交点处理公路曲线设计的方法 (2) 掌握多个交点处理公路曲线设计的方法
面积应用	面积调整和注记实体面积	掌握面积调整和注记实体面积的方法

▶▶项目导入

在国民经济建设中，在各项工程建设的规划、设计阶段，都需要了解工程建设地区的地形和环境条件等资料，以便使规划、设计符合实际情况，通常都是以地形图的形式提供这些资料的。在各项工程建设的施工阶段，必须要参照相应的地形图、规划图、施工图等图纸资料保证施工能严格按照规划、设计要求完成。因此，地形图是制定规划、进行工程建设的重要依据和基础资料。

传统地形图通常是绘制在纸质材料上的，它具有直观性强、使用方便等优点，但同时存在易损毁、不便保存、难以更新等缺点。数字地形图是以数字形式存储在计算机存储介质上的地形图，与传统的纸质地形图相比，数字地形图具有明显的优越性和广阔的发展前景。随着计算机技术和数字化测绘技术的迅速发展，数字地形图已被广泛应用于国民经济建设、国防建设和科学研究的各个方面，如国土资源规划与利用、工程建设的设计和施工、交通工具的导航等。

过去，人们在纸质地形图上进行的各种量测工作，利用数字地形图同样可以完成，而且精度更高、速度更快。在 AutoCAD、南方 CASS 等软件环境下，利用数字地形图可以很容易地获取各种地形信息，如量测各个点的坐标、任意两点间距离、直线的方位角、点的高程、两点间坡度等。利用数字地形图，还可以建立数字地面模型 DTM。利用 DTM 可以进行地表面积计算、DTM 体积计算，确定场地平整的填挖边界，计算挖、填方量，绘制不同比例尺的等高线地形图，绘制断面图等。DTM 还是地理信息系统(GIS)的基础资料，可用于土地利用现状分析、土地规划管理和灾情预警分析等。在工业上，利用数字地形测量的原理建立工业品的数字表面模型，能详细地表示出表面结构复杂的工业品的形状，据此进行计算机辅助设计和制造。在军事上，可用于战机、军舰导航和导弹制导等。

随着科学技术的高速发展和社会信息化程度的不断提高，数字地形图将发挥越来越大的作用。本项目将以南方 CASS 软件为例详细介绍数字地形图在工程中的应用，其中包括基本几何要素的查询、土方量的计算、断面图的绘制、公路曲线设计、面积应用。

5.1 基本几何要素的查询

基本几何要素的查询主要包括查询指定点坐标、查询两点距离及方位、查询线长、查询实体面积和计算表面积，如图 5-1 所示。

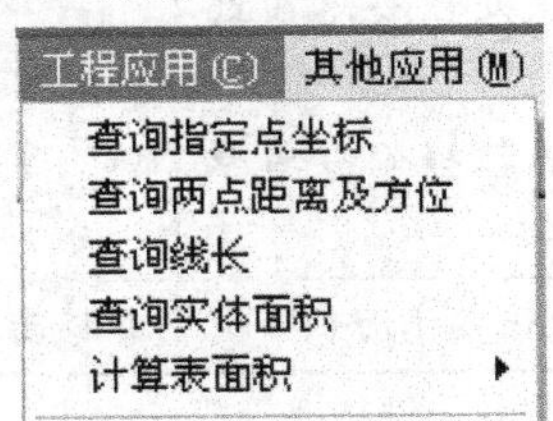

图 5-1　基本几何要素查询

1. 查询指定点坐标

选择“工程应用”→“查询指定点坐标”选项，用鼠标单击所要查询的点，也可以先进入点号定位方式，再输入要查询的点号。

说明：系统左下角状态栏显示的坐标是笛卡儿坐标系中的坐标，与测量坐标系的 X 和 Y 的顺序相反。用此功能查询时，系统在命令行给出的 X、Y 是测量坐标系的值。

2. 查询两点距离及方位

选择“工程应用”→“查询两点距离及方位”选项，用鼠标分别选取所要查询的两点，也可以先进入点号定位方式，再输入两点的点号。

说明：CASS 软件所显示的坐标为实地坐标，所以所显示的两点间的距离为实地距离。

3. 查询线长

选择“工程应用”→“查询线长”选项，用鼠标单击图上曲线即可。

4. 查询实体面积

用鼠标单击要查询的实体的边界线即可，要注意实体应该是闭合的。

5. 计算表面积

对于不规则地貌，其表面积很难通过常规的方法来计算，在这里可以通过建模的方法来计算，系统通过 DTM 建模，在三维空间内将高程点连接为带坡度的三角形，再通过每个三角形面积累加得到整个范围内不规则地貌的面积。如图 5－2 所示，要计算矩形范围内地貌的表面积。

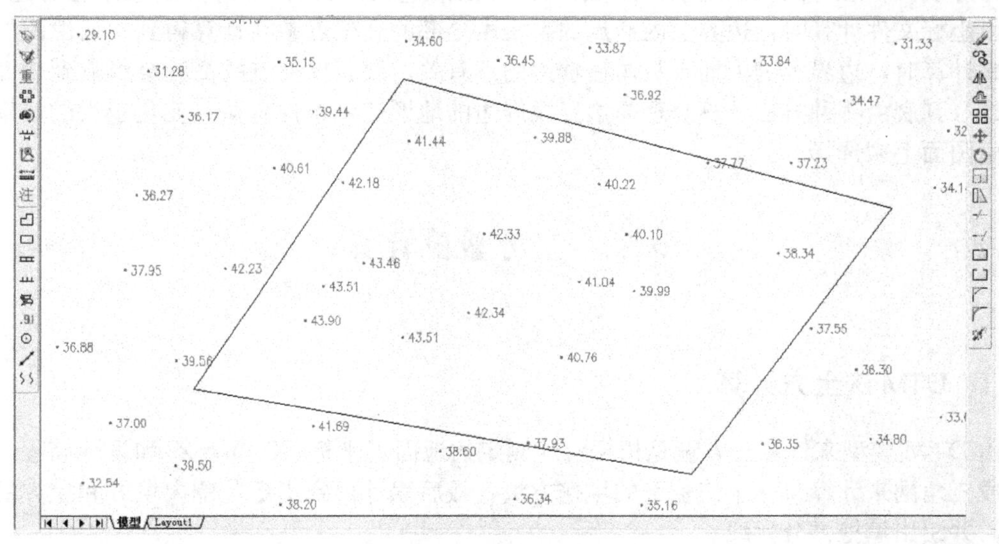

图 5－2 选定计算区域

执行“工程应用”→“计算表面积”→“根据坐标文件”命令，命令区提示：

```
请选择：(1) 根据坐标数据文件 (2) 根据图上高程点：//回车选 1。
```

选择土方边界线//用拾取框选择图上的复合线边界。

请输入边界插值间隔(米):<20> 5//输入在边界上插点的密度。

表面积 = 15863.516 平方米,详见 surface.log 文件//显示计算结果,surface.log 文件保存在\CASS9.0\SYSTEM 目录下。

图 5-3 为建模计算表面积的结果。

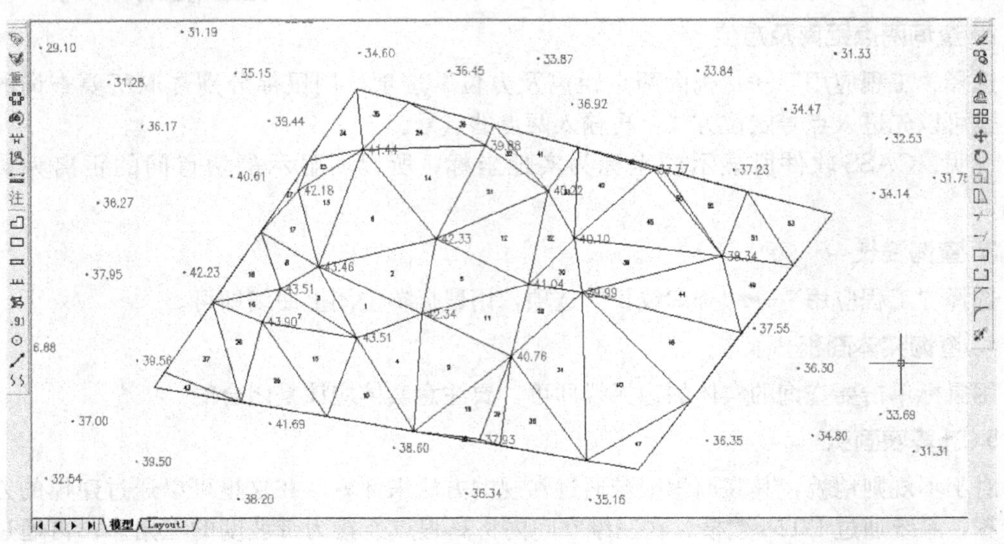

图 5-3 表面积计算结果

另外表面积还可以根据图上高程点计算，操作的步骤相同，但计算的结果会有差异。因为由坐标文件计算时，边界上内插点的高程由全部的高程点参与计算得到；而由图上高程点来计算时，边界上的内插点只与被选中的点有关，故边界上点的高程会影响到表面积的结果。到底由哪种方法计算合理与边界线周边的地形变化条件有关，变化越大的，越趋向于由图面上来选择。

5.2 土方量的计算

5.2.1 DTM 法土方计算

由 DTM 模型来计算土方量是根据实地测定的地面点坐标(X，Y，Z)和设计高程，通过生成三角网来计算每一个三棱锥的填挖方量，最后累计得到指定范围内填方和挖方的土方量，并绘出填挖方分界线。

采用 DTM 法计算土方共有两种方法，一种是进行完全计算，一种是依照图上的三角网进行计算。完全计算法包含重新建立三角网的过程，又分为“根据坐标计算”和“根据图上高程点计算”两种方法；依照图上三角网进行计算的方法直接采用图上已有的三角形，不再重建三角网。下面分述 3 种方法的操作过程。

1. 根据坐标计算

(1) 用复合线画出所要计算土方的区域，一定要闭合，但是尽量不要拟合。因为拟合过的曲线在进行土方计算时会用折线迭代，影响计算结果的精度。

(2) 选择"工程应用"→"DTM 法土方计算"→"根据坐标文件"选项。

提示：

```
选择边界线//用鼠标点取所画的闭合复合线。
请输入边界插值间隔(米)://边界插值间隔设定的默认值为 20 米。
```

(3) 屏幕上将弹出选择高程坐标文件的对话框，在对话框中选择所需坐标文件。

提示：

```
平场面积= xxxx 平方米//该值为复合线围成的多边形的水平投影面积。
平场标高(米)://输入设计高程。
```

(4) 按回车键后屏幕上显示填挖方的提示框，命令行显示：

```
挖方量= xxxx 立方米,填方量= xxxx 立方米
```

同时在图上绘出所分析的三角网、填挖方的分界线(白色线条)。

图 5-4 所示为填挖方提示框界面。

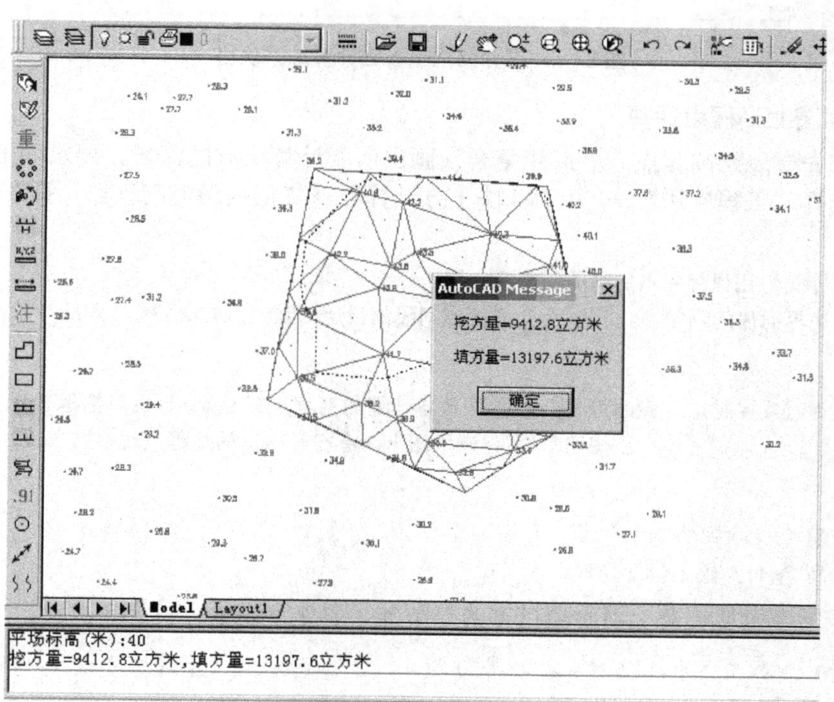

图 5-4 填挖方提示框

关闭对话框后系统提示："请指定表格左下角位置：<直接回车不绘表格>"，在图上的适当位置单击，CASS 软件会在该处绘出一个表格，包含平场面积、最大高程、最小高程、平场标高、填方量、挖方量和图形，如图 5-5 所示。

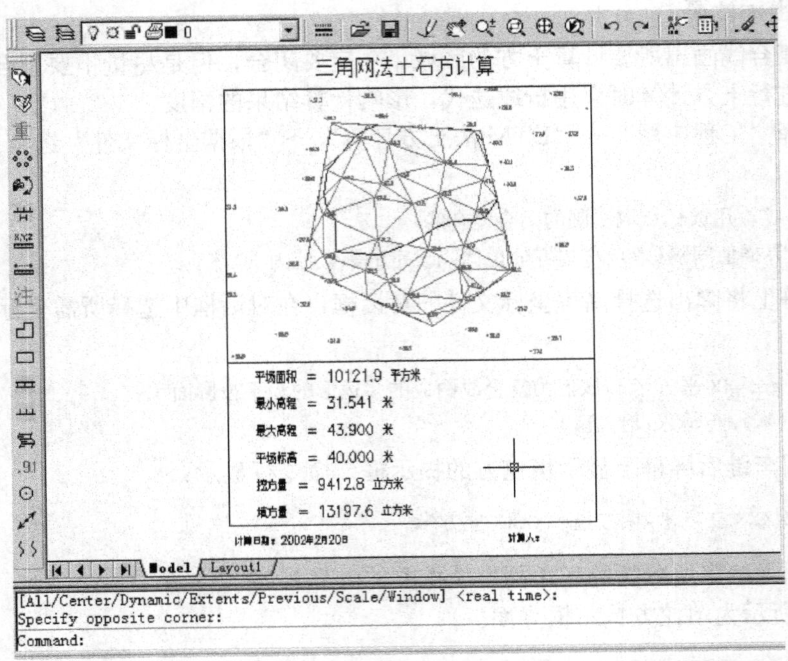

图 5-5　三角网法土石方计算结果表格

2. 根据图上高程点计算

(1) 首先要展绘高程点，然后用复合线画出所要计算土方的区域，要求同 DTM 法。

(2) 选择“工程应用”→“DTM 法土方计算”→“根据图上高程点计算”选项。

提示：

选择边界线//用鼠标单击所画的闭合复合线。

请输入边界插值间隔(米):<20> //边界插值间隔的设定的默认值为 20 米。

提示：

选择高程点或控制点//此时可逐个选取要参与计算的高程点或控制点,也可拖框选择。如果输入 ALL 按回车键,将选取图上所有已经绘出的高程点或控制点。

提示：

平场面积= XXXX 平方米

平场标高(米)://输入设计高程

(3) 按回车键后屏幕上显示填挖方的提示框，命令行显示：

挖方量= XXXX 立方米,填方量= XXXX 立方米

同时在图上绘出所分析的三角网、填挖方的分界线(白色线条)。

(4) 关闭对话框后系统提示：

请指定表格左下角位置:<直接回车不绘表格> //用鼠标在图上的适当位置单击,CASS 软件会在该处绘出一个表格,包含平场面积、最大高程、最小高程、平场标高、填方量、挖方量和图形。

3. 根据图上的三角形计算

(1) 对上面的用完全计算法生成的三角网进行必要的添加和删除操作，使结果符合实际地形。

(2) 选择“工程应用”→“DTM法土方计算”→“依图上三角网计算”选项。

提示：

平场标高(米)://输入平整的目标高程。
请在图上选取三角网://用鼠标在图上选取三角形,可以逐个选取,也可以拉框批量选取。

(3) 按回车键后屏幕上显示填挖方的提示框，同时在图上绘出所分析的三角网、填挖方的分界线(白色线条)。

特别提示

利用此方法计算土方量时不要求给定区域边界，由于系统会分析所有被选取的三角形，因此在选择三角形时一定要注意不要漏选或多选，否则计算结果有误，且很难检查出问题所在。

5.2.2 用断面法进行土方量计算

断面法主要用于公路土方计算和区域土方计算，即道路断面法土方计算和场地断面法土方计算。两者的计算方法有较大差异。

1. 道路的断面法土方计算

1) 生成里程文件

里程文件用离散的方法描述了实际地形。接下来的所有工作都是在分析里程文件中的数据后才能完成的。

生成里程文件常用的方法有4种，选择“工程应用”→“生成里程文件”选项，CASS软件提供了4种生成里程文件的方法，如图5-6所示。

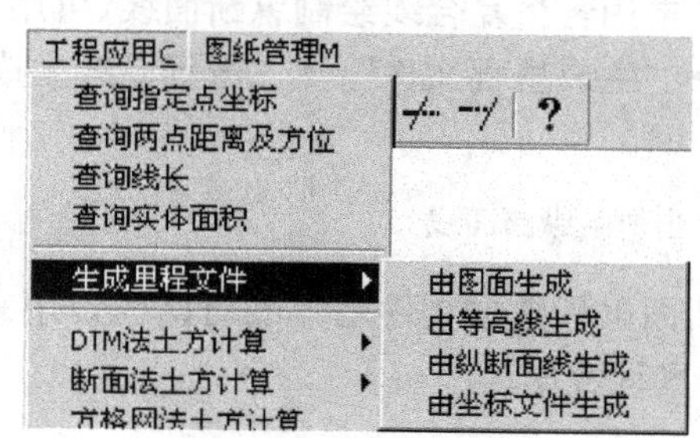

图5-6 “生成里程文件”菜单

(1) 由图面生成。

① 在图上用复合线绘出道路纵断面线和每一个横断面线。

② 选择“工程应用”→“生成里程文件”→“由图面生成”选项。

③ 屏幕上弹出“输入高程点数据文件名”的对话框用来选择高程点数据文件，这个文件是原始数据文件。

④ 屏幕上弹出“输入横断面数据文件名”的对话框用来命名断面里程数据文件，这个文件用来保存要生成的里程数据。提示：

输入断面线上插值间距(米)://输入断面线上插值距离。

这个值决定了在横断面上隔多远取一次样，值越小，取的值越多，越忠实于原地形，但数据量会大很多，也会影响计算速度。一般取 10。

请选择:(1)横断面(2)纵断面<1> //如果要做纵断面,选 2,默认是横断面。

指定区域边界:

指定中桩线:

输入起始横断面里程:<0.0> //输入第一个断面的里程,根据实际情况输入,默认里程从 0.0 开始。

选择第 1 条断面线://用鼠标单击断面线。

如果单击的断面线不是复合线，系统将一直提示这条信息，不会出现下一步的提示，直到用户选择正确的断面线。

选中断面线后，在断面线的起点和终点将先后出现如图 5-7 所示的对话框。

图 5-7 输入设计高程对话框

对话框的左上角首先自动定位在选中的横断面起点，输入设计高程按回车键后，对话框自动移动到该断面线的终点，等待用户输入设计高程。

⑤ 一个断面的操作结束。提示：

选择第 2 条断面线://输入另一条断面线,直到所有的断面都操作完毕。

(2) 由等高线生成。这种方法只能用来生成纵断面的里程文件。它从断面线的起点开始，处理断面线与等高线的所有交点，依次记下每一交点在纵断面线上离起点的距离和所在等高线的高程。

① 在图上绘出等高线，再用轻量复合线绘制纵断面线(可用 PL 命令绘制)。

② 选择“工程应用”→“生成里程文件”→“由等高线生成”选项。

屏幕提示：

请选取断面线://用鼠标单击所绘纵断面线 。

③ 屏幕上弹出“输入断面里程数据文件名”的对话框，用来选择断面里程数据文件。这个文件用来保存要生成的里程数据。

屏幕提示：

输入断面起始里程:<0.0>

如果断面线起始里程不为 0，在这里输入数据。按回车键，里程文件生成完毕。

(3) 由纵断面生成。这个功能给用户提供了一种简便的方法，用来生成里程文件，速度是这 4 种方法中最快的，只要展出点、绘出纵断面线，就可以在极短的时间里生成所有横断面的里程文件。

但是，凡事有利必有弊，如果外业采集的点密度和分布不能满足要求，用这种方法生成的里程文件准确度较低。

① 选择“工程应用”→“生成里程文件”→“由纵断面生成”选项。

② 屏幕上弹出“输入断面里程数据文件名”的对话框，用来选择断面里程数据文件。这个文件用来保存要生成的里程数据。

③ 屏幕上弹出“输入坐标数据文件名”的对话框，用来选择坐标数据文件。这个文件是原始坐标数据文件，将用来生成里程数据。

屏幕提示：

```
请选取纵断面线：//用鼠标单击所绘纵断面线。
```

屏幕提示：

```
输入横断面间距：(米)<20.0> //输入每两个横断面的间距。断面间距默认值为 20 米。
```

因此，由纵断面生成的里程文件里面，所有的横断面是等间距的。

屏幕提示：

```
输入横断面线上点距：(米)<5.0> //输入横断面上取样点的间距。默认值为 5 米。
```

此值越小，单位长度的横断面线上取样次数越多，如果外业数据合理，生成的里程文件准确度会提高。但是，如果外业数据不足，单纯减小采样间距是没有实际意义的，只会增加里程文件的大小。

屏幕提示：

```
输入带状区域的宽度：(米)<40.0> //输入每个横断面的长度。
```

特别提示

每个横断面都被纵断面平分成两部分，左右相等，均为给定值的一半。

④ 系统自动根据上面几步给定的参数在图上绘出所有横断面线，同时生成每个横断面的里程数据，写入里程文件。

通常用这种方法生成的里程文件都需要对断面重新进行编辑修改，以满足实际需要(详见第 3)步)。

(4) 由坐标文件生成。

① 选择“工程应用”→“生成里程文件”→“由坐标文件生成”选项。

② 屏幕上弹出“输入简码数据文件名”的对话框，用来选择简码数据文件。这个文件的编码必须按以下方法定义，具体例子见 DEMO 子目录下的 ZHD.DAT 文件。

总点数

点号，$M1$，X 坐标，Y 坐标，高程　　[其中，代码为 Mi 表示道路中心点，代码为 i 表示该点是对应 Mi 的道路横断面上的点]

点号，1，X 坐标，Y 坐标，高程

……

点号，$M2$，X 坐标，Y 坐标，高程

点号，2，X 坐标，Y 坐标，高程

……

点号，Mi，X 坐标，Y 坐标，高程

点号，i，X 坐标，Y 坐标，高程

……

特别提示

M1、M2、M3 各点应按实际道路中线点顺序排列，而同一横断面的各点可不按顺序排列。

③ 屏幕上弹出“输入断面里程数据文件名”的对话框，用来选择断面里程数据文件。这个文件用来保存要生成的里程数据。

命令行出现提示：“输入断面序号：<直接回车处理所有断面>”，如果输入断面序号，则只转换坐标文件中该断面的数据；如果直接按回车键，则处理坐标文件中所有断面的数据。

严格来说，生成里程文件还有第 5 种方法，那就是手工输入。手工输入就是直接在文本中编辑里程文件，在某些情况下这比由图面生成等方法还要方便、快捷。但这种方法要求用户对里程文件的结构有较深入的认识。

2）选择土方计算类型

① 选择“工程应用”→“断面法土方计算”→“道路断面”选项，如图 5－8 所示。

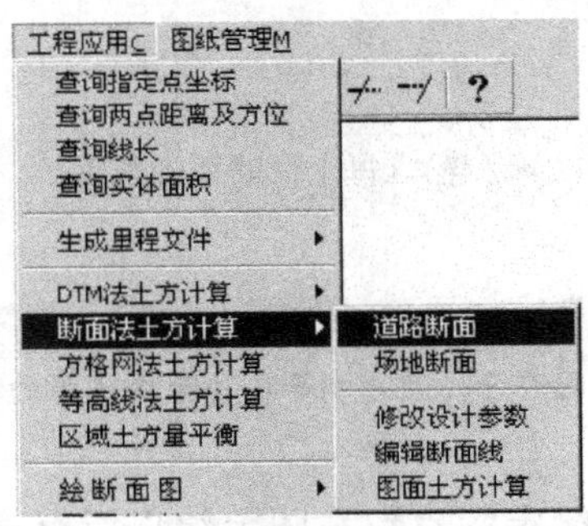

图 5－8 “道路断面”子菜单

② 单击后弹出对话框，道路的所有参数都是在这个对话框中进行设置的，如图 5－9 所示。

3）给定计算参数

接下来就是在上一步弹出的对话框中输入道路的各种参数。

（1）选择里程文件：

单击“确定”左边的按钮(上面有 3 点的)，出现“选择里程文件名”的对话框。选定第 1)步生成的里程文件。

（2）将实际设计参数填入各相应的位置。注意：单位均为米。

（3）单击“确定”按钮后，屏幕提示：

```
横向比例为 1：<500> //输入绘制断面图的横向比例。
纵向比例为 1：<100> //输入绘制断面图的纵向比例。
请输入隔多少里程绘一个标尺(米)<直接回车只在两侧绘标尺>
```

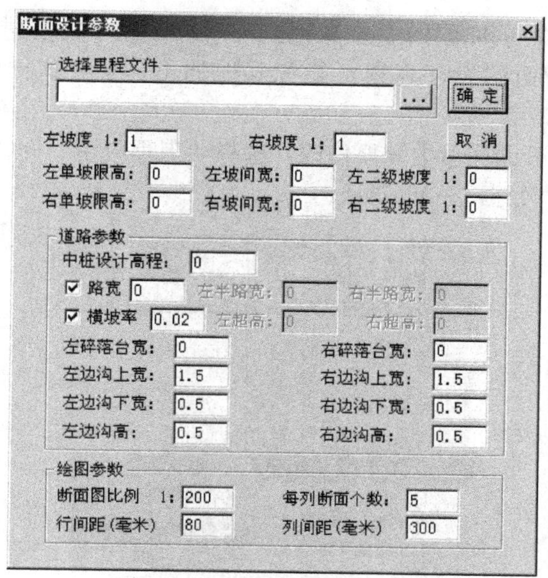

图 5-9 "断面设计参数"对话框(一)

系统根据上步给定的比例尺，在图上绘出道路的纵断面，然后提示：

指定横断面图起始位置：

指定土石方计算表左上角位置：

(4) 至此，图上已绘出道路的纵断面图及每一个横断面图，并将土石方计算表绘制在指定的位置，结果如图 5-10 所示。

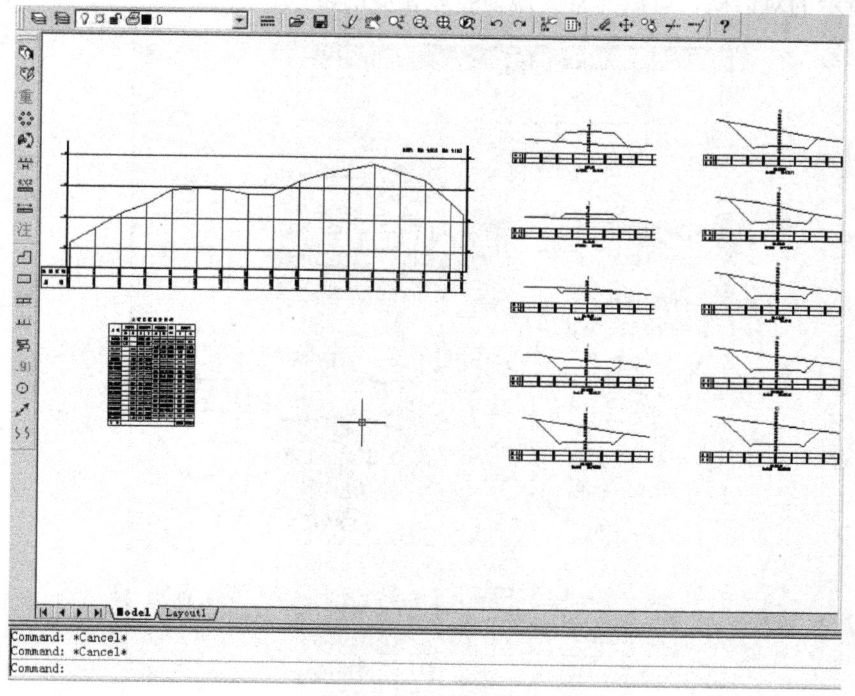

图 5-10 纵、横断面图成果示意图

如果进行道路设计时该区段的中桩高程全部一样，就不需要进行下一步的编辑工作了。但实际上，有些断面的设计高程可能和其他的不一样，这样就需要手工编辑这些断面。

(5) 如果生成的部分断面参数需要修改，选择“工程应用”→“断面法土方计算”→“修改设计参数”选项，如图 5-11 所示。

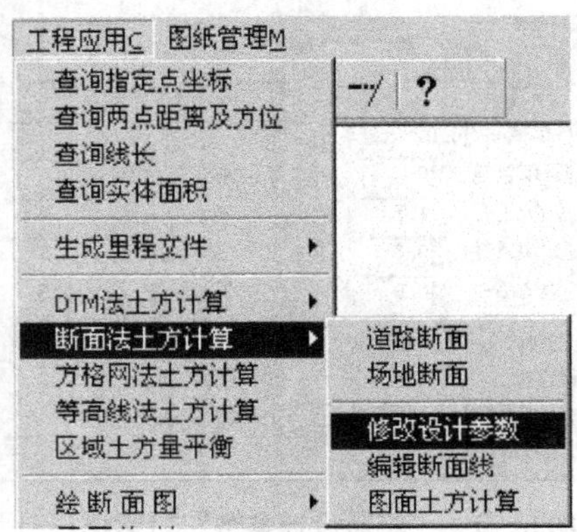

图 5-11 “修改设计参数”子菜单

屏幕提示：

选择断面线

这时可用鼠标单击图上需要编辑的断面线，选设计线或地面线均可。选中后弹出如图 5-12 所示的对话框，可以非常直观地修改相应的参数。

断面设计参数

选择里程文件

确 定

取 消

左坡度 1: 1　　右坡度 1: 1

左单坡限高: 0　　左坡间宽: 0　　左二级坡度 1: 0

右单坡限高: 0　　右坡间宽: 0　　右二级坡度 1: 0

道路参数

中桩设计高程: 30

路宽 0　　左半路宽: 7.5　　右半路宽: 7.5

横坡率 0.02　　左超高: -0.15　　右超高: -0.15

左碎落台宽: 0　　右碎落台宽: 0

左边沟上宽: 1.5　　右边沟上宽: 1.5

左边沟下宽: 0.5　　右边沟下宽: 0.5

左边沟高: 0.5　　右边沟高: 0.5

绘图参数

断面图比例 1: 200　　每列断面个数: 5

行间距(毫米) 80　　列间距(毫米) 300

图 5-12 “断面设计参数”对话框(二)

（6）修改完毕后单击“确定”按钮，系统取得各个参数，自动对断面图进行修正，这一步骤不需要用户干预，实现了“所改即所得”。

所有的断面编辑完成后，就可进入第4)步。

4）计算工程量

（1）选择“工程应用”→“断面法土方计算”→“图面土方计算”选项，如图5-13所示。

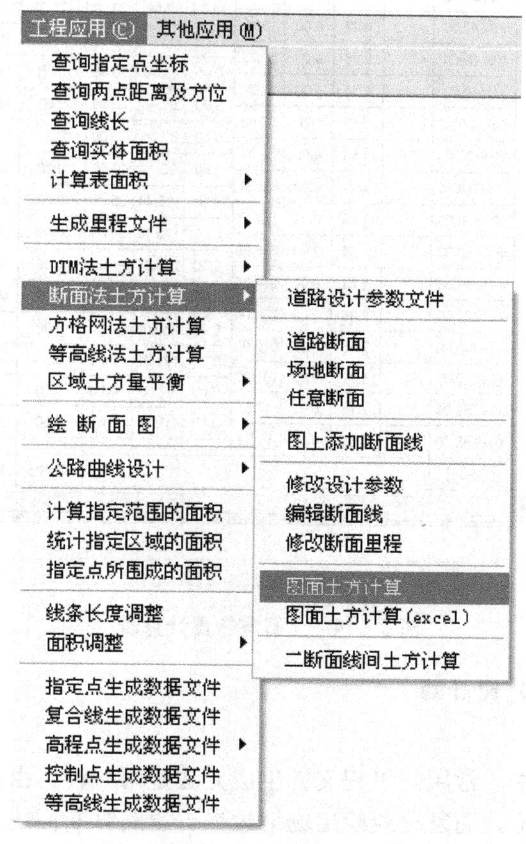

图5-13 “图面土方计算”子菜单

命令行提示：

选择要计算土方的断面图：//拖框选择所有参与计算的道路横断面图。
指定土石方计算表左上角位置：//在适当位置单击。

（2）系统自动在图上绘出土石方计算表，如图5-14所示。

并在命令行提示：

总挖方= xxxx 立方米，总填方= xxxx 立方米

至此，该区段的道路填挖方量已经计算完成，可以将道路纵横断面图和土石方计算表打印出来，作为工程量的计算结果。

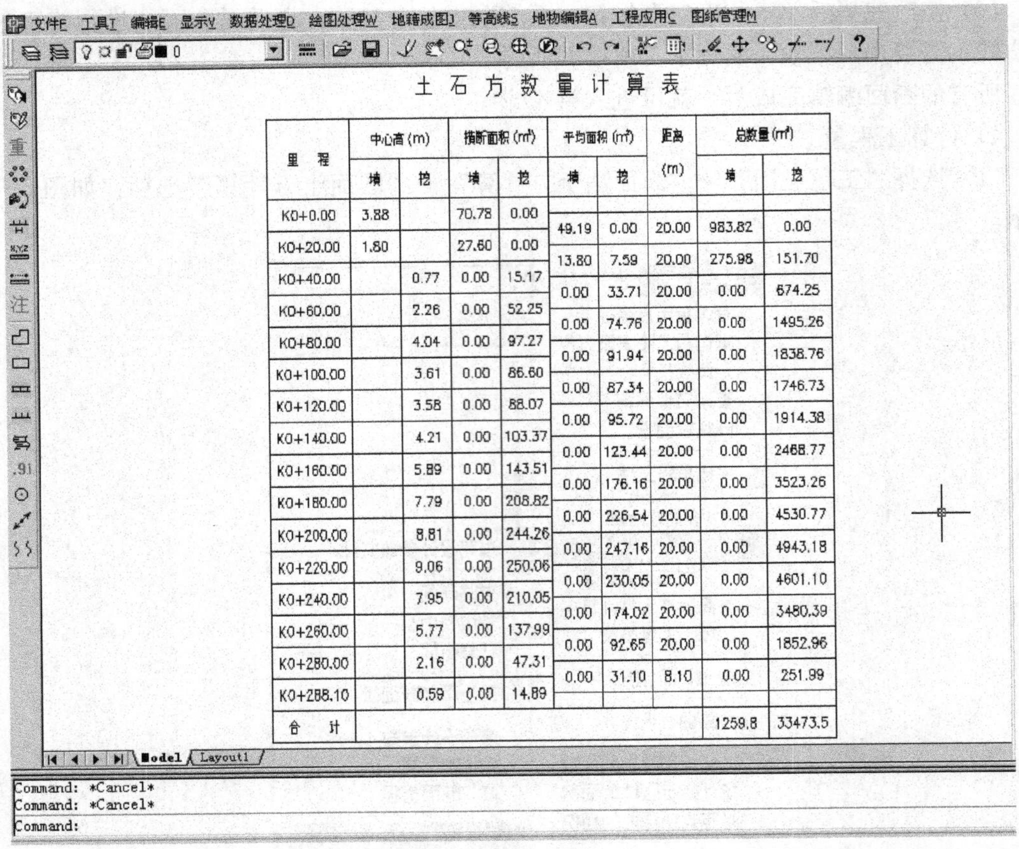

土石方数量计算表

里程	中心高(m)		横断面积(m²)		平均面积(m²)		距离(m)	总数量(m³)	
	填	挖	填	挖	填	挖		填	挖
K0+0.00	3.88		70.78	0.00					
					49.19	0.00	20.00	983.82	0.00
K0+20.00	1.80		27.60	0.00					
					13.80	7.59	20.00	275.98	151.70
K0+40.00		0.77	0.00	15.17					
					0.00	33.71	20.00	0.00	674.25
K0+60.00		2.26	0.00	52.25					
					0.00	74.76	20.00	0.00	1495.26
K0+80.00		4.04	0.00	97.27					
					0.00	91.94	20.00	0.00	1838.76
K0+100.00		3.61	0.00	86.60					
					0.00	87.34	20.00	0.00	1746.73
K0+120.00		3.58	0.00	88.07					
					0.00	95.72	20.00	0.00	1914.38
K0+140.00		4.21	0.00	103.37					
					0.00	123.44	20.00	0.00	2468.77
K0+160.00		5.89	0.00	143.51					
					0.00	176.16	20.00	0.00	3523.26
K0+180.00		7.79	0.00	208.82					
					0.00	226.54	20.00	0.00	4530.77
K0+200.00		8.81	0.00	244.26					
					0.00	247.16	20.00	0.00	4943.18
K0+220.00		9.06	0.00	250.06					
					0.00	230.05	20.00	0.00	4601.10
K0+240.00		7.95	0.00	210.05					
					0.00	174.02	20.00	0.00	3480.39
K0+260.00		5.77	0.00	137.99					
					0.00	92.65	20.00	0.00	1852.96
K0+280.00		2.16	0.00	47.31					
					0.00	31.10	8.10	0.00	251.99
K0+288.10		0.59	0.00	14.89					
合计								1259.8	33473.5

Command: *Cancel*
Command: *Cancel*
Command:

图 5-14　土石方数量计算表

2. 场地的断面法土方量计算

1）生成里程文件

在场地的土方计算中，常用的里程文件生成方法是第一种：由图面生成。

(1) 在图上展出点位，用复合线绘出场地边界、道路纵断面线和每一个横断面线和中桩线。在绘中桩线时尽量让它经过横断面线的中点和垂直于横断面线。否则会影响土方计算精度。

(2) 选择“工程应用”→“生成里程文件”→“由图面生成”选项。

(3) 屏幕上弹出“输入高程点数据文件名”的对话框，来选择高程点数据文件。这个文件是原始数据文件。

(4) 屏幕上弹出“输入横断面数据文件名”的对话框，用来选择断面里程数据文件。这个文件用来保存要生成的里程数据。提示：

```
输入断面线上插值间距(米)://输入断面线上的插值距离。
```

这个值决定了在横断面上隔多远取一次样，值越小，取的值越多，越忠实于原地形，但数据量会大很多，也会影响计算速度。一般取10。

请选择:(1)横断面(2)纵断面<1> //如果要做纵断面,选 2,默认做横断面。
输入起始横断面里程:<0.0> //输入第一个断面的里程,根据实际情况输入,默认里程从 0.0 开始。
选择第 1 条断面线://用鼠标单击断面线。如果点取的断面线不是复合线,系统将一直提示这条信息,不会出现下一步的提示,直到用户选择正确的断面线。
指定该断面中桩点//用鼠标单击中桩点。
输入该断面中桩里程://输入中桩里程。
指定起始点//用鼠标点取起始点。
输入起始点设计高程://输入起始点设计高程。
指定终止点//用鼠标单击终止点。
输入终止点设计高程://输入终止点设计高程。

(5) 一个断面的操作结束。命令区提示:

选择第 2 条断面线://输入另一条断面线,直到所有的断面都操作完毕。

其他生成里程文件的方法与道路土方计算中的一样。

2) 选择土方计算类型

(1) 选择“工程应用”→“断面法土方计算”→“场地断面”选项,如图 5 - 15 所示。

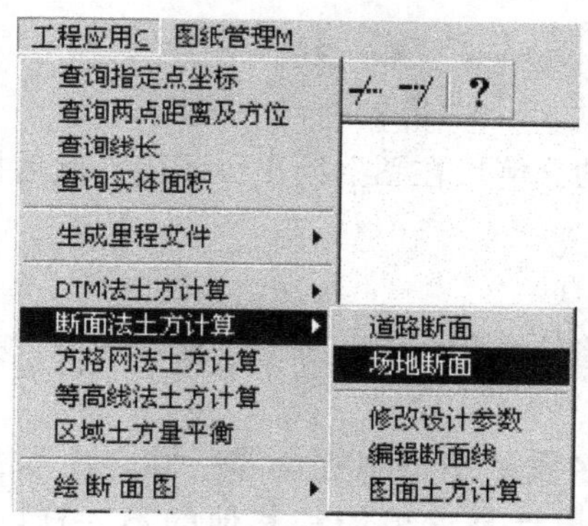

图 5 - 15 “场地断面”子菜单

(2) 单击后弹出对话框,场地的所有参数都是在如图 5 - 16 所示的对话框中进行设置的。

可能用户会认为这个对话框和道路土方计算的对话框是一样的。实际上在这个对话框中,道路参数全部变灰,不能使用,只有坡度等参数才可用。

3) 给定计算参数

接下来就是在上一步弹出的对话框中输入各种参数。

(1) 选择里程文件:

单击“确定”按钮左边的按钮(上面有 3 点的),出现“选择里程文件名”的对话框。选定第一步生成的里程文件。

(2) 把实际设计参数填入各相应的位置。注意:单位均为米。

(3) 单击“确定”按钮后,屏幕提示:

横向比例为 1:<500> //输入绘制断面图的横向比例。

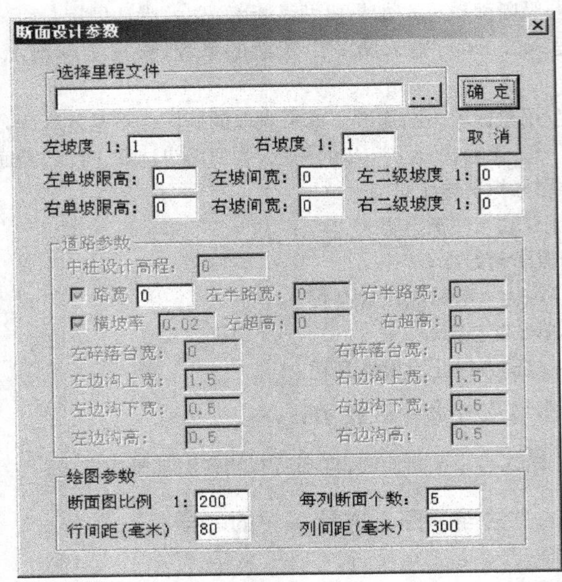

图 5-16 “断面设计参数”对话框(三)

```
纵向比例为 1：<100> //输入绘制断面图的纵向比例。
请输入隔多少里程绘一个标尺(米)<直接回车只在两侧绘标尺>
```

这时系统根据上步给定的比例尺在图上绘出纵断面，然后提示：

```
指定横断面图起始位置：
指定土石方计算表左上角位置：
```

至此，在图上已绘出道路的纵断面图、每一个横断面图，并将土石方计算表绘制在指定的位置。

如果进行道路设计时该区段的中桩高程全部一样，就不需要进行下一步的编辑工作了。但实际上，有些断面的设计高程可能和其他的不一样，这样就需要手工编辑这些断面。

如果生成的部分断面参数需要修改，选择“工程应用”→“断面法土方计算”→“修改设计参数”选项，如图 5-11 所示。

屏幕提示：“选择断面线”，这时可用鼠标点取图上需要编辑的断面线，选设计线或地面线均可。选中后弹出如图 5-12 所示的对话框，可以非常直观地修改相应参数。

修改完毕后单击“确定”按钮，系统取得各个参数，自动对断面图进行修正。这一步骤不需要用户干预，实现了“所改即所得”。

将所有的断面编辑完成后，就可进入第 4)步。

4) 计算工程量。

参见前文“道路的断面法土方计算”的此步骤。

5.2.3 方格网法土方计算

用方格网法来计算土方量是根据实地测定的地面点坐标(X，Y，Z)和设计高程，通过生成方格网来计算每一个长方体的填挖方量，最后累计得到指定范围内填方和挖方的土方量，并绘出填挖方分界线。

系统首先将方格4个角上的高程相加(如果角上没有高程点，通过周围高程点内插得出其高程)，取平均值与设计高程相减。然后通过指定的方格边长得到每个方格的面积，再用长方体的体积计算公式得到填挖方量。因此，用这种方法算出来的土石方量与用其他方法得出的结果会有较大的差异。一般来说，采用这种方法得出的结果精度不太高，因为这种方法“先天不足”——算法具有一定的局限性。但是，由于方格网法简便直观，加上土方的计算本身对精度要求不是很高，因此这一方法在实际工作中还是非常实用的。

用方格网法计算土方量，设计面可以是水平的，也可以是倾斜的。

1. 设计面水平时的操作步骤

(1) 用复合线画出所要计算土方的区域，一定要闭合，但是尽量不要拟合。因为拟合过的曲线在进行土方计算时会用折线迭代，影响计算结果的精度。

(2) 选择“工程应用”→“方格网法土方计算”选项。

(3) 屏幕上将弹出选择高程坐标文件的对话框，在对话框中选择所需坐标文件。提示：

```
选择土方计算边界线//用鼠标单击所画的闭合复合线。
输入方格宽度:(米)<20> //这是每个方格的边长,默认值为20米。
```

由原理可知，方格的宽度越小，计算精度越高。但如果给的值太小，超过了野外采集的点的密度也是没有实际意义的。

提示：

```
最小高程= XXXX,最大高程= XXXX
设计面是:(1)平面(2)斜面<1> //选2。
```

屏幕提示：

```
输入目标高程:(米)//输入设计高程。
```

(4) 按回车键后命令行显示：

```
挖方量= XXXX立方米,填方量= XXXX立方米
```

同时在图上绘出所分析的方格网，填挖方的分界线(白色点线)，并给出每个方格的填方和挖方，每行的挖方和每列的填方，结果如图5-17所示。

2. 设计面是斜面时的操作步骤

(1) 用复合线画出所要计算土方的区域，一定要闭合，但是尽量不要拟合。因为拟合过的曲线在进行土方计算时会用折线迭代，影响计算结果的精度。

(2) 选择“工程应用”→“方格网法土方计算”选项。

(3) 屏幕上将弹出选择高程坐标文件的对话框，在对话框中选择所需坐标文件。提示：

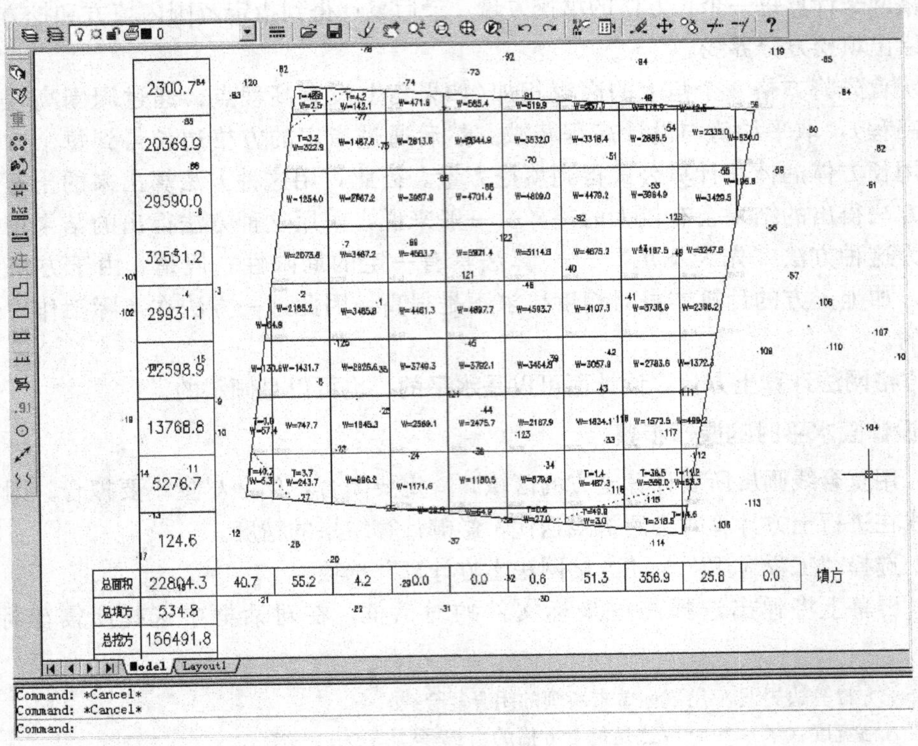

图 5-17　设计面水平时的方格网法土方计算成果图

选择土方计算边界线//用鼠标单击所画的闭合复合线。
输入方格宽度:(米)<20> //这是每个方格的边长,默认值为 20 米。由原理可知,方格的宽度越小,计算精度越高。但如果给的值太小,超过了野外采集的点的密度也是没有实际意义的。

提示:

最小高程= XXXX,最大高程= XXXX
设计面是:(1)平面(2)斜面<1> //选 2。

屏幕提示:

单击高程相等的基准线上的两点,第一点://在斜面坡底处单击。
第二点://在斜面的坡底另一端找到一个与第一点高程相等的点,如果实在无法定点,可以估计一个近似的点。

特别提示

这两点的连线将构成此斜面的所有横断面线。因此,这两点的高程应一致,否则会影响计算精度。

屏幕提示:

输入基准线设计高程:米//输入上步所定两点连线的设计高程。

屏幕提示：

斜面的坡度为百分之：//输入设计斜面的坡度。相当于纵断面的坡度。

屏幕提示：

指定高程高的方向：//这一步将决定斜坡的走向，指定此点后，从基准线到指定点的方向是上升坡。

这时在图上绘出所分析的方格网，每个方格顶点的地面高程和计算得到的设计高程、填挖方的分界线(白色点线)，并给出每个方格的填方(T＝XXX)、挖方(W＝XXX)，每行的挖方和每列的填方结果如图 5-18 所示。

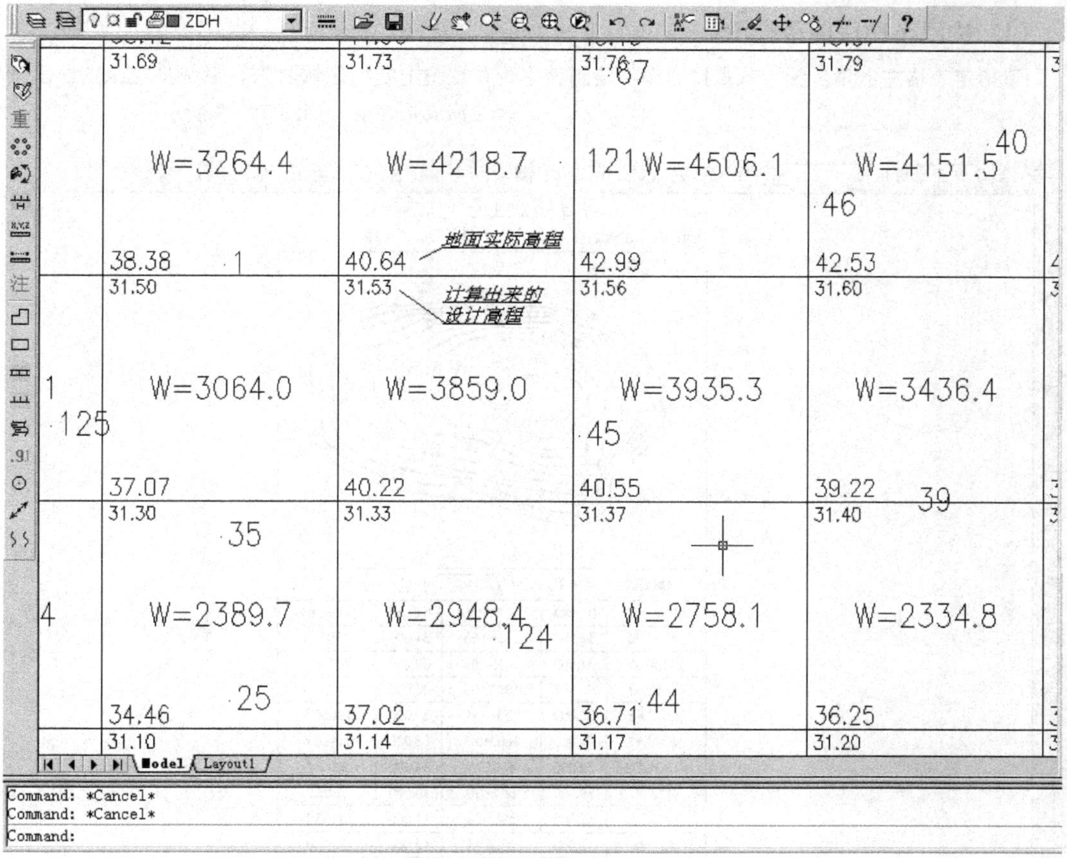

图 5-18　设计面斜面时的方格网法土方计算成果图

5.2.4　等高线法土方计算

用白纸图扫描矢量化后可以得到图形，但这样的图都没有高程数据文件，所以无法用前面的几种方法计算土方量。

一般来说，这些图上都会有等高线，所以 CASS 软件提供了由等高线计算土方量的功能，专为这类用户设计。

利用这种功能可计算任意两条等高线之间的土方量，但所选等高线必须闭合。由于两条等高线所围面积可求，两条等高线之间的高差已知，可求出这两条等高线之间的土方量。

(1) 选择“工程应用”→“等高线法土方计算”选项。

(2) 屏幕提示：“选择参与计算的封闭等高线”，可逐个单击参与计算的等高线，也可按住鼠标左键拖框选取，但是只有封闭的等高线才有效。

(3) 按回车键后屏幕提示：

输入最高点高程：<直接回车不考虑最高点>

(4) 按回车键后屏幕提示：

请指定表格左上角位置：＜直接回车不绘制表格＞//在图上空白区域右击，系统将在该点绘出计算成果表格，如图 5-19 所示。

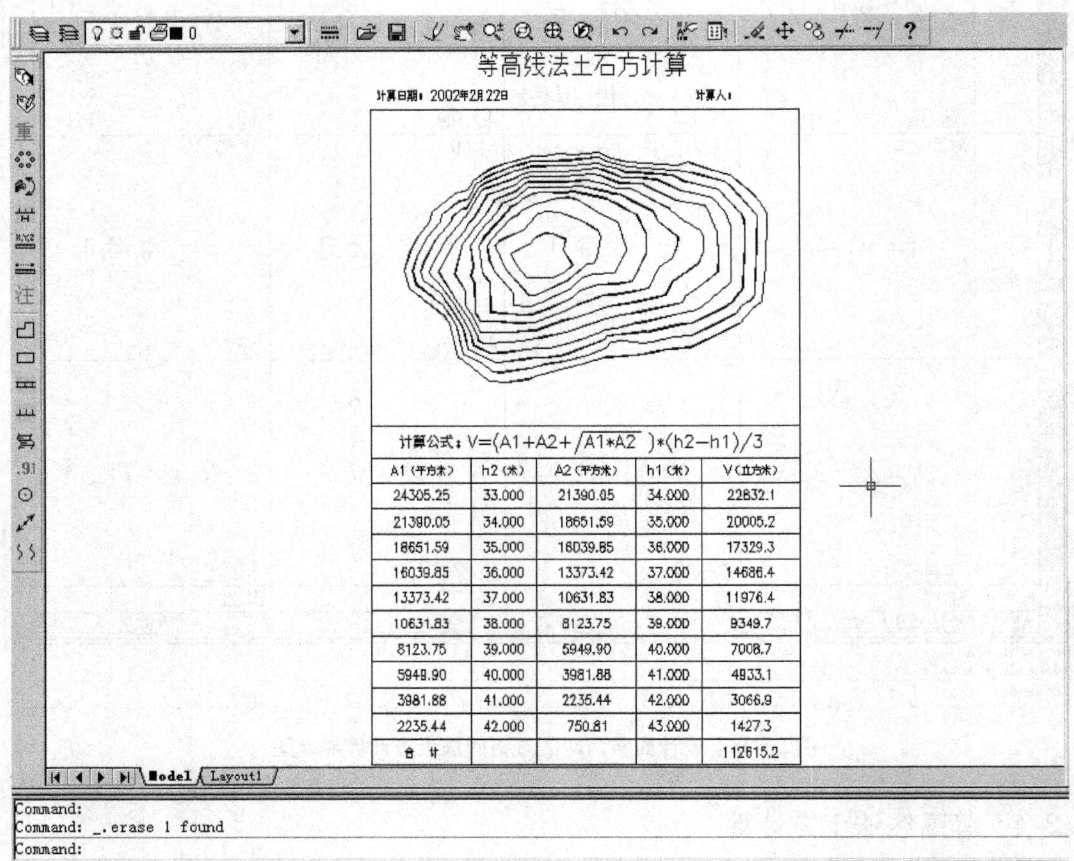

A1（平方米）	h2（米）	A2（平方米）	h1（米）	V（立方米）
24305.25	33.000	21390.05	34.000	22832.1
21390.05	34.000	18651.59	35.000	20005.2
18651.59	35.000	16039.85	36.000	17329.3
16039.85	36.000	13373.42	37.000	14686.4
13373.42	37.000	10631.83	38.000	11976.4
10631.83	38.000	8123.75	39.000	9349.7
8123.75	39.000	5949.90	40.000	7008.7
5949.90	40.000	3981.88	41.000	4933.1
3981.88	41.000	2235.44	42.000	3066.9
2235.44	42.000	750.81	43.000	1427.3
合　计				112615.2

图 5-19　等高线法计算土方成果示意图

可以从表格中看到每条等高线围成的面积和两条相邻等高线之间的土方量、计算公式等。

5.2.5 区域土方量平衡

土方平衡的功能常在平整场地时使用。当一个场地的土方平衡时，挖掉的土石方刚好等于填方量。以填挖方边界线为界，将从较高处挖得的土石方直接填到区域内较低的地方，就可完成场地平整，这样可以大幅度减少运输费用。

（1）在图上展出点，用复合线绘出需要进行土方平衡计算的边界。

（2）选择“工程应用”→“区域土方平衡”选项。

命令行提示：

(1)根据坐标数据文件，(2)根据图上高程点<1>

如果要分析整个坐标数据文件，可直接按回车键；如果没有坐标数据文件，而只有图上的高程点，可选 2，按回车键。

命令行提示：

选择边界线//单击第一步所画闭合复合线。
输入边界插值间隔(米):<20>

这个值将决定 CASS 软件在图上的取样密度，如前面所说，如果密度太大，超过了高程点的密度，实际意义并不大。一般使用默认值即可。

（3）如果前面选择“根据坐标数据文件”，这里将弹出对话框，要求输入高程点坐标数据文件名，如果前面选择的是“根据图上高程点”，此时命令行将提示：

选择高程点或控制点://用鼠标选取参与计算的高程点或控制点。

（4）按回车键后弹出对话框，如图 5-20 所示。

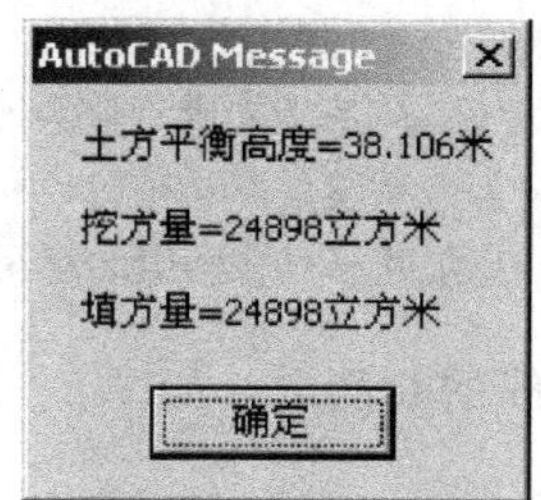

图 5-20 区域土方量平衡计算对话框

同时命令行出现提示：

平场面积= xxxx 平方米
土方平衡高度= xxx 米，挖方量= xxx 立方米，填方量= xxx 立方米

（5）单击对话框中的“确定”按钮，命令行提示：

请指定表格左下角位置:<直接回车不绘制表格>

在图上空白区域单击，CASS 在图上绘出计算结果表格。

5.3 断面图的绘制

5.3.1 绘制断面图

绘制断面图的方法有两种，一种是由图面生成，另一种是根据里程文件来生成。另外，本小节还将专门介绍道路纵横断面图的绘制。

1. 由图面生成

有根据坐标文件和根据图上高程点两种方法，现以根据坐标文件为例。

(1) 先用复合线生成断面线，选择“工程应用”→“绘断面图”→“根据坐标文件”选项。提示：

```
选择断面线//用鼠标单击上步所绘制的断面线,屏幕上弹出“输入高程点数据文件名”的对话框,用
          来选择高程点数据文件。
```

如果选择“根据图上高程点”，此步则为在图上选取高程点。提示：

```
请输入采样点间距(米):<20> //输入采样点的间距,系统的默认值为 20 米。采样点的间距的含义
                          是复合线上两顶点的间距若大于此间距,则每隔此间距内插一
                          个点。
```

提示：

```
输入起始里程<0.0//系统默认起始里程为 0。
> 横向比例为 1：<500> 输入横向比例,//系统的默认值为 1：500。
纵向比例为 1：<100> 输入纵向比例,//系统的默认值为 1：100。
请输入隔多少里程绘一个标尺(米)<直接回车只在两侧绘标尺>
```

(2) 在屏幕上则出现所选断面线的断面图，如图 5－21 所示。

命令行提示：

```
是否绘制平面图？(1)否(2)是<1> //上图上绘出平面图的结果。
```

2. 根据里程文件生成

一个里程文件可包含多个断面的信息，此时绘断面图就可一次绘出多个断面。

里程文件的一个断面信息中允许包含该断面不同时期的断面数据，这样绘制这个断面时就可以同时绘出实际断面线和设计断面线。

图面恢复。在完成绘制工作之后，可选择“工程应用”→“图面恢复”选项删除断面图恢复先前的图形显示。

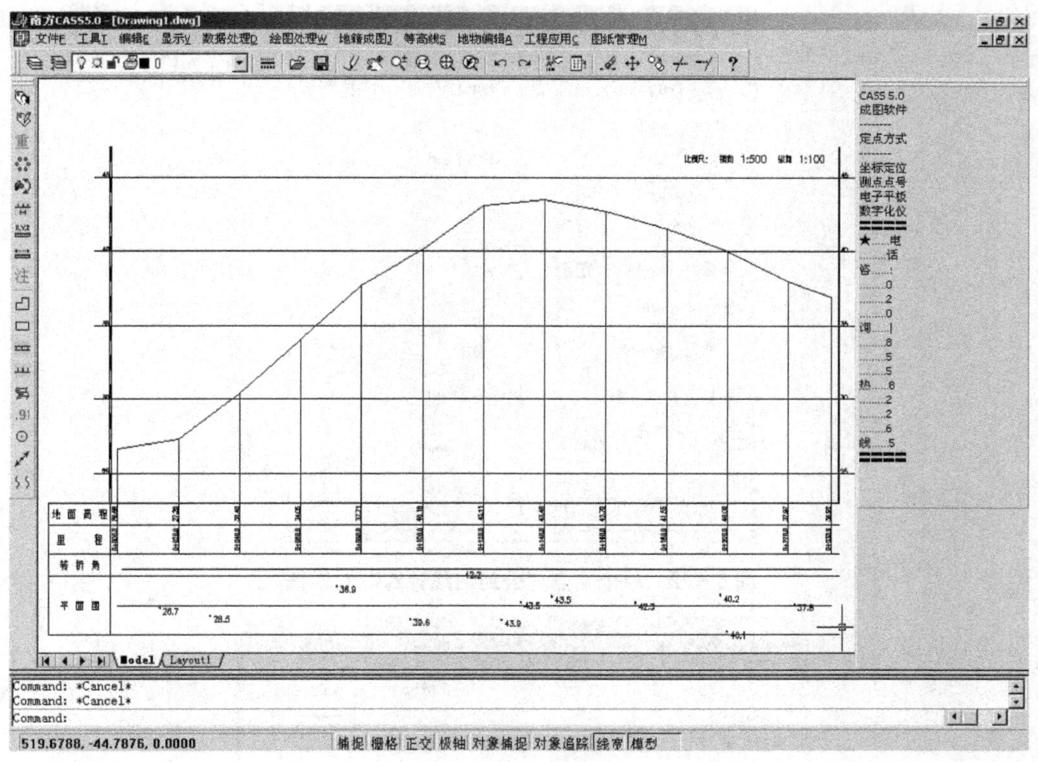

图5-21 断面图

5.4 公路曲线设计

5.4.1 单个交点处理

（1）选择“工程应用”→“公路曲线设计”→“单个交点”选项。

（2）屏幕上弹出“公路曲线计算”对话框，如图5-22所示，输入起点、交点和各曲线要素。

（3）屏幕上显示公路曲线和平曲线要素表。

5.4.2 多个交点处理

（1）选择“工程应用”→“公路曲线设计”→“多个交点”选项。

（2）屏幕上弹出“公路曲线要素录入”的对话框，如图5-23所示，输入起点、交点和各曲线要素。

（3）输入当前交点至下一交点的数据。

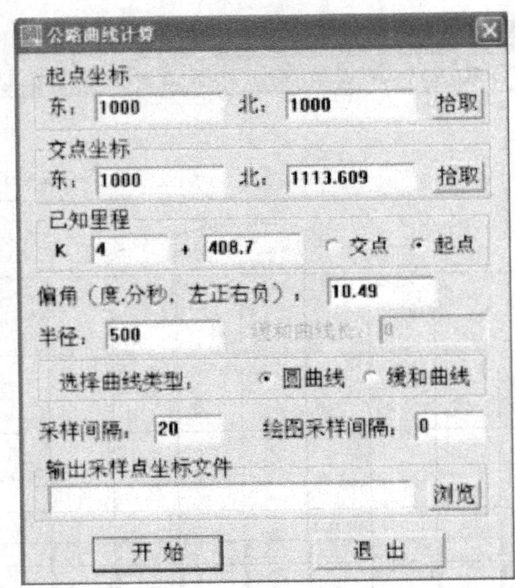

图 5－22　单个交点“公路曲线计算”对话框

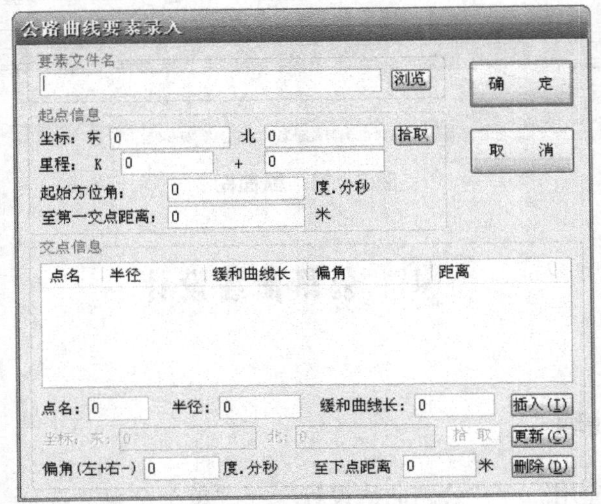

图 5－23　多个交点“公路曲线要素录入”对话框

5.5　面积应用

5.5.1　面积调整和注记实体面积

1. 面积调整

通过调整封闭复合线的一点或一边，把该复合线面积调整成所要求的目标面积。复合线要求是未经拟合的。

如果选择调整一点，复合线被调整顶点将随鼠标的移动而移动，整个复合线的形状也会跟着发生变化，同时可以看到屏幕左下角实时显示变化着的复合线面积，待该面积达到所要求数值，单击鼠标确定被调整点的位置。如果面积数变化太快，可将图形局部放大再使用本功能。

如果选择调整一边，复合线被调整边将会平行向内或向外移动以达到所要求的面积值。

如果选择在一边调整一点，该边会根据目标面积而缩短或延长，另一顶点固定不动，原来连到此点的其他边会自动重新连接。

2. 计算并注记实体面积

选择“工程应用”→“计算并注记实地面积”→“指定范围内的面积”选项。

提示：

```
1、选目标/2、选图层/3、选指定图层的目标<1>
```

输入1：即要求用鼠标指定需计算面积的地物，可用窗选、点选等方式，计算结果注记在地物重心上，且用青色阴影线标识。

输入2：系统提示输入图层名，结果把该图层的封闭复合线地物面积全部计算出来并注记在重心上，且用青色阴影线标识。

输入3：则先选图层，再选择目标，采用窗选方式时系统会自动过滤，只计算注记指定图层被选中的以复合线封闭的地物。提示：

```
加上青色阴影线区域的总面积=xxxx 平方米
```

3. 统计指定区域的面积

该功能用来将上面注记在图上的面积累加起来。

选择“工程应用”→“统计指定区域的面积”选项。提示：

```
Select object//选择面积文字注记:用鼠标拖拉一个窗口即可。
```

提示：

```
总面积 = xxx 平方米
```

4. 计算指定点所围成的面积

选择“工程应用”→“指定点所围成的面积”选项。

提示：“输入点:”，用鼠标指定想要计算的区域的第一点，底行将一直提示输入下一点，直到右击鼠标或按回车键确认指定区域封闭(结束点和起始点并不是同一个点，系统将自动地封闭结束点和起始点)。

提示：

```
总面积=xxx 平方米
```

本项目主要介绍了如何利用数字地形图确定点的坐标、点的高程、两点间距离、区域面积等基本几何要素，利用数字地形图进行土方量计算，利用数字地形图绘制纵横断面图，利用数字地形图进行公路曲线设计和数字地形图的面积应用。

项目测试

1. 数字地形图有哪些应用?
2. 怎样用数字地形图查询基本几何要素?
3. 用断面法进行土方量计算有哪几步?
4. 绘制断面图的常用方法有哪些?
5. 计算土方量的常用方法有哪几种? 在南方 CASS 软件中分别是如何操作的?

项目 6

技术设计和质量检验

学习目标

学习本项目，要了解技术设计的意义；熟悉数字测图技术设计的依据；掌握编写技术设计书的要求；掌握技术设计书的内容；掌握技术设计书中图表的编绘；掌握二级检查一级验收制度；熟悉提交检查验收的资料及检验依据；熟悉数字测图检查验收的方法；掌握质量检查验收的标准；熟悉质量评定基本规定；了解质量评分方法；熟悉数字测图技术总结的内容；了解数字测图提交资料的内容。

学习要求

知识要点	技能训练	相关知识
数字测图技术设计	数字测图技术设计	(1) 了解技术设计的意义 (2) 熟悉数字测图技术设计的依据和基本原则 (3) 掌握编写技术设计书的要求 (4) 掌握技术设计书的内容 (5) 掌握技术设计书中图表的编绘
数字地形图的质量检查与验收	数字地形图的检查验收	(1) 掌握二级检查一级验收制度 (2) 熟悉提交检查验收的资料及检验依据 (3) 熟悉数字测图检查验收的方法 (4) 掌握质量检查验收的标准
数字测图产品质量评定	数字地形图的质量评定	(1) 熟悉质量评定基本规定 (2) 了解质量评分方法
技术总结及提交资料	数字测图技术总结	(1) 熟悉数字测图技术总结的内容 (2) 了解数字测图提交资料的内容

▶▶项目导入

大比例尺地形测图是一项精度要求较高、作业环节较多、组织管理复杂的测量工作。为了保证地形测图工作的合理安排、正确实施及各工序之间的密切配合，使成果、成图符合技术标准和用户要求，以获得最佳的社会效益和经济效益，必须在施测工作前进行技术设计。测区工作结束后还要编写技术总结，并按规定要求提交成果、成图资料，以便归档。本项目将结合实际详细地介绍数字测图工作的技术设计、质量检查与验收、质量评定及技术总结工作。

6.1 数字测图技术设计

6.1.1 技术设计的意义

所谓技术设计，就是根据测图比例尺、测图面积以及用图单位的具体要求，结合测区的自然地理条件、本单位的仪器设备、技术力量及资金等情况，灵活运用测量学的有关理论和方法，制订在技术上可行、经济上合理的技术方案，作业方法和实施计划，并将其编写成技术设计书。技术设计书应呈报上级主管部门或测图任务的委托单位审批，未经批准不得实施。当技术设计要作原则性修改或补充时，可由生产单位或设计单位提出修改意见或补充稿，及时上报原审批单位核准后执行。

当测区较小、任务简单、用图单位亦无特殊要求时，技术设计可以从简。对于小范围的大比例尺地形测图及修测、补测等，则可只作简单的技术说明。

6.1.2 数字测图技术设计的依据和基本原则

1. 技术设计的依据

(1) 上级下达任务的文件或合同书。

(2) 有关的法规和技术规范。主要有《工程测量规范》、《城市测量规范》、《地籍测绘规范》、《房地产测量规范》、《地籍图图式》、《大比例尺地形图机助制图规范》、《1∶500 1∶1000 1∶2000 地形图图式》、《1∶500 1∶1000 1∶2000 地形图数字化规范》、《1∶500 1∶1000 1∶2000 地形图要素分类与代码》等。

(3) 地形测量的生产定额、成本定额和装备标准等。

(4) 测区已有的资料等。

2. 技术设计的基本原则

技术设计是一项技术性和政策性很强的工作，设计时应遵循以下原则。

(1) 技术设计方案应先考虑整体再考虑局部，且顾及发展；要满足用户的需求，重视社会效益。

(2) 从测区的实际情况出发，考虑作业单位的人员素质和装备情况，选择最佳作业方案。

(3) 广泛收集、认真分析和充分利用已有的测绘成果和资料。

(4) 尽量采用新技术、新方法和新工艺。

(5) 当测图面积相当大、需要的时间较长时，可根据用图单位的规划，将测区划分为几个小区，分别进行技术设计；当测图任务较小时，技术设计的详略可视具体情况而定。

6.1.3 编写技术设计书的要求

技术设计书是地形测图全过程的技术依据，是一份重要的文献资料。技术设计书编写工作的具体要求如下。

(1) 内容要明确，文字要简练。标准已有明确规定的一般不再重复。对作业中容易混淆和忽视的问题，应重点叙述。

(2) 采用新仪器、新方法和新工艺成图时，要对其可行性及能达到的精度进行充分的论证。

(3) 技术设计书中使用的名词、术语、公式、符号、代号和计量单位等应与有关规范和标准一致。

6.1.4 技术设计书的内容

为了设计出最佳的方案，设计人员必须明确任务的特点、工作量、要求和设计原则，认真做好测区情况的踏勘和调查分析工作，并在此基础上做出切实可行的技术设计。技术设计书编写目录如图6-1所示。技术设计的内容包括以下几个方面。

1. 一般性说明

1) 任务概述

说明任务来源、测区范围、地理位置、行政隶属、测图面积、测图比例尺、采用的技术依据、计划开工日期及完成期限等。

2) 测区自然地理概况

说明测区海拔高程、相对高差、地形类别、困难类别，以及居民地、道路、水系、植被等要素的分布与主要特征；说明气候、风雨季节、交通情况及生活条件等。

3) 已有资料利用情况

说明已有资料的全部情况，包括控制测量成果的等级、精度，现有图的比例尺、等高距、施测单位和年代、采用的图式规范、平面和高程系统、技术总结等。并对其主要质量进行分析评价，提出已有资料利用的可能性和利用的方案。

2. 设计方案

1) 测图技术规范和细则

说明整个测图工作所依据的规范、图式以及有关部门颁发的技术规定。

2) 平面控制测量设计

平面控制坐标系统的确定，首级网的等级，起始数据的配置，加密层次及图形结构，

目　录

图 6－1　技术设计书目录

点的密度，觇标和标志规格要求，使用的仪器和施测方法，平差计算方法，各项主要限差及应达到的精度指标。

3）高程控制测量设计

高程系统的选择，首级高程控制的等级及起算数据的选取，加密方案及网形结构，路线长度和点的密度，标石类型和埋设规格，使用的仪器和施测方法，平差计算方法，各项主要限差及应达到的精度指标。

4）数字测图设计

数字测图设计的内容包括地形图采用的分幅和编号方法，地形图分幅编号图，测站点的观测方法和要求，对地形要素的表示和对地形的要求，地形图清绘方法和整饰规格以及复制方式，若采用新技术、新仪器、新方法测图，在设计方案中应对其先进性和成图精度进行详细说明。

3. 工作量统计、计划安排和经费预算

(1) 工作量统计。根据设计方案，分别计算各工序的工作量。

(2) 进度计划。根据工作量统计和计划投入的人力、物力，参照生产定额分别列出各期进度计划和各工序的衔接计划。

(3) 经费预算。根据设计方案和进度计划，参照有关生产定额和成本定额，编制分期经费和总经费计划，并作必要的说明。

工作量统计、计划安排和经费预算一般应编制专门的图表，这些图表可以形象地反映劳动组织、工作进程、工序衔接和经费开支，便于迅速准确地了解工作任务的全貌，及时指挥生产。

4. 上交资料清单

地形测量的成果除地形原图外，还有各种各样的其他资料。用图单位根据生产建设的需要，对地形测图的成果资料也有具体的要求。技术设计书中应列出用图单位要求提交的所有资料的清单。

5. 建议和措施

为顺利地完成测图任务，还应就如何组织力量、提高效益、保证质量等方面提出建议。并指出业务管理、物资供应、膳宿安排、交通设备、安全保障等方面必须采取的措施。

6.1.5 技术设计书中图表的编绘

地形测图技术设计书是一种技术文献，在编写过程中必不可少地要用到一系列的设计图、表，而且设计图、表能使有些仅用文字很难叙述清楚的问题，表达得明了、形象、直观。文字和图、表的密切配合使整个技术设计的全貌和各作业工序的相互关系一目了然。因此设计图、表是技术设计书的重要组成部分，应重视图、表的编绘和设计。

1. 设计图

地形测图技术设计书中用到的设计图一般有以下几种。

(1) ××测区平面控制测量技术设计图。

(2) ××测区高程控制测量技术设计图。

(3) ××测区地形图分幅编号图。

设计图应有标题(图名、代号)、编制单位、编制者、审核者、日期，以及必要说明注记和图例。图的内容要能反映任务的工作量，图面清晰明了、幅面大小适宜。若测区没有与待测比例尺地形图较接近的较小比例尺地形图，则需要根据更小比例尺地形图或依实地情况编绘测区总貌示意图，供设计之用。图上要标明测区的地理位置、测区范围、主要的居民点、交通线、水系和境界等内容。当某些设计内容比较复杂时，可增加一些辅助表格和必要的简单说明，做到设计图和技术设计书的内容相互补充。

2. 表格

地形测图技术设计书中用到的表格有以下几种。

1）综合工作量表

各工种工作量应按有关定额的规定编制“综合工作量表”，其格式见表6-1。

表6-1　综合工作量表

工作项目	等级或比例尺	困难类别	统一作业定额	工作量			备注
				单位	数量	工天	
总计							

2）工作进度计划表

根据踏勘提供的资料，提出测区每个月的工天利用数，并结合拟投入的技术力量和劳动组织形式，编制“工作进度计划表”，其格式见表6-2。

表6-2　工作进度计划表

工作项目	时间(月份)												工作组的人员组成
	1	2	3	4	5	6	7	8	9	10	11	12	

3）经费预算表

根据总的工作量、项目困难类别，并参照有关的经费预算标准，编制“经费预算表”，其格式见表6-3。

表6-3　经费预算表

项目	单价	数量	预算费用/元
总计			

4）主要物资器材表

根据设计工作量，按材料消耗定额和装备标准编制出作业中所需的仪器、设备等主要物资器材表，其格式见表6-4。

表6-4　主要物资器材表

名称	规格	单位	数量	供应时间	备注

5）已有资料利用情况表

对已有成果、成图等资料，按其利用程度填写已有资料利用情况表，其格式见表6-5。

6）预计上交成果资料表

根据技术设计要求，按表6-6列出要求上交的成果资料。

表6-5 已有资料利用情况表

资料名称	数量	资料来源	利用程度	备注

表6-6 预计上交成果资料表

成果资料名称	单位	数量	附件	备注

6.2 数字地形图的质量检查与验收

为了保证测绘成果的质量，提高测绘人员的高度责任感，强化各生产环节技术管理和质量管理，建立健全数字测图生产过程中的各项技术规定并严格执行各项技术规范，必须进行数字测图成果的检查验收。

1. 检查验收制度

测绘产品实行二级检查一级验收制。为了保证地形图的质量，除施测过程中加强检查外，在地形测图完成后，作业员和作业小组应对完成的成果、成图资料进行严格的自查互检，确认无误后方可上交，之后由上级部门组织专业人员进行检查。验收工作应在最终检查合格后进行，并由甲方组织实施，或由甲方委托专职检验机构验收。验收应按《测绘产品检查验收规定》和《测绘产品质量评定标准》进行。各级检查、验收工作必须独立进行，不能省略或代替。

2. 提交检查验收的资料及检验依据

1）提交的检查验收资料

(1) 项目设计书、技术设计书、技术总结等。

(2) 文档簿、质量跟踪卡等。

(3) 数据文件，包括图廓外整饰信息文件、元数据文件等。

(4) 作为数据源使用的原图或复制的二底图。

(5) 图形数据输出的检查图。

(6) 检查报告。

(7) 技术规定或技术设计书规定的其他文件资料。

2）检查验收的依据

(1) 地形测图任务书或合同书。

(2) 有关测量技术规范。

(3) 技术设计书。

(4)《测绘产品检查验收规定》和《测绘产品质量评定标准》。

3. 数字测图检查验收的方法

检查工作分室内检查和室外检查两部分。

1）室内检查

首先是对所有地形控制资料做全面详细的检查，包括检查观测和计算手簿的记载是否齐全、清楚和正确，各项限差是否符合规定。也可视实际情况重点抽查其中的某一部分。

地形原图的室内检查主要查看地形图图廓、方格网、控制点展绘精度是否符合要求，测站点的密度和精度是否符合规定，地物、地貌等各要素测绘是否正确、齐全、取舍恰当，图式符号是否运用正确，等高线与地貌特征点的高程是否符合，等等。查看其有无矛盾或可疑的地方，并以此为根据决定室外检查的重点与巡视的线路。

2）室外检查

室外检查是在室内检查的基础上进行的，分巡视检查和仪器检查。

(1) 巡视检查。巡视检查应根据室内检查的重点按预定的路线进行。检查时通过野外巡视与实地核对，查看地物和地貌有无遗漏，综合取舍是否适宜，等高线表示的地貌是否逼真，符号运用是否恰当，地物的说明注记和地名是否正确，等等。

(2) 仪器检查。仪器检查是在室内检查和外业巡视检查的基础上进行的，是携带仪器到野外去进行设站实测检查。除将检查发现的错误和遗漏进行更正和补测外，对发现的怀疑点也要进行仪器检查。检查时，测站应均匀分布于全图幅，检测量一般为原测图工作量的10%～30%。当采用与测图相同的方法实测检查时，较差的限差不应越过规定中误差的$2\sqrt{2}$倍。

仪器检查主要采用散点法，即在地物、地貌点上重新立尺，测出其平面位置和高程，然后与图上相应点位进行比较，以检查其精度是否符合要求。

在检查过程中对所发现的错误和缺点，应尽可能予以纠正。如错误较多，应按规定退回原测图小组予以补测或重测。

测绘资料经全面检查认为符合要求即可予以验收，并按质量评定等级。

4. 质量检查验收的标准

1）选择检测点的一般规定

随机抽样样本进行全面检查。

2）检测方法

(1) 自检比例为100%。

(2) 全检(即一级检查)的检查比例，内业为100%，外业可根据内业检查发现的问题进行有针对性的重点检查，但实际操作检查不得低于总工作量的30%，巡视检查不得低于总工作量的70%。

(3) 专检(即二级检查、最终检查)的检查比例，内业为100%，外业实际操作检查不得低于总工作量的10%，巡视检查不得低于70%。

验收时内业随机抽检30%～50%，外业实际操作检查比例视内业情况决定，但不得低于总工作量的5%。

3）检测数据处理

将实地采集的各种地形要素的坐标、间距和高程与在计算机上采集的相应点的坐标、间距和高程进行比较，进而统计出相应的测量精度。地物点平面点位误差检测统计表见表6-7，地物点间距误差检测统计表见表6-8，散点高程精度检测统计表见表6-9。

表 6-7 地物点平面点位误差检测统计表

序号	部位	原测坐标		检测坐标		坐标较差(m)		点位中误差(m)
		x_i	y_i	X_i	Y_i	Δx	Δy	

表 6-8 地物点间距误差检测统计表

序号	间距点号		原测距离(m)	检测距离(m)	较差(m)	间距中误差(m)

表 6-9 散点高程精度检测统计表

序号	部位	原测高程内插值(m)	检测高程(m)	较差(m)	高程中误差(m)

地物点的平面位置中误差公式为

$$M_x = \pm\sqrt{\frac{\sum_{i=1}^{n}(X_i - x_i)^2}{n-1}} \quad M_y = \pm\sqrt{\frac{\sum_{i=1}^{n}(Y_i - y_i)^2}{n-1}} \tag{6-1}$$

式中，M_x ——坐标 X 的中误差，m；

M_y ——坐标 Y 的中误差，m；

X_i ——坐标 X 的检测值，m；

x_i ——坐标 X 的原始值，m；

Y_i ——坐标 X 的检测值，m；

y_i ——坐标 X 的原始值，m；

n——检测点数。

相邻地物点之间间距中误差的计算公式为

$$M_s = \pm\sqrt{\frac{\sum_{i=1}^{n}\Delta S_i^{2}}{n-1}} \tag{6-2}$$

式中，ΔS_i ——相邻地物点实测边长与图上同名边长较差或地图数字化采集的数字地形图与数字化原图套合后透检量测的点状或线状目标的位移差，m；

n——测量边条数(或点状目标、线状目标的个数)。

高程中误差的计算公式为

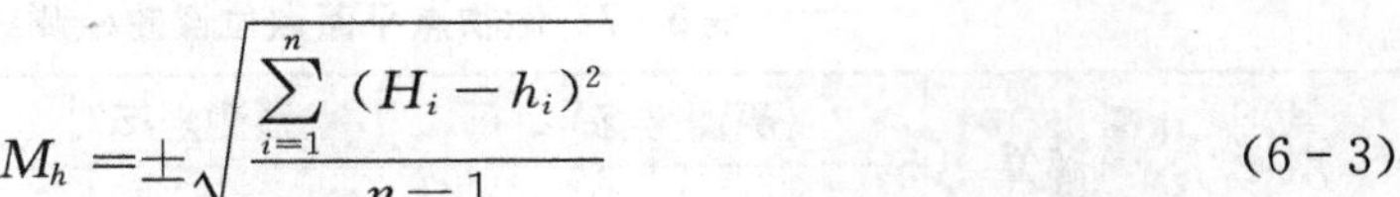

$$M_h = \pm\sqrt{\frac{\sum_{i=1}^{n}(H_i - h_i)^2}{n-1}} \tag{6-3}$$

式中，H_i ——检测点的实测高程，m；

h_i ——数字地形图上相应内插点的高程，m；

n——高程检测点的个数。

4）接边精度的检测

通过量取两相邻图幅接边处要素端点的距离是否等于 4 米来检查接边精度和未连接的记录其偏差值；检查接边要素几何上自然连接情况，避免生硬；检查面域属性和线划属性的一致情况，记录属性不一致的要素实体个数。

5）属性精度的检测

（1）检查各个层的名称是否正确，是否有漏层。

（2）逐层检查各属性表中的属性项类型、长度、顺序等是否正确，有无遗漏。

（3）按照地理实体的分类、分级等语义属性检索，在屏幕上将检测要素逐一显示或绘出要素全要素图(或分要素图)与地图要素分类代码表和数字化原图对照，目视检查各要素分层、代码、属性值是否正确或有遗漏。

（6）检查公共边的属性值是否正确。

（7）采用调绘片、原图等方式检查注记的正确性。

6）逻辑一致性检测

（1）用相应软件检查各层是否建立了拓扑关系及拓扑关系的正确性。

（2）检查各层是否有重复的要素。

（3）检查有向符号、有向线状要素的方向是否正确。

（4）检查多边形的闭合情况，标识码是否正确。

（5）检查线状要素的结点匹配情况。

（6）检查各要素的关系表示是否合理，有无地理适应性矛盾，是否能正确反映各要素的分布特点和密度特征。

（7）检查双线表示的要素(如双线铁路、公路)是否沿中心线数字化。

（8）检查水系、道路等要素数字化是否连续。

7）完备性及现势性的检测

（1）检查数据源生产日期是否满足要求，检查数据采集时是否使用了最新的资料。

（2）采用调绘片、原图、回放图，必要时通过立体模型观察检查各要素及注记是否有遗漏。

8）整饰质量检查

对于地图制图产品，应检查以下内容。

（1）检查各要素符号是否正确，尺寸是否符合图式规定。

（2）检查图形线划是否连续光滑、清晰，粗细是否符合规定。

（3）检查各要素关系是否合理，是否有重叠、压盖现象。

（4）检查各名称注记是否正确，位置是否合理，指向是否明确，字体、字大、字向是否符合规定。

(5) 检查注记是否压盖重要地物或点状符号。
(6) 检查图面配置、图廓内外整饰是否符合规定。
9) 附件质量检查
(1) 检查所上交的文档资料填写是否正确、完整。
(2) 逐项检查元数据文件内容是否正确、完整。

6.3 数字测图产品质量评定

6.3.1 质量评定基本规定

数字测图产品质量实行优级品、良级品、合格品、不合格品评定制，产品质量由生产单位评定，验收单位通过检验批进行核定。数字测绘产品检验批实行合格批、不合格批评定制。

优级品 N=90～100分；
良级品 N=75～89分；
合格品 N=60～74分；
不合格品 N=0～59分。

6.3.2 质量评分方法

1. 缺陷分类

1) 严重缺陷
(1) 介质内的资料记录无法读出或资料出现严重丢失，造成地形图无法使用。
(2) 空间定位参考系统采纳错误。
(3) 图廓点、控制点、公里网交点坐标值与理论值不符。
(4) 图号、图名同时错误。
(5) 检测数据凡符合下列情况之一者。
① 地物点的平面位置中误差超限。
② 邻近地物点间的间距中误差超限。
③ 高程注记点的高程中误差超限。
④ 等高线内插高程中误差超限。
⑤ 地形图数字化采集的点状目标位移中误差或线状目标位移中误差超限。
(6) 数据文件不齐全，文件名称有误，数据格式错误，缺有内容的层。
(7) 乡镇或乡镇以上法定地理名称错漏。
(8) 图幅内有超过 $5\times10\text{cm}^2$ 的地形漏测。
(9) 地形要素出现严重的失真或多处出现较大的失真。
(10) 其他极严重的差、错、漏。

2）重缺陷

（1）要求标注的国家控制点及城市控制点漏绘或属性数据错漏1处。

（2）重要要素或其属性数据错漏1处。

（3）县及县级以上公路、双线河流、主要铁路错漏超过图上3cm。

（4）大型水库、等级公路、山脉名称错漏1处。

（5）高压线、通讯线、光缆干线错漏超过图上10cm。

（6）高程注记点密度严重不符合标准要求。

（7）元数据中主要项目错、漏。

（8）较重要的地物漏绘1处。

（9）错、漏较高经济价值的植被图上$10cm^2$1处。

（10）图幅间未接边。

（11）图幅内不超过$5\times10cm^2$的地形漏测。

（12）图廓整饰严重不符合现行图式规定。

（13）地形要素出现重大的失真或多处出现失真。

（14）数据分层不完善或不正确。

（15）行政村法定地理名称错漏或图名的图内名称注记错漏。

（16）其他严重的差、错、漏。

3）次重缺陷

（1）错、漏比高在1m以上，5m以下，超过图上5cm的陡坎1处。

（2）错、漏较高经济价值的植被超过图上$5cm^2$1处。

（3）错、漏明显特征地貌1处。

（4）图名、图号、比例尺及其他说明、注记错漏1处。

（5）漏绘计曲线超过图上5cm 1处、漏绘首曲线超过图上10cm1处。

（6）漏绘高压输电线、通信线或垣栅超过图上2cm1处。

（7）漏绘双线道路或水系超过图上2cm1处。

（8）漏绘桥梁及其附属建筑物1处。

（9）漏绘面积超过图上$0.5cm^2$的房屋1处。

（10）一般要素放错层或属性值有误。

（11）数据有冗余现象。

（12）地形要素出现大的失真或多处出现失真。

（13）开间以上正规房屋层次错误1处。

（14）平面或高程粗差出现1处。

（15）实体元素线型、线宽有误。

（16）层名不正确或层的颜色不符合规定。

（17）要素几何图形不接边或属性不接边2处。

（18）等高线赋值错。

（19）其他较重的差、错、漏。

4）轻缺陷

（1）有注记无高程点或有高程点无注记 2 处。

（2）等高线明显打折每 5 处。

（3）符号错、漏 2 处。

（4）等高线相交 或点线矛盾 1 处。

（5）地形要素出现失真。

（6）开间以下正规房屋层次错误 1 处。

（7）上交附件数据不齐全。

（8）文件资料填写错、漏 2 项。

（9）注记压盖重要地物。

（10）一般要素错、漏 2 项。

（11）其他的轻微差、错、漏。

2. 缺陷扣分标准

（1）严重缺陷的缺陷值 42 分，可直接确定为不合格，不用计算。

（2）重缺陷的缺陷值 12/T 分。

（3）次重缺陷的缺陷值 3/T 分。

（4）轻缺陷的缺陷值 1/T 分。

3. 质量评分方法

每个单位产品质量得分预置分为 x 分，然后根据缺陷扣分标准对单位产品中出现的缺陷逐个扣分，计算得出数字地形图样本单位产品的质量得分。即先将单位产品分数预置为满分(100 分)，而后采用缺陷扣分(考虑单位产品的复杂程度、地形类别)、带权求和的方式计算一级质量特性质量分数。即

$$M_1 = 100 - \{(12/T \times n_1) + (3/T \times n_2) + (1/T \times n_3)\} \tag{6-4}$$

式中，M_1——质量得分；

n_1——单位产品中重缺陷个数；

n_2——单位产品中次重缺陷个数；

n_3——单位产品中轻缺陷个数；

T——缺陷值调整系数，根据单位产品的复杂程度(地形类别)，一般取 0～1.2，越简单取值越小。

6.4 技术总结及提交资料

测区工作结束后，要编写技术总结，并按规定要求提交成果、成图资料，以便归档。

6.4.1 技术总结

技术总结的编写应根据任务的要求和完成情况按作业的性质和阶段来编写，技术总结

目录如图 6-2 所示。编写的主要依据是技术设计书、检查验收材料和验收报告。编写的内容应力求准确、完整和系统，文字叙述简明、具体，结论准确。

目录

图 6-2 技术总结目录

1. 编写技术总结的目的

（1）进一步整理已完成的作业成果，使其更加完备、准确和系统化。

（2）对成果、成图和各项资料给以说明和鉴定，便于各有关部门可靠地利用。

（3）为生产和科学研究提供有关数据和资料。

（4）通过实践总结经验，吸取教训，进一步提高作业的技术水平和理论水平。

2. 编写技术总结的程序和方法

（1）在控制测量、碎部测量工作结束后，应由作业单位分别编写外业技术总结和内业技术总结，并随成果成图资料一并呈交验收。

(2) 技术总结应以工程项目为单位，按专业分别编写。

(3) 综合性的作业单位一般按专业编写，当作业量不太大或工作性质简单时也可编写综合性的技术总结。

(4) 编写技术总结必须广泛收集资料，进行综合分析。作业单位认为有必要时可以规定其所属队(室)或作业组按统一要求编写技术报告或技术总结，作为单位编写技术总结的原始资料。

3. 技术总结的主要内容

1) 一般说明

简述本期测图的作业单位、起讫日期及工作组织情况，测区名称、地理位置、面积、比例尺、等高距和完成的图幅数量(附小比例尺测区略图)，测区地形条件、气象特点和交通条件及其对作业的影响，作业所依据的规范、图式和有关的技术文件。

2) 已有成果资料的利用和说明

作业单位、施测年度和依据的标准；利用的已有控制网的名称、等级、采用的高程系统和精度，并附略图说明点的密度和分布情况；利用的已有水准点的名称、等级、采用的高程系统和精度；已有控制点标志的埋设和保存情况。

简述原测图的作业单位、测图时间、依据的标准，比例尺、等高距、成图方法、图幅数量，成果、成图精度和利用情况、接边情况等。

3) 首级及加密控制实施情况

应叙述布网方案，点的数量及密度，觇标及标志类型，使用的仪器及检验结果，观测方法及观测结果的质量统计。

4) 图根控制实施情况

说明施测方案、作业方法和布点情况，并根据测图范围大小附较小比例尺的控制点略图；作业的质量情况，并附控制测量精度统计表；作业中所遇到的问题和处理情况。

5) 碎部测量或数据采集实施情况

概述测图的方法和工作组织情况，作业的质量情况，作业中所遇到的问题和处理情况。

6) 内业编辑及成图情况

采用的方法和使用的仪器、软件简介，作业质量情况，地物、地貌的综合取舍情况，接边情况和接边中发现的问题和处理情况，分幅情况及数据格式转换情况，作业中所遇到的问题和处理情况。

7) 工程的经济指标统计

人力、物力、总工日、完成的工作量、劳动生产率、完成任务的经济效益情况。

8) 结论

对整个测量工作进行总的分析，做出的结论是否合乎要求；对作业方法和技术要求提出改进意见。

6.4.2 提交资料

数字测图的重要成果必须形成电子文件，同时要系统地整理和装订并进行编号，作业人员和各级负责人均应签名。测图工作结束后，除提交电子文件外，还应提交下列纸质资料。

1. 控制部分

等级控制点的委托保管书及点位说明或点之记；各种仪器及水准尺、钢尺的检验资料；等级及图根控制点的外业观测手簿和计算资料；控制点成果表；综合图(包括分幅编号、控制点、水准路线等)。

2. 地形图部分

地形图、图例簿、碎部点的重合点检查记录等。

3. 综合资料

技术设计书、技术总结和验收报告。

项目小结

通过本项目的学习，要了解技术设计的意义；熟悉数字测图技术设计的依据；掌握编写技术设计书的要求；掌握技术设计书的内容；掌握技术设计书中图表的编绘；掌握二级检查一级验收制度；熟悉提交检查验收的资料及检验依据；熟悉数字测图检查验收的方法；掌握质量检查验收的标准；熟悉质量评定基本规定；了解质量评分方法；熟悉数字测图技术总结的内容；了解数字测图提交资料的内容。

项目测试

1. 简述数字测图技术设计的依据。
2. 简述数字测图技术设计书编写的内容和具体要求。
3. 如何进行检查验收?
4. 提交检查验收的成果有哪些?
5. 简述检查验收的依据。
6. 举例说明测绘产品的缺陷分类。
7. 测绘产品的质量等级是如何划分的?
8. 如何评定数字地形图成果质量?

项目 7

GPS 数字测图

学习目标

学习本项目，应初步掌握 GPS 基本工作原理，了解 GPS 静态外业数据采集和内业数据处理的方法；掌握 RTK 三维坐标测量方法。

学习要求

知识要点	技能训练	相关知识
GPS 的三大组成部分	(1) 南方灵锐 S82 GPS 的认识 (2) 中海达 V8 GPS 的认识	(1) 了解 GPS 的基本概念及构成 (2) 了解 GPS 的工作原理
GPS 测量实施方法	(1) 南方灵锐 S82 GPS 静态外业数据采集 (2) 中海达 V8 GPS 静态外业数据采集 (3) GPS 静态数据的内业处理	(1) 熟悉 GPS 测量前准备 (2) 掌握 GPS 外业实施步骤 (3) 掌握 GPS 数据处理步骤
GPS - RTK 动态测量	(1) 南方灵锐 S82 GPS - RTK 动态测量 (2) 中海达 V8 GPS - RTK 动态测量	(1) 了解 RTK 系统的基本概念 (2) 掌握 RTK 仪器的架设与配置 (3) 掌握 RTK 动态三维坐标测量

▶▶项目导入

全球卫星定位系统GPS是近年来开发的最具有开创意义的高新技术之一，其全球性，全能性，全天候性的导航定位、定时、测速等优势给测绘界带来了一场革命。与传统的手工测量手段相比，GPS技术有着巨大的优势：测量精度高，操作简便，仪器体积小、便于携带，全天候操作，观测点之间无须通视，测量结果统一在WGS84坐标下，信息自动接收和存储，减少了繁琐的中间处理环节。当前，GPS技术已被广泛应用于大地测量、资源勘查、地壳运动、地籍测量等领域。

GPS技术利用载波相位差分技术(Real Time Kinematic，RTK)，在实时处理两个观测站的载波相位的基础上，可以达到厘米级的精度。GPS实时动态定位技术是一种将GPS与数传技术相结合，实时解算进行数据处理，在1～2s的时间里得到高精度位置信息的技术。使用RTK技术可以方便、快捷、高效、快速地实现高精度的测量作业，开始被广泛用于工程测量领域。

7.1 GPS静态控制测量

7.1.1 GPS系统介绍

1. GPS的概念及原理

GPS是全球定位系统(Global Positioning System)的英文缩写，集“授时、测距导航系统和全球定位系统”于一体。1986年开始引入我国测绘界，由于它比常规测量方法定位速度快、成本低，具有不受天气影响、点间无需通视、不建标等优越性，且具有仪器轻巧、操作方便等优点，目前已在测绘行业中广泛使用。卫星定位技术的引入已引起了测绘技术的一场革命，从而使测绘领域步入一个崭新的时代。

GPS定位利用了空间测距交会定点原理，如图7-1所示。空间有多个无线电信号发

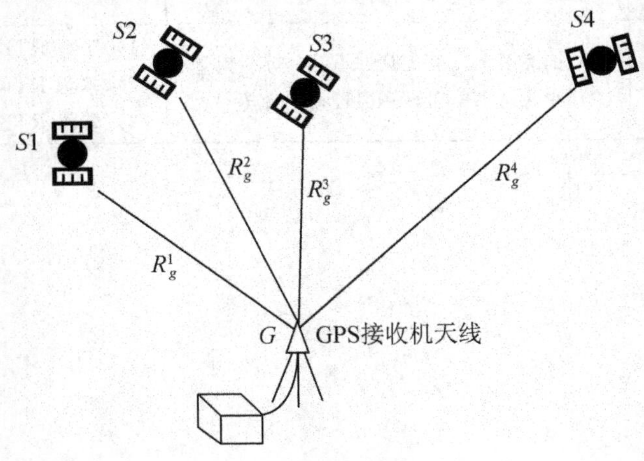

图7-1 GPS卫星定位原理

射台，其坐标 x^{S1}、y^{S1}、z^{S1} 已知。当用户接收机在某一时刻同时测定了接收机天线至 3 个发射台的距离 R_g^{S1}、R_g^{S2}、R_g^{S3}，只需以 3 个发射台为球心，以所测距离为半径，即可交出用户接收机天线的空间位置。

2. GPS 系统的组成

GPS 主要由空间星座部分(GPS 卫星星座)、地面监控部分和用户设备 3 部分组成，如图 7－2 所示。

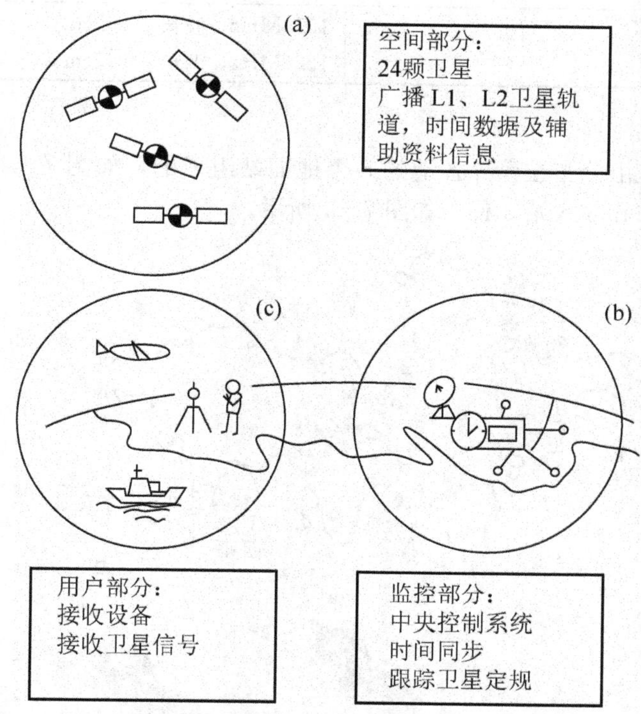

图 7－2 GPS 系统的组成

1) 空间星座部分

GPS 卫星星座由 24 颗卫星组成，其中 21 颗工作卫星，3 颗备用卫星。工作卫星分布在 6 个近圆形的轨道面内，每个轨道上有 4 颗卫星。卫星轨道面相对地球赤道面倾角为 55°。各轨道面升交点赤径相差 60°。轨道平均高度为 20200km。卫星运行周期为 11 小时 58 分。卫星同时在地平线以上至少有 4 颗，最多可达 11 颗。这样的布设方案将保证在世界任何地方、任何时间都可进行实时三维定位。GPS 卫星星座基本参数见表 7－1。

表 7－1 GPS 卫星星座基本参数

内容	GPS
卫星数(颗)	21＋3
轨道数(个)	6
倾角	55°

续表

内容	GPS
轨道平面升交点赤径间距	60°
运行周期	11h58min
卫星轨道高度	20200km
覆盖面	38%
载波频率	1572MHz，波长 19.05cm 1227MHz，波长 24.45cm

2）地面监控部分

地面监控部分是由分布在世界各地的 5 个地面站组成的，如图 7－3 所示。按功能可分为监测站、主控站和注入站 3 种，如图 7－4 所示。

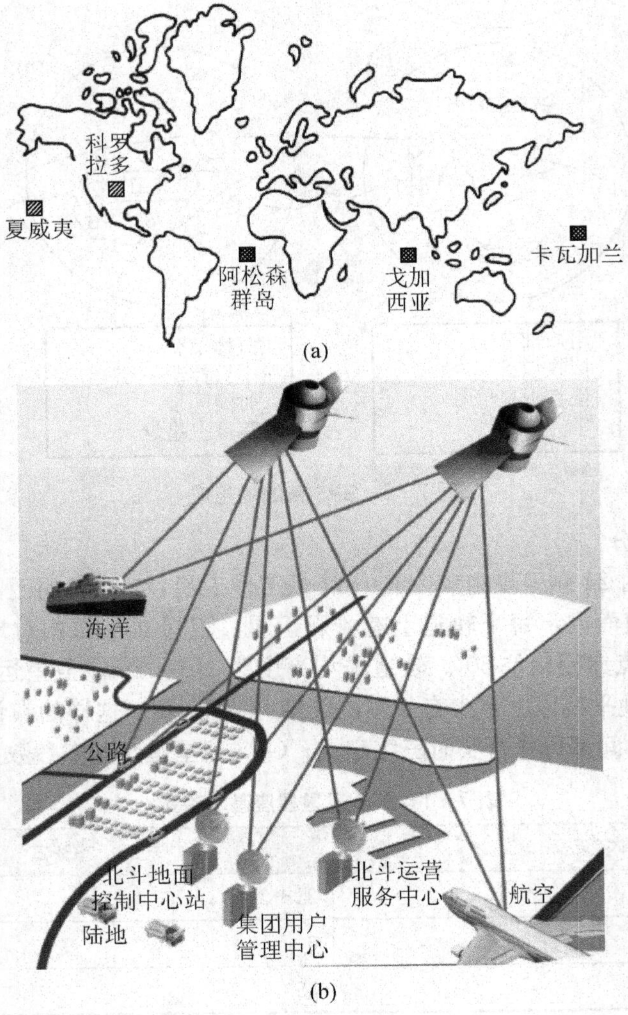

图 7－3　GPS 地面监测站

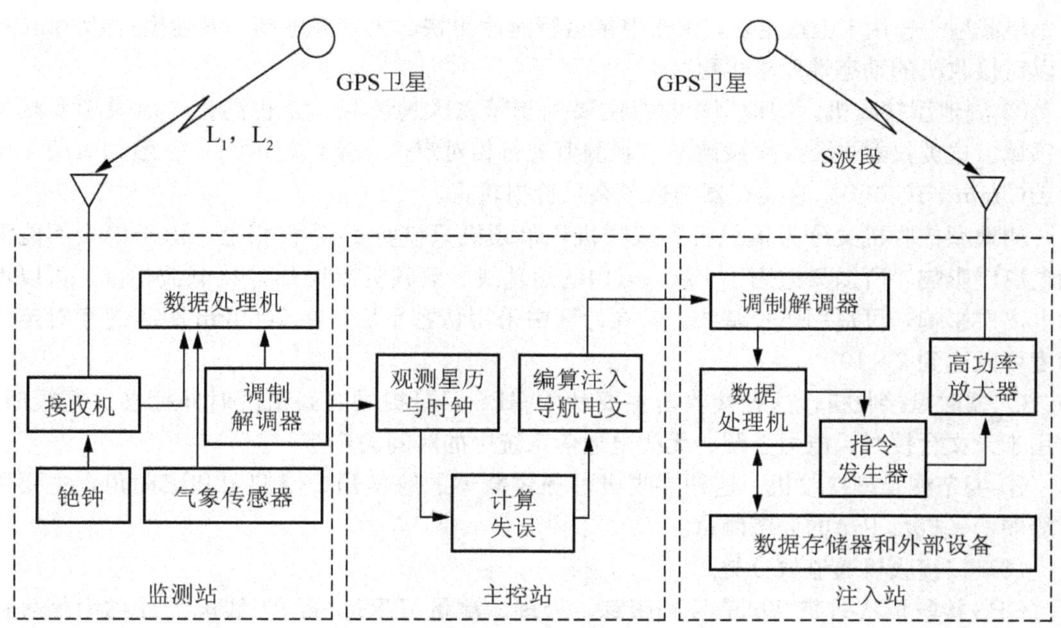

图7-4 GPS地面监控系统原理

3）用户设备

用户设备是指用户GPS接收机。其主要任务是捕获卫星信号，跟踪并锁定卫星信号。对接收的卫星信号进行处理，测量出GPS信号从卫星到接收机天线间的传播时间。能译出GPS卫星发射的导航电文，实时计算接收机天线的三维坐标、速度和时间。

3. GPS接收机的分类

GPS卫星是以广播方式发送定位信息，GPS接收机是一种被动式无线电定位设备。在全球任何地方只要能接收到4颗以上GPS卫星信号就可以实现三维定位、测速、测时，所以GPS得到了广泛应用。根据使用目的的不同，世界上已有近百种不同类型的GPS接收机。这些产品可以按不同用途、不同原理和功能进行分类。

（1）按用途分类。

① 导航型接收机。此类接收机主要用于运动载体的导航，它可以实时给出载体的位置和速度。一般采用伪距单点定位。采用C/A码伪距定位的接收机称为C/A码接收机，采用P码伪距定位的接收机称为P码接收机(它是属于一般导航禁用的军用接收机)。导航型接收机定位精度低，但这类接收机价格低廉，故使用广泛。

根据不同应用领域又可分为以下几种类型。

手持型——用于个人旅游。

车载型——用于车辆导航定位。

航海型——用于船舶导航定位。

航空型——用于飞机导航定位，由于飞机运行速度快，要求接收机能适应高速运行，一般要求加速度达到5～7g。

星载型——用于卫星定轨，由于卫星运行速度更快、飞行高度高，其速度可达 7km/s，所以对接收机的动态性要求也更高。

② 测地型接收机。测地型接收机主要用于精密大地测量、工程测量、地壳形变测量等领域。这类仪器主要采用载波相位观测值进行相对定位，定位精度高，一般相对精度可达±(5mm+10^{-6}D)。这类仪器构造复杂，价格较贵。

测地型接收机又分为单频机和双频机，单频机只接收 L_1 载波相位。由于单频不能消除电离层影响，所以只适用于 15km 以内的短基线。双频机接收 L_1、L_2 载波相位，可以消除电离层影响，可适用于长基线。若在计算中采用精密星历，在 1000km 距离内相对定位精度可以达到 2×10^{-8}。

③ 授时型接收机。这种接收机主要利用 GPS 卫星提供的高精度时间标准进行授时，常用于天文台授时、电力系统、无线电通信系统中的时间同步等。

④ 姿态测量型接收机。这种接收机可提供载体的航偏角、俯仰角和滚动角，主要用于船舶、飞机及卫星的姿态测量。

(2) 按接收机通道数分类。

GPS 接收机从捕获卫星信号到跟踪、处理、测量卫星信号的无线电器件称为信号通道。GPS 接收机定位至少要同步接收 4 颗卫星信号，同时观测 GPS 卫星最多可达 11 颗卫星，所以信号通道最多为 12 个。不同类型的接收机对卫星信号的捕获方法也不同。

① 多通道 GPS 接收机。即有多个通道同时工作，每个通道跟踪一颗卫星。目前 GPS 接收机多为此种接收机。

② 序贯通道接收机。通常只有两个信号通道，为了跟踪多颗卫星，采用分时依序对各卫星进行跟踪测量。循环一周所需时间为 20ms，所以对卫星信号不能连续跟踪。早期接收机多用这种方法，优点是通道少，价格便宜。缺点是不能同步跟踪卫星，测量误差大。

③ 多路复用通道接收机。和序贯通道接收机相似，只是测量循环时间较短，小于 20ms，可以保证对卫星信号连续跟踪。目前这种接收机也逐步被多通道接收机代替。

4. GPS 接收机的构造和工作原理

GPS 接收机主要由 GPS 接收机天线、GPS 接收机主机和电源 3 部分组成，如图 7-5 所示。其主要功能是接收 GPS 卫星信号并经过信号放大、变频、锁相处理，测定出 GPS 信号从卫星到接收机天线的传播时间，解释导航电文，实时计算 GPS 天线所在位置(三维坐标)及运行速度。

1) GPS 接收机天线

GPS 接收机天线由天线单元和前置放大器两部分组成。天线的作用是将 GPS 卫星信号的微弱电磁波能量转化为相应电流，并通过前置放大器将接收的 GPS 信号放大。为减少信号损失，一般将天线和前置放大器封装成一体。

2) GPS 接收机主机

GPS 接收机主机由变频器、信号通道、微处理器、存储器和显示器组成。

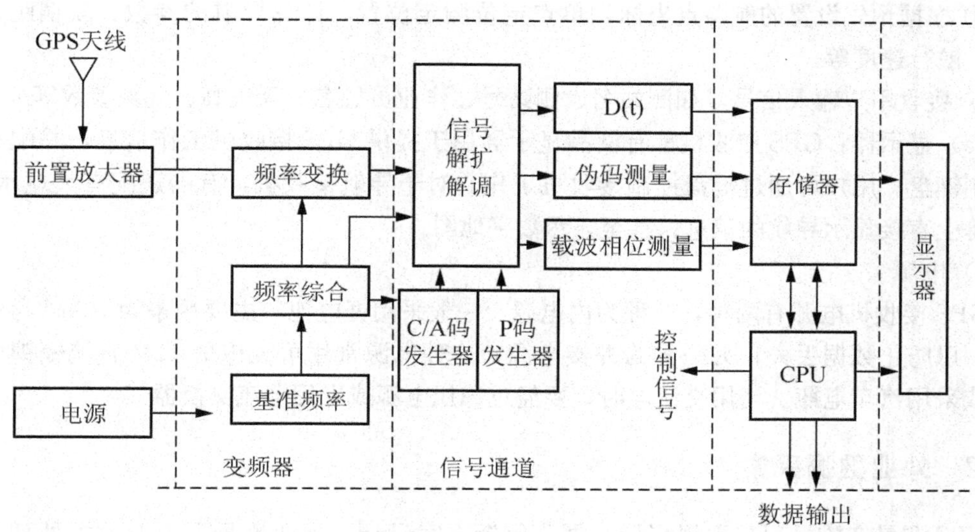

图7-5 GPS接收机原理图

（1）变频器和中频放大器：经过天线和前置放大器的信号仍然很微弱，为了使接收机通道得到稳定高增益，使接收到的L频段射频信号变成低频信号，则采用变频器。

（2）信号通道：信号通道是接收机的核心部分。GPS信号通道是软硬件结合的电路。不同类型的接收机其通道是不同的。

GPS信号通道的作用是：①搜索卫星、牵引并跟踪卫星；②对广播电文信号进行解扩、解调，成为广播电文；③进行伪距测量、载波相位测量及多普勒频移测量。

卫星信号是扩频的调制信号，要经过解扩、解调才能得到导航电文。为此，在相关通道电路中设有伪码相位跟踪环和载波相位跟踪环。

（3）存储器：接收机内设有存储器以存储一小时一次的卫星星历、卫星历书，以及接收机采集到的码相位伪距观测值、载波相位观测值和多普勒频移。目前GPS接收机都装有半导体存储器(简称内存)。接收机内存数据可以传到微机上，以便进行数据处理和数据保存。在存储器内还装有多种工作软件，如自测试软件、卫星预置软件、导航电文解码软件、GPS单点定位软件及导航软件。

（4）微处理器：微处理器是GPS接收机工作的灵魂，GPS接收机的工作都是在微机指令下统一协同进行。其主要工作步骤如下。

① 接收机开机后首先对整个接收机工作状况进行自检，并测定、校正、存储各通道的时延值。

② 接收机对卫星进行搜索、捕捉。当捕捉到卫星后即对其信号进行牵引和跟踪，并将基准信号译码，得到GPS卫星星历。当同时锁定4颗卫星时，利用C/A码伪距观测值及星历计算测站的三维坐标，并按预置的更新率计算坐标。

③ 根据机内存储的卫星历书和测站近似位置，计算所有在轨卫星升降时间、方位和高度角。

④ 根据预先设置的航路点坐标和单点定位测定位置，计算导航的参数、航偏距、航偏角、航行速度等。

⑤ 接收用户输入信号，如测站名、测站号、作业员姓名、天线高、气象参数等。

(5) 显示器：GPS 接收机都有液晶显示屏用于提供 GPS 接收机工作信息，并配有一个控制键盘。用户可通过键盘控制接收机工作。对于导航接收机，有的还配有大显示屏，在屏幕上直接显示导航的信息，甚至显示数字地图。

3) 电源

GPS 接收机电源有两种，一种为内电源，一般采用锂电池，主要用来为 RAM 存储器供电，以防止数据丢失；另一种为外接电源，这种电源常用可充电的 12V 直流镉镍电池组，或采用汽车电瓶。当用交流电时，要经过稳压电源或专用电流交换器。

7.1.2 外业数据采集

GPS 测量实施过程与常规测量一样，包括方案设计、外业测量和内业数据处理 3 部分。由于以载波相位观测值为主的相对定位法是在当前 GPS 精密测量中普遍采用的方法，所以本节主要介绍在城市与工程控制网中采用 GPS 定位的方法和工作程序。

1. GPS 控制网设计

GPS 控制网的技术设计是进行 GPS 测量的基础。它应根据用户提交的任务书或测量合同所规定的测量任务进行设计。其内容包括测区范围、测量精度、提交成果方式、完成时间等。设计的技术依据是国家测绘局颁发的《全球定位系统(GPS)测量规范》及建设部颁发的《全球定位系统城市测量技术规程》。

1) GPS 测量精度指标

GPS 网的精度指标通常是以网中相邻点之间的距离误差 m_D 来表示的。

$$m_D = a + b \times 10^{-6} D \tag{7-1}$$

式中，D——相邻点间距离；

a——固定误差；

b——比例误差。

不同用途的 GPS 网的精度是不一样的，国家基本 GPS 控制网精度指标见表 7-2。

表 7-2 国家基本 GPS 控制网精度指标

级别	主要用途	固定误差 a(mm)	比例误差 $b(10^{-6}D)$
A	地壳形变测量及国家高精度 GPS 网建立	≤5	≤0.1
B	国家基本控制测量	≤8	≤1

城市及工程 GPS 控制网精度指标见表 7-3。

在具体工作中精度标准要根据工作实际需要和具备的仪器设备条件，恰当地确定 GPS 网的精度等级。布网可以分级布设，也可越级布设或布设同级全面网。

表 7-3 城市及工程 GPS 控制网精度指标

等级	平均距离/km	a(mm)	b($10^{-6}D$)	最弱边相对中误差
二	9	≤10	≤2	1/13 万
三	3	≤10	≤5	1/8 万
四	2	≤10	≤10	1/4.5 万
一级	1	≤10	≤10	1/2 万
二级	<1	≤15	≤20	1/1 万

2. 网形设计

在常规控制测量中，控制网的图形设计十分重要。而在进行 GPS 测量时由于不需要点间通视，因此图形设计灵活性比较大。GPS 网设计主要考虑以下几个问题。

(1) 网的可靠性设计。GPS 测量有很多优点，如测量速度快、测量精度高等，但是由于是无线电定位，受外界环境影响大，所以在进行图形设计时应重点考虑成果的准确可靠，同时采用较可靠的检验方法。GPS 网一般应通过独立观测边构成闭合图形，以增加检核条件，提高网的可靠性。GPS 网的布设通常有点连式、边连式、网连式及边点混合连接 4 种方式。

① 点连式是指相邻同步图形(多台仪器同步观测卫星获得基线构成的闭合图形)仅用一个公共点连接。这样构成的图形检核条件太少，一般很少使用，如图 7-6(a)所示。

② 边连式是指同步图形之间由一条公共边连接。这种方案边较多，非同步图形的观测基线可组成异步观测环(称为异步环)。异步环常用于观测成果质量检查，所以边连式比点连式可靠，如图 7-6(b)所示。

③ 网连接是指相邻同步图形之间有两个以上公共点相连接。这种方法需要 4 台以上的仪器。这种方法几何强度和可靠性更高，但是花费的时间和经费也更多，常用于高精度控制网。

④ 边点混合连接是指将点连接和边连接有机结合起来，组成 GPS 网如图 7-6(c)所示。这种网布设特点是周围的图形尽量以边连接方式，在图形内部形成多个异步环。利用异步环闭合差检验、保证测量的可靠性。

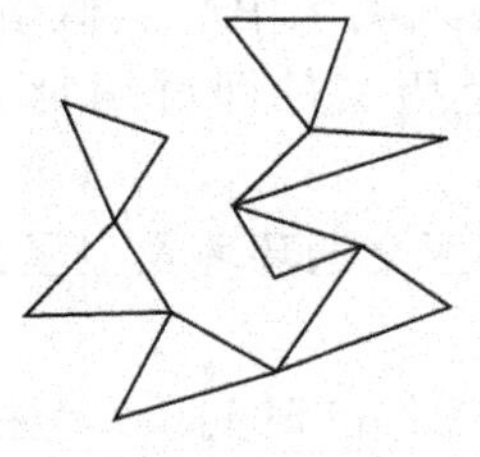

(a) 点连式(7个三角形)

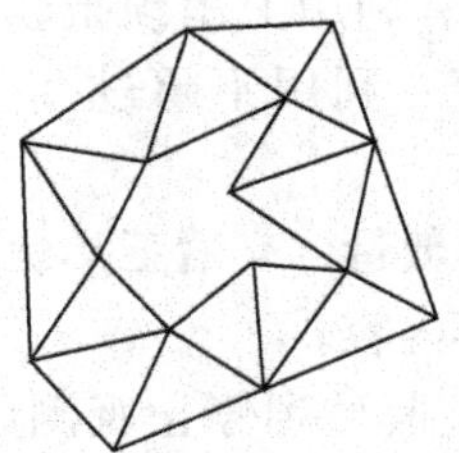

(b) 边连式(15个三角形)

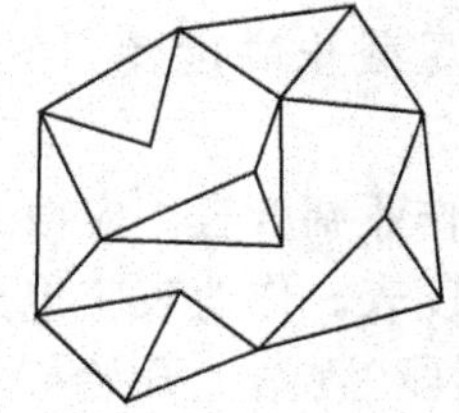

(c) 边点混合连接(10个三角形)

图 7-6 GPS 网形设计

在低等级 GPS 测量或碎部测量时可用星形布设，如图 7-7 所示。

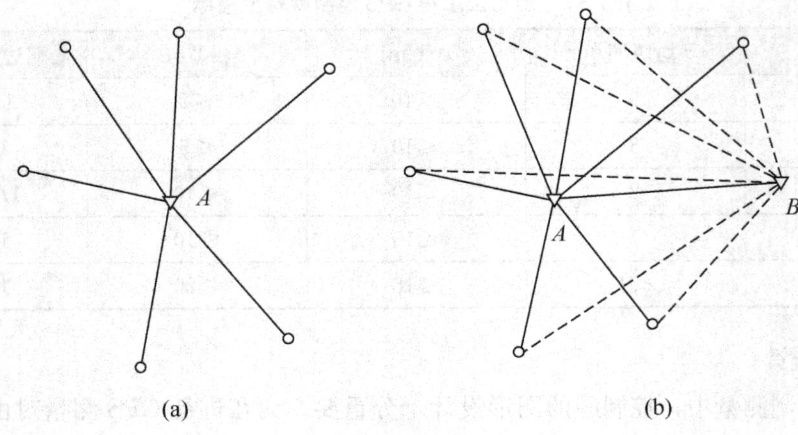

图 7-7　星形布设

这种方式常用于快速静态测量。优点是测量速度快，但是没有检核条件。为了保证质量可选两个点作为基准站。

（2）GPS 点虽然不需要通视，但是为了便于用常规方法联测和扩展，要求控制点至少与一个其他控制点通视，或者在控制点附近 300m 外布设一个通视良好的方位点，以便建立联测方向。

（3）为了求定 GPS 网坐标与原有地面控制网坐标之间的坐标转换参数，要求至少有 3 个 GPS 控制网点与地面控制网点重合。

（4）为了利用 GPS 进行高程测量，在测区内 GPS 点应尽可能与水准点重合或者进行等级水准联测。

（5）GPS 点尽量选在天空视野开阔、交通方便的地点，并要远离高压线、变电所及微波辐射干扰源。

3. 选点、建标志

该项工作与常规控制测量相同。

4. 外业观测

1）外业观测计划设计

（1）编制 GPS 卫星可见性预报图。利用卫星预报软件，输入测区中心点概略坐标、作业时间、卫星截止高度角(≥15°)等，利用不超过 20 天的星历文件即可编制卫星预报图。

（2）编制作业调度表。应根据仪器数量、交通工具状况、测区交通环境及卫星预报状况制定作业调度表。作业表应包括以下内容。

① 观测时段(测站上开始接收卫星信号到停止观测，连续工作的时间段)，注明开、关机时间。

② 测站号、测站名。

③ 接收机号、作业员。

④ 车辆调度表。

2）野外观测

野外观测应严格按照技术设计要求进行。

（1）安置 GPS 接收机。GPS 接收机安置是 GPS 精密测量的重要保证。要仔细对中、整平、量取仪器高。仪器高要用钢尺在互为 120°方向量 3 次，互差小于 3mm。取平均值记录。观测结束后同样的方式量取仪器高，观测前后仪器高差值不能超过 3mm。

（2）按规定时间打开 GPS 接收机，输入测站名、卫星截止高度角、卫星信号采样间隔等。

GPS 接收机自动化程度很高，仪器一旦跟踪卫星进行定位，接收机自动将观测到的卫星星历、导航文件以及测站输入信息以文件形式存入接收机内。作业员只需要定期查看接收机工作状况，发现故障及时排除，并做好记录。在接收机正常工作过程中不能随意开关电源、更改设置参数、关闭文件等。

（3）一个时段测量结束后要查看仪器高和测站名是否输入，确保无误再关机、关电源、迁站。

（4）GPS 接收机记录的数据有以下几部分。

① GPS 卫星星历和卫星钟差参数。

② 观测历元的时刻和伪距观测值及载波相位观测值。

③ GPS 绝对定位结果。

④ 测站信息。

3）观测数据下载及数据预处理

观测成果的外业检核是确保外业观测质量和实现定位精度的重要环节，所以外业观测数据在测区时就要及时进行严格检查，对外业预处理成果，按规范要求进行严格检查、分析，根据情况进行必要的重测补测，确保外业成果无误方可离开测区。

7.1.3 内业数据处理

1. 基线解算

对于两台及两台以上接收机同步观测值进行独立基线向量(坐标差)的平差计算，称为基线解算，也称为观测数据预处理。其主要过程如图 7-8 所示。

2. 观测成果检验

1）每个时段同步环检验

在同一时段由多台仪器组成的闭合环，坐标增量闭合差应为零。由于仪器开机时间不完全一致，会有误差。在检核中应检查一切可能的环闭合差。其环闭合差限差应满足

$$\omega \leqslant \frac{\sqrt{3n}}{5}\sigma \tag{7-2}$$

式中，σ——规范中规定的中误差；

n——同步环的点数。

2）同步边检验

一条基线在不同时段观测多次，有多个独立基线值，这些边称为重复边。任意两个时段所得基线差应小于相应等级规定精度的 $2\sqrt{2}$ 倍。

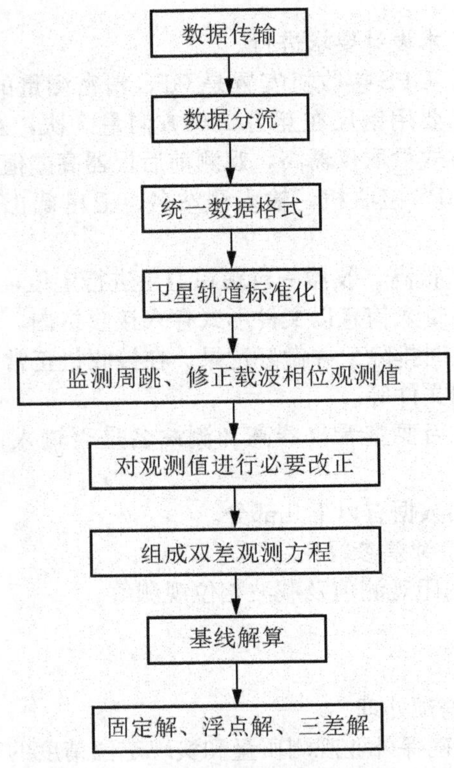

图 7-8　观测数据预处理流程图

3）异步环检验

在构成多边形环路的基线向量中，只要有非同步观测基线，则该多边形环路称为异步环。

异步环检验应选择一组完全独立的基线构成环进行检验，应符合下式要求

$$\left.\begin{aligned}\omega_x&\leqslant 2\sqrt{n}\sigma\\ \omega_y&\leqslant 2\sqrt{n}\sigma\\ \omega_z&\leqslant 2\sqrt{n}\sigma\\ \omega&\leqslant 2\sqrt{3n}\sigma\end{aligned}\right\}\qquad(7-3)$$

3. GPS 网平差

在各项检查通过之后，得到各独立基线向量和相应的协方差阵，在此基础上便可以进行平差计算。

平差计算包括的内容如下。

1）GPS 网无约束平差

利用基线处理结果和协方差阵，以网中一个点的 WGS—84 三维坐标为起算值，在 WGS—84 坐标系中进行网整体无约束平差。平差结果提供各控制点在 WGS—84 坐标系中的三维坐标、基线向量和 3 个坐标差，以及基线边长和相应的精度信息。

值得注意的是，由于起始点坐标往往采用 GPS 单点定位结果，其值与精确 WGS—84 地心坐标有较大偏差，所以平差后得到的各点坐标不是真正的 WGS—84 地心坐标。

无约束平差基线向量改正数绝对值应满足

$$\left.\begin{aligned}V_{\Delta x}\leqslant 3\sigma\\V_{\Delta y}\leqslant 3\sigma\\V_{\Delta z}\leqslant 3\sigma\end{aligned}\right\}\tag{7-4}$$

2）坐标参数转换或与地面网联合平差

在工程中常采用国家坐标系或城市、矿区地方坐标系，需要将 GPS 网平差结果进行坐标转换。若 GPS 网无约束平差时起始点选用国家基础 GPS 控制网上的点，则可用国家 A、B 级网求定的坐标转换参数进行转换得到国家坐标系坐标。若无上述条件，可以利用网中联测时选用的原有地面控制网坐标进行三维约束平差或二维约束平差。原有点已知坐标、已知距离及已知方位角作为强制约束条件。平差结果应是国家坐标系或地方坐标系中的三维或二维坐标。

无约束平差后，应用网中不参与约束平差的各控制点，将其坐标与平差后该点的坐标求差，进行校核。若发现有较大误差应检查原地面点是否有误。约束平差后的基线向量改正数与该基线无约束平差改正数的较差应符合下式要求：

$$\left.\begin{aligned}dv_{\Delta x}\leqslant 2\sigma\\dv_{\Delta y}\leqslant 2\sigma\\dv_{\Delta z}\leqslant 2\sigma\end{aligned}\right\}\tag{7-5}$$

4. 技术总结和上交资料

1）技术总结报告

GPS 测量工作结束后，应按要求编写技术总结报告，其内容如下。

（1）项目名称、任务来源、施测目的与精度要求。

（2）测区位置与范围，测区环境及条件。

（3）测区已有地面控制点情况及选点埋石情况。

（4）施测技术依据及采用规范。

（5）施测 GPS 接收设备类型、数量及检验结果。

（6）施测单位、作业时间、技术要求及作业人员情况。

（7）实测时观测方法，观测时段选择，重测、补测情况，实测中发生或存在的问题说明。

（8）观测数据检核内容、方法和数据处理采用的软件以及数据删除情况。

（9）GPS 网平差选用的软件及处理结果分析。

（10）工作量及定额计算。

（11）成果中存在的问题及需要说明的其他问题。

2）上交资料

GPS 测量任务完成后，需上交的资料如下。

（1）测量任务书及技术设计书。

（2）GPS 网展点图。

(3) 控制点的点之记，环视图和测量标志委托保管书。

(4) 测量期间卫星可见性预报表，观测计划。

(5) 外业观测记录，包括测量手簿、原始观测数据的存储介质、偏心观测记录等。

(6) GPS 接收机及气象仪器检验证书。

(7) 外业观测数据质量分析及野外检核计算资料。

(8) 数据处理资料、网平差结果生成的文件及成果表和磁盘文件。

(9) 技术总结。

(10) 成果验收报告。

7.1.4 南方灵锐 S82 GPS 静态控制测量简介

1. 功能切换

南方灵锐 S82 GPS 操作界面如图 7-9 所示。

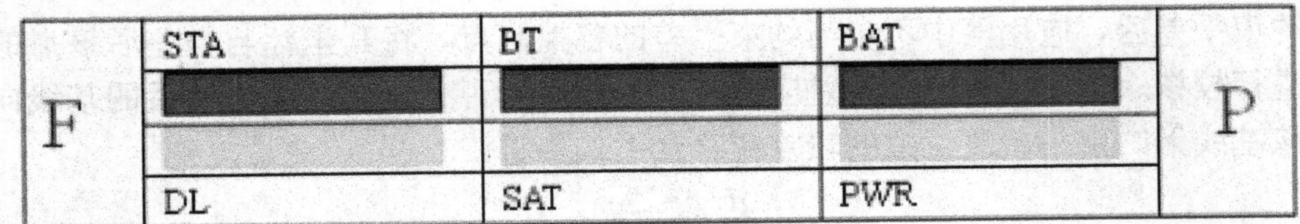

图 7-9 南方灵锐 S82 GPS 操作界面

1) 开机时设置主机工作模式

P+F 长按开机，等 6 个灯都同时闪烁，按 F 键切换工作模式，遵循以下原则。

① STA ：移动站。

② BT：基准站。

③ BAT：静态。

设定好工作模式后，按 P 键确认。

2) 设置通信方式

设置好工作模式，等数秒钟电源灯正常后，长按 F 键等 STA 和 DL 灯闪烁放开 F 键(或听到第二声响后放手即可)。按 F 键选择基站与移动站的通信方式，遵循以下原则。

① DL：内置电台。

② SAT：GPRS/CDMA。

③ PWA：外接模块。

设定好通信方式后，按 P 键确认。

3) 确定状态

当 GPS 主机进入工作状态后，按一下 P 键即可查看工作状态，指示灯状态遵循设置时的原则。

2. S82 指示灯说明

1) 基准站工作时

(1) STA 状态灯：1 秒 1 次。

(2) DL 数据链灯：每 5 秒快闪 2 次。

(3) 卫星/蓝牙灯：红灯卫星灯—— 每隔 30 秒开始连续闪烁 n 次(n 代表卫星颗数)。
绿色蓝牙灯—— 手簿和主机通过蓝牙方式连通时长亮。

(4) 电源灯：红灯常亮。

2) 移动站工作时

(1) STA 状态灯：1 秒 1 次。

(2) DL 数据链灯：每 1 秒闪 1 次。

(3) 卫星/蓝牙灯：红灯卫星灯 ——每隔 30 秒开始连续闪烁 n 次(n 代表卫星颗数)。
绿色蓝牙灯—— 手簿连接通亮。

(4) 电源灯：红灯常亮。

3) 静态作业时

(1) STA 状态灯：隔 N 秒闪 1 次(N 代表采样间隔)。

(2) DL 数据链灯：常亮。

(3) 卫星/蓝牙灯：红灯卫星灯—— 每隔 30 秒开始连续闪烁 n 次(n 代表卫星颗数)。
绿色蓝牙灯 ——不亮。

(4) 电源灯：红灯常亮。

3. 观测步骤

1) 全面规划设计

(1) 对工程进行仔细的全面规划设计。

(2) 考虑作业过程中应设点的数量以及所需的精度。

(3) 考虑联测已有的控制点。

(4) 考虑将结果转换成地方坐标。

(5) 考虑最佳的观测路线和计算路线。

(6) 对于高精度的测量，应将路线布设得尽可能短。

(7) 使用临时参考站。

(8) 考虑独立检核的需要如下。

① 在不同的观测时段中在一个点上设站两次。

② 闭合环。

③ 在点间观测独立基线。

(9) 考虑使用两个参考站。

(10) 在良好的观测窗口下观测。

(11) 考虑在夜间观测较长的路线。

2) 架设仪器、记录、观测

(1) 在 15°截止高度角以上不存在障碍物。

(2) 障碍物应不遮挡信号。

(3) 周围没有反射面，不致引起多路径效应。

(4) 附近不应该有强辐射源。

(5) 可靠的电源供应。

(6) 足够的内存容量。

(7) 正确的配置参数(观测类型、记录速率)。

(8) 检查天线高和偏差。

(9) 在良好的窗口下观测。

(10) 卫星几何强度因子 GDOP≤8。

(11) 使用准动态指示器作为指南。

(12) 填写外业手簿。

特别提示

(1) 认真检查基座的整平和对中设施是否完好。

(2) 正确地整平和对中。

(3) 检查高度读数和天线偏差。

(4) 高程出错将影响整个测量结果。

(5) 用无线电通讯设备保持参考站和流动站之间的联系。

(6) 为了取得最高的精度指标,应考虑传感器的定向。

4. 数据传输和计算

1) 数据下载

使用“工具”→“南方接收机数据下载”。

2) 数据处理

(1) 新建项目。

选择“文件”→“新建”(输入项目名称、施工单位、负责人、坐标系、控制网等级)选项。

说明:中央子午线软件自动识别数据,选择坐标系时注意“度带”。

(2) 数据输入。

① 导入 GPS 观测数据:选择“数据输入”→“增加观测数据文件”选项。

② 输入已知点坐标:选择“数据输入”→“坐标数据录入”选项。

(3) 基线解算。

① 解算设置。

“基线解算”→“静态基线处理设置”(设定天线截止角、历元间隔,一般设定为与仪器上的一致)。基线解算设置界面如图 7-10 所示。

② 解算。

选择“基线解算”→“全部解算”选项。

说明:基线红色:解算合格;灰色:解算不合格。

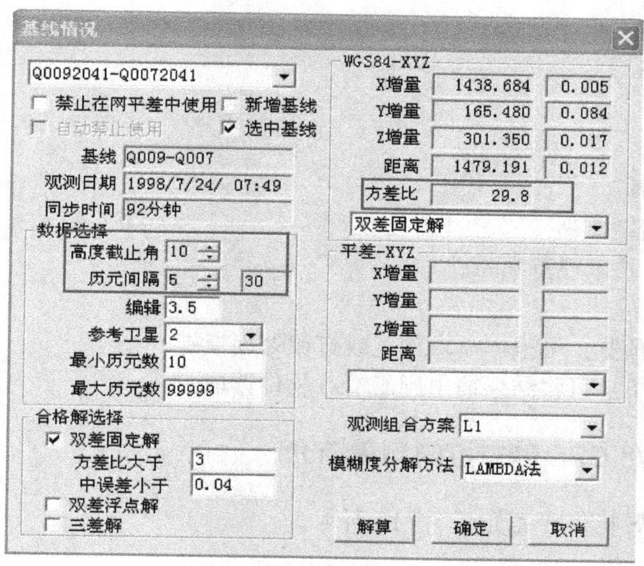

图 7－10　基线解算设置界面

特别提示

不合格基线的处理如下。

(1) 单击左侧“观测数据文件”，找到不合格基线的数据，双击打开，将信号不好的屏蔽后再解算。

(2) 单击基线列表，查看基线解算残差，将残差偏大的卫星进行屏蔽后再解算此基线。

(3) 可双击当前基线调节天线截止角和历元间隔，再单击“解算”按钮，方差比大于 3 即为合格。

(4) 当操作以上两步都不合格，删除禁用此不合格基线或重测。

3) 数据平差

(1) 平差设置。选择“平差处理”→“平差参数设置”选项，打开的对话框如图 7－11 所示。

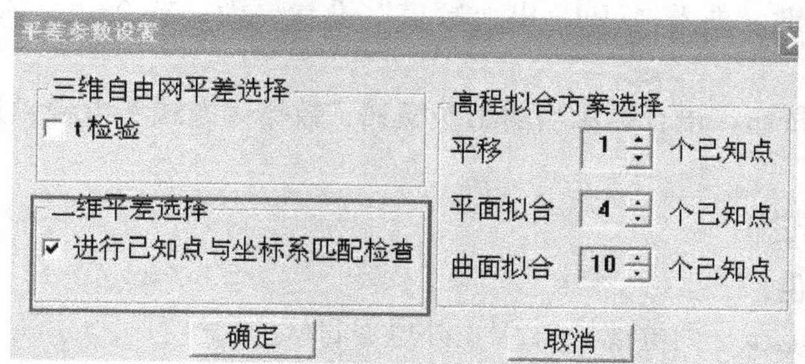

图 7－11　“平差参数设置”对话框

说明：如果使用的是假定坐标或自定义坐标，应去掉坐标匹配检查；当有较多的已知点时，应选择拟合高程时需要的已知点数量及拟合方式。

（2）自动处理。

（3）三维平差。

（4）二维平差。

（5）高程拟合。

（6）网平差计算。

4）平差成果精度判断

根据行业 GPS 技术规范判断。

5）成果输出

（1）平差报告预览：可根据需求预览或打印处理报告。

（2）网平差成果：可将结果输出到 CASS 软件读取。

7.1.5 中海达 V8 GPS 静态控制测量简介

中海达 V8 GPS 操作界面如图 7-12 所示。

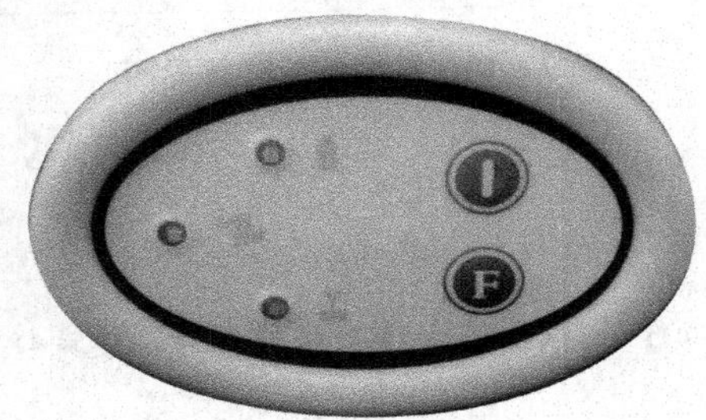

图 7-12 中海达 V8 GPS 操作界面

1. 功能键操作说明

（1）双击 F 键(间隔大于 0.2 秒，小于 1 秒)，进入“工作方式”设置界面，有“基站”、“移动站”、“静态”3 种工作模式可供选择。

（2）长按 F 键大于 3 秒进入“数据链”设置界面，有 UHF、GSM、“外挂”3 种数据链模式可供选择。

（3）按一次 F 键，进入“UHF 电台频道”设置界面，有 0～9、A～F 共 16 个频道可选。

（4）轻按关机按钮，语音提示当前工作模式、数据链方式和电台频道，同时电源灯指示电池电量。

2. 指示灯操作说明

1）电源灯(红色)

“常亮”：正常电压，内电池＞7.2V，外电＞11V。

“慢闪”：欠压，内电池≤7.2V，外电≤11V。

“快闪”：指示电量，每分钟快闪 1～4 下，指示电量。

2）卫星灯(绿色)

“慢闪”：搜星或卫星失锁。

“常亮”：卫星锁定。

3）状态灯(红绿双色灯)

(1) 绿灯(信号灯)。

① 内置 UHF 移动站时指示电台信号强度。

② 外挂 UHF 基准站时常灭。

③ 内置 GSM 时指示登录(慢闪)，连接上(常亮)。

④ 静态时发生错误(快闪)。

⑤ 其他状态常灭。

(2) 红灯(数据灯)。

① 数据链收发数据指示(移动站只提示接收，基站只提示发射)。

② 静态采集指示。

3. 开关机指示说明

开机：按电源键 1 秒；所有指示灯亮；开机音乐，上次关机前的工作模式和数据链方式的语音提示。

关机：长按电源键 3 秒；所有指示灯灭；关机音乐。

4. V8 静态测量作业步骤

(1) 在控制点架设仪器，对点器严格对中、整平。

(2) 量取仪器高 3 次，各次间差值不超过 3mm，取中数。仪器高应由控制点标石中心量至仪器上盖(白色)与下盖(深灰绿色)结合处。V8 主机天线半径 0.099m，相位中心高 0.04m。

(3) 记录点名、仪器号、仪器高，开始观测时间。

(4) 开机，设置主机为静态测量模式。卫星灯闪烁表示正在搜索卫星。卫星灯由闪烁转入长亮状态表示已锁定卫星。状态灯每隔数秒采集，间隔默认是 5 秒(用户可通过 V8 静态管理软件或是手簿软件设定)闪一下，表示采集了一个历元。静态测量模式下接收灯不亮。

(5) 测量完成后关机，记录关机时间。

(6) 下载、处理数据。

5. 数据处理的简单流程

(1) 运行“HD2003 数据处理软件包”，新建项目，设置控制网等级和坐标系统。

(2) 导入数据，修改每个观测文件的天线高、天线类型和天线高测量方法。

(3) 处理全部基线。对于方差比(Ratio)小于 3 和误差大的基线，观察其基线残差图，删除不好的卫星或部分观测数据；或在“静态基线处理设置”中设置采样间隔和高度截止角，重新处理此基线。

(4) 搜索重复基线、基线闭合差、闭合环。如超限可对误差较大的基线改变设置，或删部分观测数据的方法重新处理；如果仍然超限，可选择删除基线。重新搜索重复基线、基线闭合差、闭合环，直至闭合差符合限差。

(5) 进行网图检查，设置平差参数。

(6) 输入已知点坐标和高程，进行网平差。

(7) 通过处理报告菜单打开“平差文本报告”，打印测量成果。

7.2 GPS－RTK 动态坐标数据采集

7.2.1 RTK 系统

实时动态测量技术，是以载波相位观测量为根据的实时差分 GPS 测量技术，它是 GPS 测量技术发展中的一个新突破。

实时动态测量的基本思想是：在基线上安置一台 GPS 接收机，对所有可见的 GPS 卫星进行连续的测量，并将其观测数据，通过无线电传输设备，实时地发送给用户观测站。在用户站上，GPS 接收机在接收 GPS 卫星信号的同时，通过无线电接收设备，接收基准站传输的观测数据，然后根据相对定位的原理，实时地计算并显示用户站的三维坐标及其精度。

RTK 系统配置包括参考站、流动站和数据链 3 个部分。在 RTK 模式下，参考站通过数据链将其观测值和测站坐标信息一起传送给流动站。流动站不仅通过数据链接收来自参考站的数据，还要采集 GPS 观测数据，并在系统内组成差分观测值进行实时处理。流动站可处于静止状态，也可处于运动状态。RTK 技术的关键在于数据处理技术和数据传输技术。

1. 参考站

在一定的观测时间内，一台或几台接收机分别在一个或几个测站上，一直保持跟踪观测卫星，其余接收机在这些测站的一定范围内流动作业，这些固定测站称为参考站，也称为基准站。参考站包括参考站 GPS 接收机、参考站数据链电台及电台天线、电源系统。配置关系如图 7－13 所示。

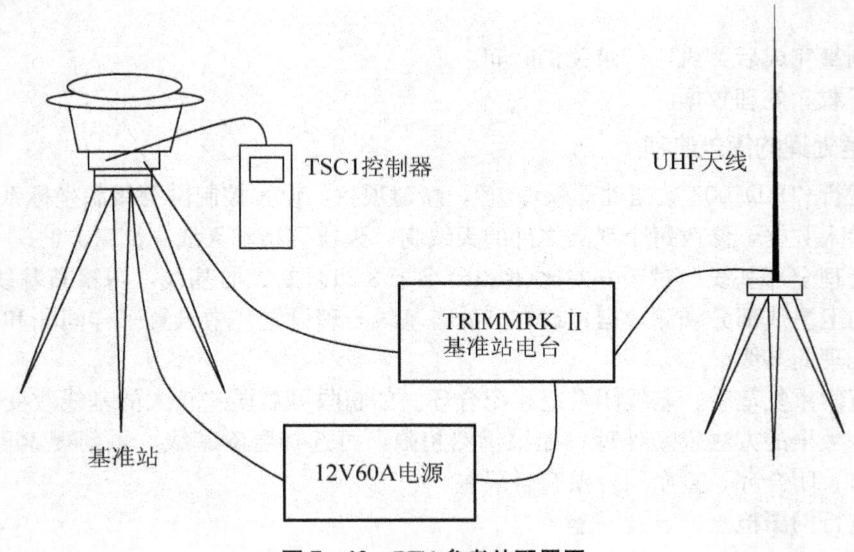

图 7－13　RTK 参考站配置图

2. **流动站**

在参考站的一定范围内流动作业，并实时提供三维坐标的接收机所设立的测站称为流动站，又称为移动站。流动站包括流动站 GPS 接收机、流动站电台及天线。配置关系如图 7 - 14 所示。

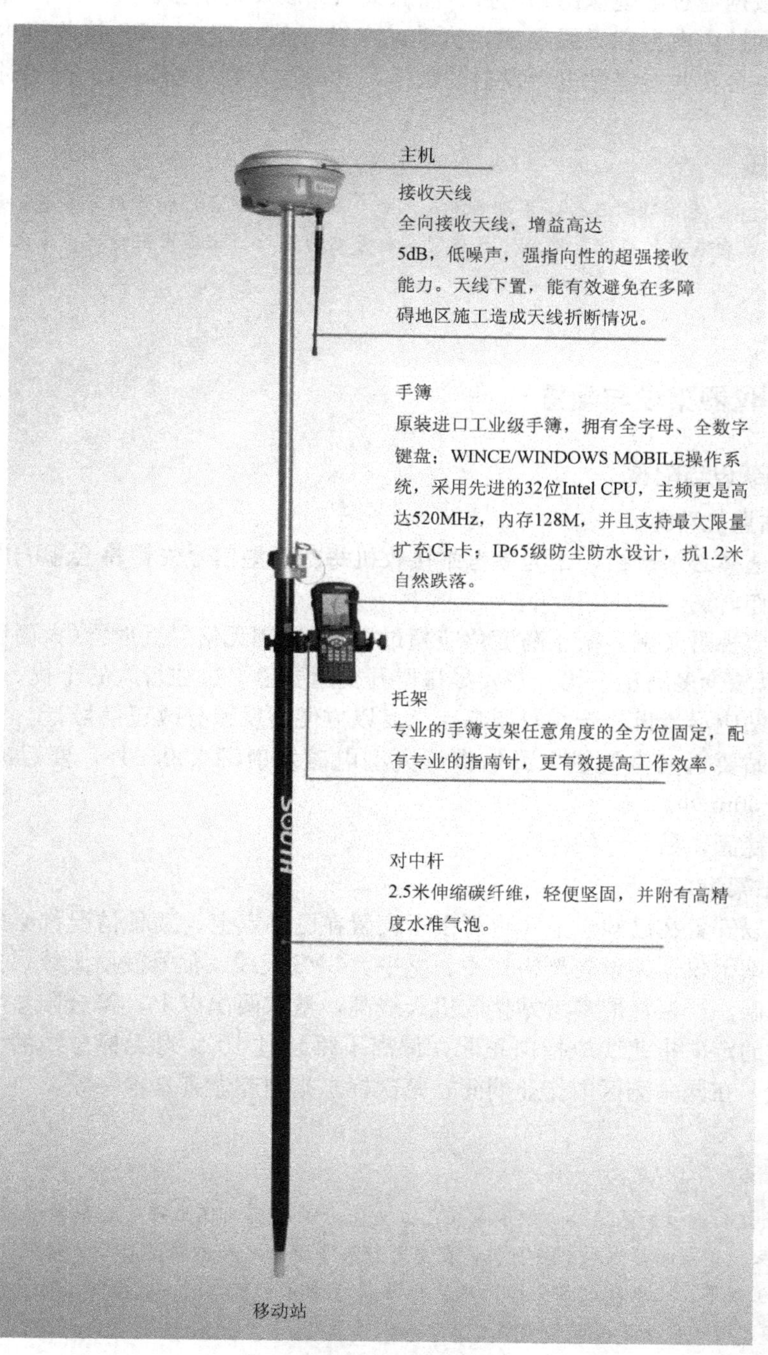

图 7 - 14 RTK 流动站配置

3. 数据链

RTK 系统中的基准站和流动站的 GPS 接收机通过数据链进行通信联系。因此，参考站与流动站系统都包括数据链，数据链由调制解调器和电台组成。

参考站的数据通过电缆输出到电台，然后又从天线发射出去。

流动站数据链由电台和天线组成，流动站电台一般内置在 GPS 接收机内部，流动站天线为流动站电台接收参考站电台发射的数据，然后输入到流动站内进行实时解算。

特别提示

GPS-RTK 作业能否顺利进行，关键因素是无线电数据链的稳定性和作用距离是否满足要求。它与无线电数据链电台本身的性能、发射天线类型、参考站的选址、设备架设情况以及无线电电磁环境等有关。

7.2.2 RTK 仪器架设与配置

1. 参考站架设与配置

1）参考站点位选择

参考站的选择必须严格，因为参考站接收机每次卫星信号失锁将会影响网络内所有流动站的正常工作。

（1）周围应视野开阔，截止高度角应超过 15°；周围无信号反射物(大面积水域、大型建筑物等)，以减少多路径干扰，并要尽量避开交通要道、过往行人的干扰。

（2）参考站应尽量设置于相对制高点上，以方便播发差分改正信号。

（3）参考站要远离微波塔、通信塔等大型电磁发射源 200m 外，要远离高压输电线路、通信线路 50m 外。

（4）地面稳固，易于点的保存。

2）参考站架设

基准站可以安置在已知点上，也可以不安置在已知点上。两种情况都必须有一个实地标志点。参考站上仪器架设要严格对中、整平。GPS 天线、信号发射天线、主机、电源等应连接正确无误。严格量取参考站接收机天线高，量取两次以上，符合限差要求后，记录均值。参考站的定向指北线应指向正北，偏离不得超过 10°。对无标志线的天线，可预先设置标志位置，在同一测区内作业期间，每次标志指向应做到基本一致。

特别提示

虽然 RTK 定位测量的基准站可以不放在已知点上，但测区内还必须有已知控制点，而且定位测量的精度和已知控制点的等级和个数有关，在安置好基准站并启动流动站后，必须用流动站分别到已知点上进行定位测量，以求得该点坐标，然后与该点的原有坐标相比，求出其差值。若差值很小(根据工程性质定)，则不需改正；否则必须进行改正。

3）部件连接

（1）连接 GPS 接收机与 GPS 天线。

（2）连接 GPS 接收机与电台。

（3）连接电台与电台天线。

（4）连接电源与 GPS 接收机和电台。

（5）连接掌上电脑与 GPS 接收机。

特别提示

确保 GPS 接收机、GPS 天线、电台、电台天线、电源等连接无误后再连接电源，以防烧坏设备。

4）启动参考站

参考站接收机有自动启动和手动启动两种方式，启动需要 WGS—84 坐标系下的坐标。如果是自启动，则开机即可。

手动进行启动分为参考站在已知点和在未知点上两种方式。WGS—84 坐标可通过输入或单点定位测量获取。

5）参考站功能验证

（1）确认基准站接收机是否正在观测卫星。

（2）确认基准站电台是否在传输数据。

特别提示

功能验证一般可通过显示屏上的指示灯闪烁情况确定。

2. 流动站架设与配置

1）流动站点位选择

（1）在信号受影响的点位，为了提高效率，可将仪器移到开阔处或升高天线，待数据链锁定后，再小心无倾斜地移回待定点或放低天线，一般可以初始化成功。

（2）在穿越树林、灌木林时，应注意天线和电缆勿挂破、拉断，保证仪器安全。

2）流动站架设

（1）流动站 GPS 天线安置在一根测杆上，该杆可精确地在测站点上对中、整平。

（2）量测和记录 GPS 天线高。一般固定为 2m。

（3）连接掌上电脑。

3）配置流动站

（1）配置流动站电台。

① 设置流动站电台的数据传输速率(波特率)。

② 设置流动站电台的接收频率。

特别提示

一定要使流动站电台的接收频率和参考站电台的频率保持一致才能保证流动站正常工作。

(2) 配置流动站 GPS 接收机。

① 确保掌上电脑与 GPS 连接正常。

② 确定坐标系统。

③ 流动站的广播格式设置成与基准站一致。

④ 设置流动站 GPS 接收机天线高度。

⑤ 参照不同型号仪器说明书进行其他设置。

4) 流动站功能验证

(1) 确认流动站接收机是否正在观测卫星。

(2) 确认流动站电台是否在接收参考站的数据。

7.2.3 坐标测量及放样测量

1. GPS-RTK 图根测量的技术要求

1) 采用 GPS 快速静态测量作业模式

图根控制测量采用 GPS 快速静态测量作业模式进行测量，应满足下述要求。

(1) 图根 GPS 点的精度等级可参照 GPS 二级控制测量，对最小距离、平均距离的要求可适当放宽。

(2) 布网应有非同步观测基线构成多边形闭合环(或符合路线)，每一闭合环(或符合路线)边数不超过 10 条。少数困难地区可采用散点法测定 GPS 图根点。

(3) GPS 图根点测量的观测时间以能确保准确测定出点位坐标为准。一般双频测量型 GPS 接收机不少于 5min，单频测量型 GPS 接收机不少于 10min。

(4) 其余有关的测量技术要求 CJJ/T 73—2010 的 GPS 二级网执行。

2) 采用 GPS-RTK 作业模式

图根控制测量采用 GPS-RTK 作业模式进行测量应满足下述要求。

(1) GPS-RTK 基准站至少应连测 3 个高级控制点。

(2) 高级点所组成的平面图形应对相关的 RTK 流动站点有足够的控制面积，并对 GPS 基准站坐标系统进行有效检核。

(3) 进行 GPS-RTK 测量时，对每个图根控制点均应独立测定两次，在两次测量中应重新对中、置平三脚架或对中杆。

(4) 两次测定图根点坐标的点位互差不应大于±5cm，符合限差要求后取中数作为图根点坐标测量成果。

2. 基准站

(1) 连接仪器(尤其注意一定要确保电台连接正确后再加电)。

(2) 新建任务(取文件名，选择坐标系，常用无投影、无基准，在后面用 3～4 个已知点进行校正)。

(3) 输入点校正(平面至少两个已知点，最好 3 个，高程需 4 个点，每个点应具有 WGS—84 坐标系坐标、北京 54 坐标系坐标或其他两个坐标系坐标)。

(4) 对主机及电台进行设置(注意天线类型，无线电频率)。

(5) 启动基准站(观察电台如有闪动表示已启动)。

3. 流动站

(1) 连接仪器。

(2) 打开任务(选择与基准站同一个任务)。

(3) 对主机及电台进行设置(注意天线类型，无线电频率，看见手簿有电台标志表示收到无线电信号，等待初始化完成后即可)。

(4) 开始测量(可选择测点、线)。

(5) 放样(可现场输入，也可内业输入要放的要素)。

4. RTK 成果检验

由于 RTK 技术目前正处于推广应用阶段，外业工作应加强对 RTK 成果的检验。对 RTK 成果的外业检查可以采用下列方法进行。

(1) 与已知点成果的比对检验。

(2) 重测同一点的检验。

(3) 已知基线长度测量检验。

(4) 不同参考站对同一测点的检验。

7.2.4 南方灵锐 S82 RTK 动态碎部测量简介

RTK 由两部分组成：基准站部分和移动站部分。其操作步骤是先启动基准站，后进行移动站操作。

1. 基准站部分

(1) 架好脚架于已知点上，对中整平(如架在未知点上，则大致整平即可)。

(2) 接好电源线和发射天线电缆。注意电源的正负极正确(红正黑负)。

(3) 打开主机和电台，主机开始自动初始化和搜索卫星，当卫星数和卫星质量达到要求后(大约 1 分钟)，主机上的 DL 指示灯开始 5 秒钟快闪 2 次，同时电台上的 TX 指示灯开始每秒钟闪 1 次。这表明基准站差分信号开始发射，整个基准站部分开始正常工作。

特别提示

为了让主机能搜索到多数量卫星和高质量卫星，基准站一般应选在周围视野开阔，避免在截止高度角 15°以内有大型建筑物；为了让基准站差分信号能传播得更远，基准站一般应选在地势较高的位置。

2. 移动站部分

(1) 将移动站主机接在碳纤对中杆上，并将接收天线接在主机顶部，同时将手簿夹在对中杆的适合位置。

(2) 打开主机，主机开始自动初始化和搜索卫星，当达到一定的条件后，主机上的 DL 指示灯开始 1 秒钟闪 1 次(必须在基准站正常发射差分信号的前提下)，表明已经收到基准站差分信号。

(3) 打开手簿，启动工程之星软件。

(4) 启动软件后，软件一般会自动通过蓝牙和主机连通。如果没连通，则首先需要设置蓝牙(选择“工具”→“连接仪器”→“输入端口：7”→“连接”选项)。详细设置见表7-4。

表7-4　主机与蓝牙连接的详细步骤

序号	操作步骤	屏幕显示
1	打开主机，然后对手簿进行如下设置	
2	选择“开始”→“设置”→“控制面板”选项，在打开的“控制面板”窗口中双击“电源”	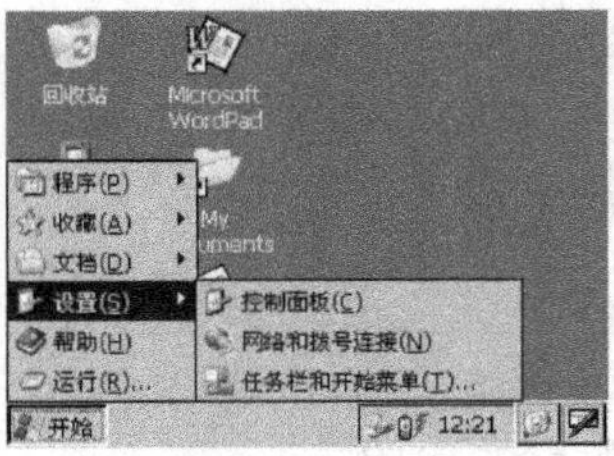 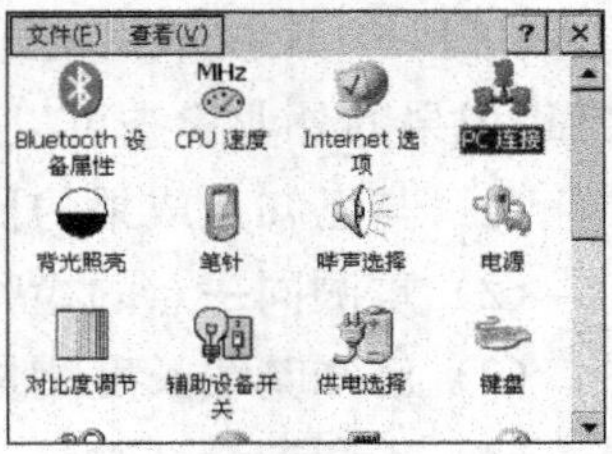
3	在“电源属性”对话框中选择“内建设备”选项卡，选中“启用蓝牙无线”复选框，单击OK按钮关闭对话框	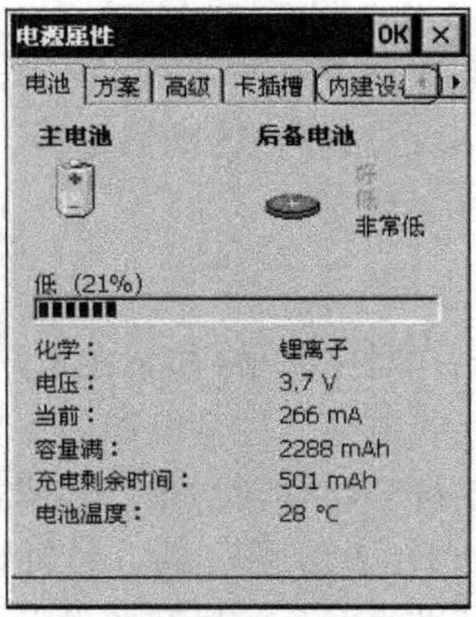 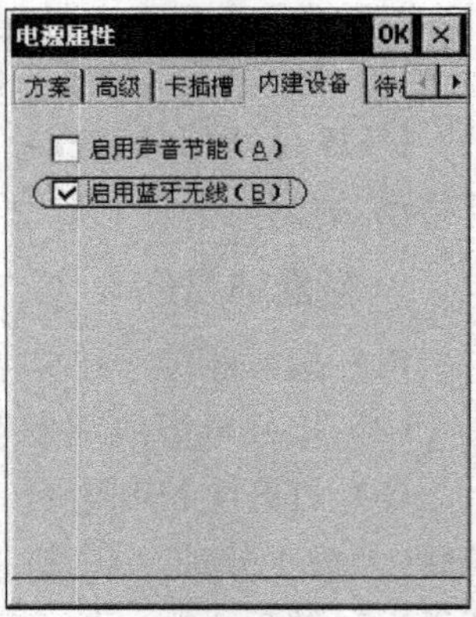
4	选择“开始”→“设置”→“控制面板”选项，在打开的“控制面板”窗口中双击“Bluetooth设备属性”图标，弹出“蓝牙管理器”对话框	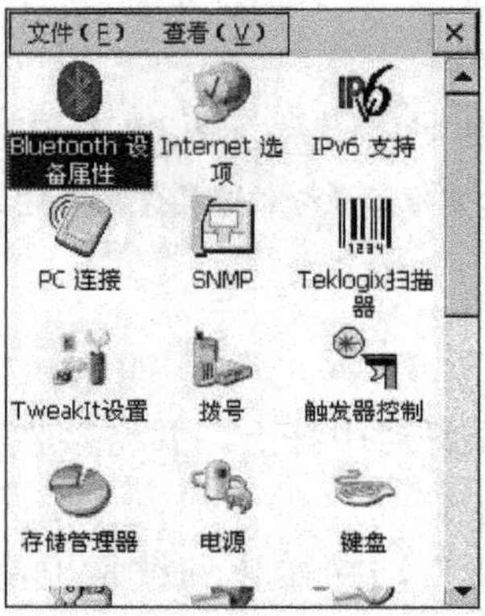 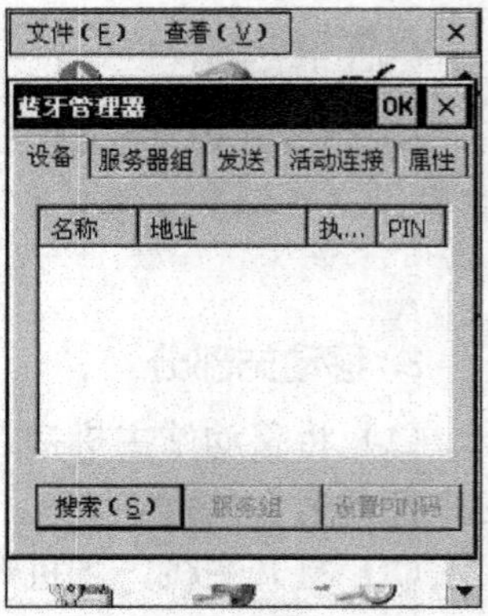

续表

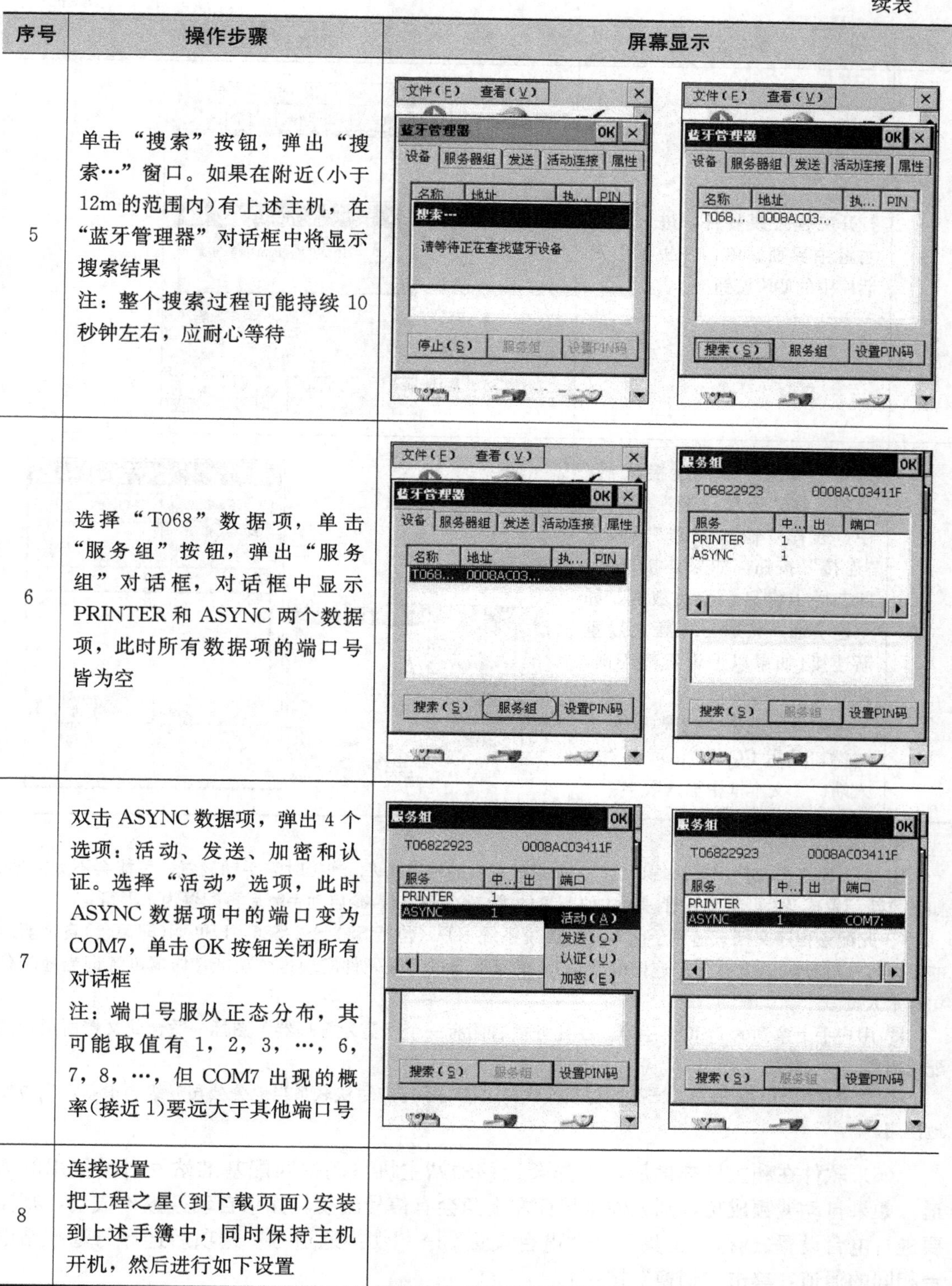

序号	操作步骤	屏幕显示
5	单击“搜索”按钮，弹出“搜索…”窗口。如果在附近(小于12m的范围内)有上述主机，在“蓝牙管理器”对话框中将显示搜索结果 注：整个搜索过程可能持续10秒钟左右，应耐心等待	
6	选择“T068”数据项，单击“服务组”按钮，弹出“服务组”对话框，对话框中显示PRINTER和ASYNC两个数据项，此时所有数据项的端口号皆为空	
7	双击ASYNC数据项，弹出4个选项：活动、发送、加密和认证。选择“活动”选项，此时ASYNC数据项中的端口变为COM7，单击OK按钮关闭所有对话框 注：端口号服从正态分布，其可能取值有1，2，3，…，6，7，8，…，但COM7出现的概率(接近1)要远大于其他端口号	
8	连接设置 把工程之星(到下载页面)安装到上述手簿中，同时保持主机开机，然后进行如下设置	

续表

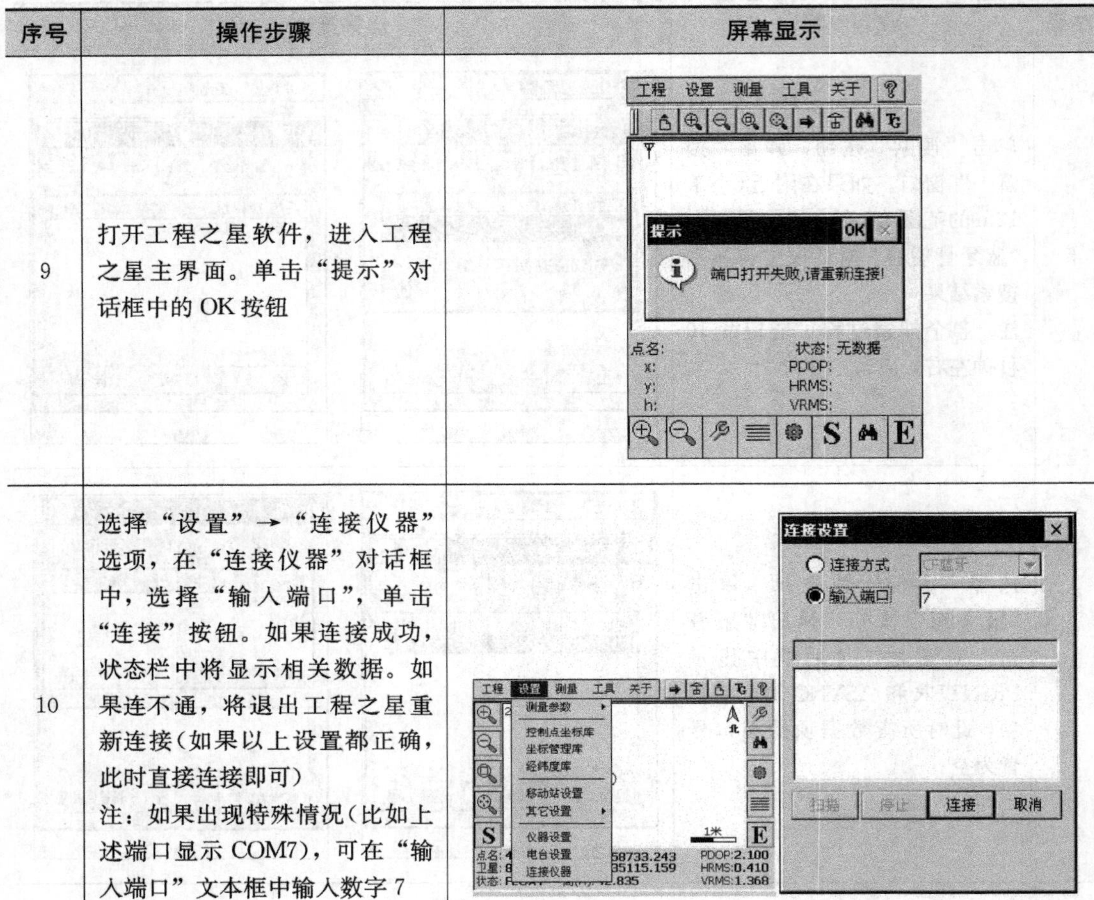

序号	操作步骤	屏幕显示
9	打开工程之星软件，进入工程之星主界面。单击“提示”对话框中的OK按钮	
10	选择“设置”→“连接仪器”选项，在“连接仪器”对话框中，选择“输入端口”，单击“连接”按钮。如果连接成功，状态栏中将显示相关数据。如果连不通，将退出工程之星重新连接(如果以上设置都正确，此时直接连接即可) 注：如果出现特殊情况(比如上述端口显示COM7)，可在“输入端口”文本框中输入数字7	

注：

① 在工程之星软件中默认端口为7，如果配置出的端口为8，连接时需手动设置，可能会不太方便。如需重新配置成7，可将蓝牙管理器中原配置的端口全部取消，冷启动手簿后再配置为7即可。

② 此配置程序文档只适用于南方测绘灵锐系统RTK(包括S80/S82/S86，PSION(即黑色)自带蓝牙的手簿)，以前通过CF蓝牙来连接的PSION手簿可通过升级硬件实现这个功能，详情可咨询当地分公司技术人员。

③ 用户手上拿到的PSION手簿，在任务栏右侧有一个“蓝牙管理器”图标，适合此文档所提及的配置内容。

④ 随着技术的不断提高，产品的更新换代，以往的手簿应尽快联系当地分公司升级至最新，以方便地使用。

(5) 软件在和主机连通后，首先会让移动站主机自动去匹配基准站发射时使用的通道。如果自动搜频成功，则软件主界面左上角会有信号闪动。如果自动搜频不成功，则需要进行电台设置(选择“工具”→“电台设置”→“切换通道号”选项后选择与基准站电台相同的通道，单击“切换”按钮)。

(6) 在确保蓝牙连通和收到差分信号后，开始新建工程(选择“工程”→“新建工程”

选项），依次按要求填写或选取如下工程信息：工程名称、椭球系名称、投影参数设置、四参数设置(未启用可以不填写)、七参数设置(未启用可以不填写)和高程拟合参数设置(未启用可以不填写)，最后确定，工程新建完毕。

(7) 参数求解。

到一个新的测区时，首先要做的工作就是得到坐标转换参数。

① 基站架设在未知点。进入工程之星，将手簿联通移动站主机，确认一切工作正常。

② 新建工程。选择“工程”→“新建工程”选项，输入作业名、输入坐标系、输入中央子午线、投影面高。

③ 分别到两个已知点上按 A 测量(输入点名、移动站天线高)，按 B 查询。

④ 计算四参数。选择“设置”→“求转换参数/控制点坐标库”选项，增加已知点坐标与测量出的原始坐标。

此步详细操作如下。

假定工程名为 South，有 a、b 两点并提供了两点的坐标，测量 WGS—84 数据为 PT1、PT2。

选择“增加”(输入 a 点坐标)→OK→“坐标管理库选点”→“导入(WGS—84 文件 south. rtk)”选项，选择 a 点所测量的数据 PT1，单击“确定”按钮，单击 OK 按钮。

选择“增加”(输入 b 点坐标)→OK→“坐标管理库选点”选项，选择 b 点所测量的数据 PT2，单击“确定”按钮，单击 OK 按钮。

然后进行以下操作。

保存：把增加的数据保存为一个转换参数文件 *.cot，以后会用到这个文件。

应用：系统自动计算出转换参数添加到系统四参数中，高程也会自动进行改正，可检查参数是否可用。

从实际的经验值来看，如果计算出来的参数比例大于 1，小数点后有 4 个以上 0，如果小于 1，小数点后有 4 个 9，这样才比较好。

⑤ 检核数据，在其中一个已知上对中整平按 A 测量保存。双击 B 查看测量数据，调出刚刚测量的点与已知坐标进行比对，在一般情况下，误差都在允许范围内。

⑥ 在测量区比较好的地方设置两个以上的固定点，用于实现后面的校正。

⑦ 进行其他程序的操作。

(8) 第二次作业(基准站移动或者关机进行第二次测量)。

基站任意架设，由于前次作业已经保存了参数文件(*.cot)，并且在有利的地方定出两个以上的点，本次作业的工作就不必再像前次那样测量出已知点的原始数据计算参数了，只要导入前次的参数应用再单点校正已知点即可。

① 第一种方法：初学型。

a. 新建工程。输入作业名、坐标系、中央子午线。

b. 导入校正参数选择“设置”→“求转换参数”→“导入”选项，选择前日所保存的 *.cot 文件。单击“应用”按钮。将计算出的转换参数添加到系统四参数中。

注：在新版工程之星中已将“控制点坐标库”改变为“求转换参数”。

c. 单击校正“工具”→“校正向导”。由于基站有位置移动，故需要进行单点校正；

将移动站到其中一个已知点或是自行定出的固定点上气泡对中，在固定解状态下，输入当前点的坐标校正即可。

d. 到第二个已知点上按 A 测量，再双击 B 查看测量坐标，与已知坐标进行比对检核。

② 第二种方法：老实型。

a. 打开前日的工程，进行入“设置”→“测量参数”→“四参数”，将此四参数记录在纸上。

b. 新建工程，输入作业名、坐标系、中央子午线。单击“下一步”按钮，启用四参数，将以上记录的四参数输入在里面。

c. 同①中 c、d。

③ 第三种方法：熟练型。

a. 新建工程，输入作业名，选择套用，选择前日的工作文件 *.ini，新的作业将套用前日的参数。

b. 同①c、d。

在以上 3 种方法中，第一、三种方法最为常用，用户可根据自已对软件的掌握程度进行选择操作。

(9) 将对中杆对立在需测的点上，当状态达到固定解时，利用快捷键 A 开始保存数据。

3. 灵锐 S82 RTK 简易操作按键流程

方法 1. 操作：选择“工程”→“新建工程”→“输入作业名称”选项，选择“向导”，单击 OK 按钮，选择“北京 54 椭球”，单击“下一步”按钮，输入中央子午线，单击“确定”按钮。单击“设置”按钮，选择“其他设置”→“移动站天线高”选项，输入天线高，并选择“直接显示实际高程”→“去至少两个已知点测量 84 等坐标”(每个点可以多测几次，比较一下选择最好的点)，单击“设置”按钮，选择控制点坐标库，单击“增加”按钮，输入已知点坐标，单击 OK 按钮。选择“从坐标管理库选点”→“导入”选项，选择扩展名为 RTK(如 905.RTK)。选择与刚才输入的已知点坐标对应的 84 坐标，在弹出的对话框中单击 OK 按钮，增加第二个已知点(重复增加第一个已知点的操作)。增加若干点完毕后，单击“保存”按钮，为参数文件起一个名字，单击“确定”按钮，单击 OK 按钮，单击“应用”按钮，单击“设置”按钮，选择“测量参数”→“四参数设置”，查看比例尺是否接近于 1(最好小数点后有 5 个 9 或者 5 个 0)，开始测量或放样工作。

方法 2. 选择“工程”→“新建工程”选项，输入作业名称，选择“套用”选项，单击 OK 按钮，选择被套用的工程设置文件(如 905.ini)，单击“确定”按钮，单击“工具”按钮，选择“校正向导”→“基准站架在未知点”选项，单击“下一步”按钮，输入当前已知点坐标及天线高，单击“校正”按钮，检合然后开始作业。

4. 灵锐 S82 RTK 操作注意事项

具体求参数时对已知点的要求比较多，有以下几个方面。

(1) 控制点的数量应足够。一般来讲，平面控制应至少为 3 个，高程控制应根据地形地貌条件确定，数量要求会更多(比如 6 个或以上)以确保拟合精度要求。

（2）控制点的控制范围和分布的合理性。控制范围应以能够覆盖整个工区为原则，在一般情况下，相邻控制点之间的距离为 3～5km，所谓分布的合理性主要是指控制点分布的均匀性，当然控制点越多越好。

（3）已知点少时，由点位决定精度。如果只有两个点，两个已知点距离不应太近，在一般情况下作用范围不应超过两点距离的 1.5 倍；另外两已知点也不应在象限方向上，即不应在东西或南北方向，应存在一定的偏角。

（4）控制点精度应统一。用于求参数的控制点应是经过统一平差的点。

（5）在没有已知点的情况下一般采用假定坐标，在这种情况下只需假定一个已知点校正即可，任意选择坐标系统，注意输入中央子午线时要输入测区范围的平均经度，这样不会产生太大的投影变形，方便与常规测量仪器联测。在此种情况下一般不应采取全站仪定向方法，因为全站仪定向存有偏差，必须求出四参数才行，而且这种参数一般精度不高。所以，在进行 GPS 测量时，假定坐标只能取一个。

以下 3 点是正常工作的前提，如果测量中间出现问题，要根据状况来判断原因。例如工程之星下方显示无数据，那就表示手簿与流动站没有连接，热启动手簿重新连接即可；通道号没显示或显示的通道号与参考站不一致，用电台设置切换到需要的通道即可。在真正测量时，工程之星提示的状态一定要达到固定解，而且蓝牙不应离流动站太远，正常情况是显示的坐标更新率应 1 秒 1 次。

（1）架设 S82 参考站时，一定要注意电瓶的正负极，先连接电瓶端，检查无误后再连接主机和电台。

（2）参考站状态指示。主机上面的指示灯，一般只需看前两个，RTK 模式正常工作应为：STA 灯 1 秒间隔闪烁表示，DL 灯 5 秒间隔连续闪烁两次；电台指示灯正常应为：通道正常显示，TX 灯 1 秒间隔闪烁。

（3）流动站状态指示。主机上面的指示灯，RTK 模式正常工作应为：STA 灯 1 秒间隔闪烁表示，DL 灯 1 秒间隔闪烁；手簿正常工作状态：工程之星常规界面，下方显示点位信息，有点号、坐标、精度及卫星状况，左上角有电台通道(与参考站一致)及信号强度指示条。

7.2.5 中海达 V8 RTK 动态碎部测量简介

1. 架设基准站

对中、整平基座，连接好 GPS 各连接线。

基准站架设点必须满足以下要求。

（1）高度角在 15°以上开阔，无大型遮挡物。

（2）无电磁波干扰(200m 内没有微波站、雷达站、手机信号站等，50m 内无高压线)。

（3）位置比较高，基准站到移动站之间最好无大型遮挡物，否则差分传播距离迅速缩短。

手簿与 GPS 主机的连接(蓝牙无线连接)注意事项如下。

（1）先开 GPS 主机，再进行手簿连接。

（2）手簿连接前，要将端口设置为 COM1。

(3) 手簿与 GPS 主机距离最好在 10m 内。

(4) 手簿与 GPS 主机间无太大的障碍物。

① 打开手簿电源键进入开机界面，选择右上角的 Start（开始)菜单，选择【HD-power】选项，进入测量界面。

② 手簿与主机连接。打开 GPS 主机电源，设置好 GPS 主机工作模式，在手簿上选择【设置】→【连接】选项(如果连接不上选择【设置】→【选项】→【串口设置】选项，将端口改为 com1，再连接)。当手簿与 GPS 主机连接正常时，将弹出“已经与接收机××××××建立连接!”的提示。

③ 设置项目文件。选择【文件】→【新建项目】选项，在弹出新“建工程属性”界面中依次完成“【1】项目名称”、“【2】坐标系统”、“【3】投影参数”(只要输入中央子午线经度即可，如果不知道，可以通过选择【查看】→【导航信息】选项)这 3 项后，选择【创建】完成项目属性设置。

④ 设置基准站坐标。选择【设置】→【基准站坐标】选项，选择【添加 A】输入点名，格式为 GPSBLH，输入“天线高”，选择【当前 C】选项自动采集 5 次取平均值作为单点定位的基准站坐标，在弹出“当前点已修改，是否保存”提示框时单击【是】按钮，在弹出“已经设置了基准站……”后单击【OK】按钮，电台收发灯和基站主机信号灯开始闪烁且手簿左下角解类型为“固定坐标”没有任何提示就说明基准站设置好了。

⑤ 断开手簿与主机的连接。选择【设置】→【断开】选项。

2. 移动站，手簿程序的操作流程(转换参数配合高程拟合法)

不管基站架设在未知点上还是已知点上，坐标系统也不管是国家坐标还是地方施工坐标，此方法都适用。若只需平面坐标，则无须作高程拟合。

1) 碎部点采集

(1) 设置好移动站。打开移动站主机电源，设置好模式后，手簿和移动站连接好。连接方法和基站相同。在手簿左下角坐标显示区的坐标解类型必须为固定解(窄带)，右下角的数据链最好为 1，而且一直稳定保持不变，说明移动台工作及工作环境都很好，要是显示无差分就要从移动站的工作模式、电台频道、差分电文格式检查这几项去检查。

(2) 碎部点测量。在需要采集坐标的地方整平对中杆，用触笔选择手簿左下角坐标显示区(解类型必须为固定解(窄带))或者按手簿的【SP】键会采集当前点坐标，在“设置记录点属性”对话框内输入点名、天线高后按回车键即可保存当前坐标。有时需要采集多次时可以选择【设置】→【平滑采集】选项。在“启用”前打“√”，然后再输入需要采集的次数即可。

2) 求转换参数和高程拟合

(1) 添加控制点：选择【查看】→【坐标库】→【控制点坐标库】选项，进入控制点库，进行控制点标的添加、删除、编辑和查找。此步是为后面求转换参数做准备。

选择【添加】按钮：添加一个控制点，弹出【编辑控制点】对话框，输入控制点点名，选择点类型和查看格式(格式为当地 XYH)，输入坐标。求转换参数必须选择均匀分布在测区范围两个或两个以上的已知点。控制点越多，所求得的转换参数可运用的范围越大。

特别提示

控制点即为已知点，而已知点不管为何种坐标系统，在添加控制点的对话框中“类型”和“查看格式”都选择“当地XYH”。

(2) 采集控制点坐标。在控制点上把仪器对中，用触笔选择手簿左下角坐标显示区(解类型必须为固定解(窄带))或者按手簿的【SP】键会采集当前点坐标，在“设置记录点属性”对话框内输入点名、天线高后按回车键即可保存当前坐标。当需要参与求解参数的控制点有多个时每个都要采集。

(3) 坐标关联(使添加在控制点坐标库的已知坐标和采集的控制点坐标一一对应)。选择选择【查看】→【7、坐标库】→【3、记录点坐标库】选项，选择一个已保存的控制点，单击【编辑3】在“编辑记录点”对话框内在“控制点”前的框内打“√”，开启控制点开关，然后单击在控制点和详细的中间的小三角符号处，选择与之对应的控制点点号后单击OK按钮。用相同的方法关联其他坐标。

(4) 求转换参数和高程拟合。单击【辅助】→【1计算】→【3转换参数】选项，在“求解转换参数”对话框内右上角选择【文件7】→【1提取当前记录】选项，坐标提取后选择【解算2】(参数算完后其比例应在0.97～1.03之间)→【应用】选项。再选择【文件7】→【5添加到水准点库】→【OK】→【YES】→【解算2】→【YES】→【ok】→【应用4】选项。

(5) 选择【设置】→【1参数】，“平面转换”和“高程拟合”前面都打“√”说明两个参数都启用了。如没有启用，再打开“平面转换”和“高程拟合”，在启用前的方框内打“√”即可。

3. 测量成果的导出

用手簿专用线连接好桌面电脑，等手簿和计算机连接上后，选择【浏览】→【我的移动设备】→【IPSM】→【RTK】→【工作的项目】→【记录点库文件】选项，复制或直接拖拉记录点库文件到硬盘中，使用相应的成图软件打开导出文件即可。

4. 中海达仪器常见问题解决方法

1) 手簿与主机连接不上

(1) 串口设置可能不对，选择【设置】→【选项】→【串口设置】选项，将端口改为COM1，连接方式选择新蓝牙V1.1(或其他正确的蓝牙名称)在连接。

(2) 接收机的工作模式在静态模式时连不上，只有在基站、移动站时才能建立连接。

(3) 手簿蓝牙可能关闭，打开手簿蓝牙，重新再连接。

(4) 如果以上原因都不是，则把手簿和接收机主机重启再试。

2) 移动站接收不到差分信号

(1) 检查移动站的工作模式是否正确，应该为“UHF移动站”。

(2) 移动站主机电台频道或者差分电文格式与基站不一致，确认基站频道后并修改移动站电台频道。

（3）仪器注册码到期。

3）移动站和手簿连接时解类型一直显示为伪距解

（1）基站附近可能有强烈的干扰源，换地方架设基站。

（2）接收机收的卫星不够，信噪比达不到要求。

（3）可以试试选择【辅助】→【其他】→【恢复 V8 波特率】选项。

4）9500 手簿和电脑通讯时连接不上

打开手簿电源选择右上角【Start】→【Programs】→【ActiveSync】选项，选择右下角【Menu】→【Connentions】→【OK】选项，在电脑上的连接程序里打开【连接设置】对话框，在“允许连接到以下其中一个端口”前打“√”在进行连接。

项目小结

学习本项目后应重点了解：GPS 系统组成、GPS 定位原理、GPS 测量主要技术指标、GPS 静态测量的方法和 GPS-RTK 动态坐标测量。

GPS 系统由三大部分组成：空间部分——GPS 卫星星座，地面监控部分——地面监控系统，用户设备——GPS 接收机。要了解每一部分的结构特点和功能。

GPS 是基于空间距离交会的原理定位的。

GPS 测量精度指标通常是以相邻点间基线长的标准差表示的；GPS 网设计的技术指标主要依据《全球定位系统(GPS)测量规范》和《全球定位系统城市测量技术规程》。

GPS 测量实施方法包括测前准备、外业观测和内业数据解算。测前准备阶段的主要工作包括项目立项、技术设计、实地踏勘、设备检验、资料收集整理和人员组织等；外业观测的主要步骤有选点、埋设点位标志、观测；内业解算步骤包括数据传输、外业输入数据的检查与修改、基线解算、网平差和成果输出。在本部分应重点掌握 GPS 测量实施方法的主要内容和步骤。

最后介绍了 GPS-RTK 动态三维坐标测量的工作程序和实施方法。

项目测试

1. GPS 由哪些部分组成？简述各组成部分的功能。
2. 写出 GPS 静态观测外业观测的主要步骤。
3. 写出 GPS 静态观测内业数据解算的主要步骤。
4. 写出 GPS-RTK 动态坐标测量的主要步骤。
5. GPS-RTK 成果的检验方法有几种？

项目 8

1：500 数字地形图测绘项目实训

1. 实训目的与要求

（1）熟练掌握全站仪的使用方法。

（2）理解数字测图的基本要求和成图过程。

（3）掌握小地区 1：500 数字地形图测图方法。

（4）掌握数字成图软件(南方 CASS 软件)的使用。

2. 实训时间

《数字测图》理论课程结束后，进行为期 3 周的集中实训。

3. 实训地点

为便于学生和测量仪器的管理，实训地点尽量安排在校内进行。

4. 实 U1IB 织形式

每个实训班级由 2～3 名实训指导教师负责。指导教师按每组 5～6 人，对实圳班级进行分组。每个实训小组设组长 1 人，实行组长负责制。组长负责全组的实训分工和测量仪器管理。

5. 实训仪器设备

每个实训小组配备下列测量仪器设备。

全站仪(包括电池、充电器)1台，脚架3个，棱镜杆1根，3m钢卷尺1个，工具包1个，记录板1块。

各实训小组还应自备计算器1个，小伞1把。

导线测量手簿、导线计算表、间接高程计算表及常用耗材由指导教师照表统一领取。

6. 实训方法

(1) 指导教师对《数字测图技术》教材中相关理论知识点进行复习，并对本次集中实训的目的和要求、主要内容、操作步骤以及最终要求上交的成果资料进行详细阐述。

(2) 指导教师向学生强调本次实训纪律，尤其要重点强调人身安全和仪器安全的相关内容。

(3) 指导教师对实训班级进行分组，选定各小组长。

(4) 指导教师为各小组划分测区范围，提供测区内部及周边地区的高等级控制点成果资料。

(5) 指导教师简要复习全站仪的使用方法，并进行示范操作。

(6) 指导教师带领学生进行踏勘选点，使其熟悉测区情况。

(7) 学生在实地外业数据采集时，指导教师进行实地指导。

(8) 学生外业数据采集完毕后，指导教师在学校机房内，首先简要复习南方CASS软件的基本操作和本次实训内业数据处理有关的软件使用方法，然后按照本次实训内业数据处理的有关内容，进行演示讲解。

(9) 学生按照本次实训内业数据处理的内容，独立操作，完成本次实训的任务。指导教师在旁边辅导，进行答疑。

(10) 学生撰写实训报告，整理成果资料。

(11) 指导教师对学生实训情况进行考核，对学生实训成果资料进行成绩评定。

7. 实训技术要求

本次实训参照《城市测量规范》——中华人民共和国国家标准，CJJ/T 8－2011；《1∶500　1∶1000　1∶2000地形图图式》——中华人民共和国国家标准，GB/T 20257.1—2007(参见附录B)的技术要求进行。

1) 一般规定

(1) 测图比例尺为1∶500，基本等高距为0.5m。

(2) 图上地物点相对于邻近图根点的点位中误差应不超过图上±0.5mm，邻近地物点间距中误差应不超过图上±0.4mm。

(3) 高程注记点相对于邻近图根点的高程中误差不得大于±0.15m。

2) 图根控制测量

(1) 平面控制测量。在测区内进行踏勘、设计、选点宜在高级平面控制点间布设附合导线或闭合导线，一般不超过两次附合；当测区内无高级平面控制点时，应与测区外已知点连测，或假定一点坐标和一边坐标方位角作为起算数据；图根控制点应选在土质坚实、便于长期保存的地方，要方便安置仪器、通视良好便于测角和测距、视野开阔便于实施碎部测量的地方，要避免选在道路中间；图根点选定后，应立即打桩并在桩顶钉一小钉或划＋作为标志，或用油漆在地面上画⊕作为标志并编号。编号可用4位数，例如实训1班5组选定的8号点，编号可为1508。

图根导线测量的技术要求应符合表8-1的规定。

表8-1 图根导线测量的技术要求

比例尺	附合导线长度/m	平均边长/m	导线相对闭合差	测回数DJ6	方位角闭合差
1∶500	900	80	≤1/4000	1	$\leqslant\pm40''\sqrt{n}$

注：n为测站数。

距离测量要求：单程观测1测回，读数较差≤10mm。

因地形限制图根导线无法附合时，可布设支导线。支导线不多于4条边，长度不超过450m，最大边长不超过160m。边长可单程观测1测回。水平角观测首站应连测两个已知方向，观测1测回，其固定角不符值不应超过±40″；其他站水平角观测1测回。

图根导线可采用近似乎差，计算方法可查阅教材的相关内容。计算时角度值取至s，边长和坐标取至mm。

（2）高程控制测量。

图根点的高程可用图根水准或图根光电测距三角高程测量方法制定，本次实训采用图根光电测距三角高程测量方法。图根三角高程导线应起闭于高等级高程控制点上，可沿图根点布设为附合路线或闭合路线。

当测区内无已知水准点时，可与测区附近已知水准点进行高程连测。连测时用四等水准测量方法往返测，其往返测高差不符值不超过$\pm20\sqrt{L}$mm（L为路线长度，以km计）；也可假定一点高程，成为独立高程系统。

图根光电测距三角高程测量的技术要求应符合表8-2的规定。测距要求同图根导线测量。

表8-2 图根光电测距三角高程测量的技术要求

中丝法测回数DJ6	竖角较差、指标差较差	对向观测高差较差/m	附合路线或闭合路线高差闭合差/mm
对向观测1	≤25″	$\leqslant0.4\times S$	$\leqslant\pm40\sqrt{D}$

注：S为改正后的斜距(km)；D为测距边边长(km)。仪器高和棱镜中心高应准确量至mm。

计算三角高程时，角度应取至s，高差应取至mm。

3）碎部测量

（1）准备工作。

① 将控制点、图根点平面坐标和高程值抄录在成果表上备用。

② 每日施测前，应对数据采集软件进行试运行检查，对输入的控制点成果数据需要显示检查。

（2）数据采集的方法及要求。

本次实训采用全站仪数字测图方法。成图软件使用南方测绘仪器有限公司的CASS软件。

碎部点坐标测量主要采用极坐标法，同时适当采用量距法和交会法等，碎部点高程采用三角高程测量。

设站时，仪器对中误差不应大于5mm，照准一图根点作为起始方向，观测另一图根点作为检核，算得检核点的平面位置误差不应大于图上0.2mm。检查另一图根点的高程，其较差不应大于0.1m。

在每站测图过程中，应经常归零检查，归零差不应大于4′。仪器高和棱镜中心高应量记至mm。

采集数据时，角度应读记至s，距离应读记至mm。测距最大长度为300m。高程注记点应分布均匀，间距为15m，平坦及地形简单地区可适当放宽。高程注记点应注记至cm。

在地形较复杂的地方，应在采集数据的现场实时绘制草图。

每天工作结束后，应及时对采集的数据进行检查。若草图绘制有错误，应按照实地情况修改草图。若数据记录有错误，可修改测点编号、地形码和信息码，但严禁修改观测数据，否则须返工重测。对错漏数据要及时补测，超限的数据应重测。

数据文件应及时存盘并备份。

(3) 测量内容及取舍。

测量内容及取舍可查阅教材的相关内容。

4) 数字地形图的编辑和输出

(1) 数据通信。数据通信的作用是完成带内存的全站仪与计算机两者之间数据的相互传输。具体方法可查阅教材的相关内容。

(2) 内业成图。内业成图采用南方CASS软件中“草图法”内业成图的工作方式。具体方法可查阅教材的相关内容。

5) 成图质量检查

对成图图面应按规范要求进行检查。检查方法为室内检查、实地巡视检查及设站检查，在检查中发现的错误和遗漏应予以纠正和补测。

8. 实训成果资料

(1) 实训结束时，小组应提交下列成果资料。

① 图根导线测量手簿，图根导线略图。

② 图根控制点成果表。

③ 内业数据处理成果：实训测区范围内1∶500地形图一幅。

④ 小组实训日志。

(2) 实训结束时，学生个人应提交实训报告一份，具体要求如下。

① 封面：实训名称、地点、起止日期、班级、组号、姓名、学号和指导教师姓名。

② 引言：简述本次实训目的、任务和要求。

③ 实训内容：主要包括实训项目、测区概况、作业方法、技术要求、相关示意图(如图根导线略图、小组作业进度图等)、实训成果及其评价。

④ 实训总结：主要阐述实训中遇到的技术问题及处理方法，对实训的意见和建议，本人在实训中主要做了哪些工作及在实训中的收获。

⑤ 实训报告全文字数不得少于2000字。

9. 实训注意事项

1）学生管理

（1）在实训期间，实训学生应严格遵守实训纪律。未经指导教师同意，不得迟到、早退、缺勤、私自外出等。在进行外业数据采集时，不得在测站上嬉戏打闹，不看与实训无关的书籍或报纸；在进行内业数据处理时，应当遵守机房的有关规定，不准出现看电影、打游戏等与实训无关的事情。

（2）在实训期间，各组组长应切实负责，合理安排小组工作。应使实训的每一项工作都由小组成员轮流担任，使每个同学都有实训的机会，切不可单纯追求实训进度。

（3）在实训中，应加强团结。小组内、各小组之间、各实训班级之间都应团结协作，以保证实训任务的顺利完成。

2）测量仪器及工具的借用办法

在实训中，测量仪器及工具的借用应当遵守测量实训室的相关规定。

3）测量仪器、工具的正确使用和维护

（1）领取测量仪器、工具时必须检查。

① 仪器及其附件、其他工具等，是否已经领齐。

② 仪器能否正常工作(例如全站仪能否正常开机，电池电量是否充足等)。

③ 仪器箱盖是否关妥、锁好。背带、提手是否牢固。

④ 脚架与仪器是否相配，脚架各部分是否完好，脚架腿伸缩处的连接螺旋是否滑丝。要防止因脚架未架牢而摔坏仪器，或因脚架不稳而影响作业。

⑤ 若检查出测量仪器、工具有缺失、损坏现象，应及时向实训室教师报告，请其更换。

（2）打开仪器箱时的注意事项。

① 仪器箱应平放在地面上或其他台子上才能开箱，不要托在手上或抱在怀里开箱，以免将仪器摔坏。

② 开箱后未取出仪器前，要注意仪器安放的位置与方向，以免用毕装箱时因安放位置不正确而损伤仪器。

（3）从仪器箱内取出仪器时的注意事项。

① 从仪器箱中取出仪器时，应一手握住照准部支架，另一手扶住基座部分，轻拿轻放，不要用一只手抓仪器。

② 从箱内取出仪器后，要随即将仪器箱盖好，以免沙土、杂草等异物进入箱内。还要防止搬动仪器时丢失附件。

③ 取仪器和使用过程中，要没意避免触摸仪器的目镜、物镜，以免产生污痕，影响成像质量。不允许用手指或手帕等物擦拭仪器的目镜、物镜等光学部分。

(4) 架设仪器时的注意事项。

① 伸缩式脚架三条腿抽出后，要把固定螺旋拧紧，但不可用力过猛而造成螺旋滑丝。要防止因螺旋未拧紧而使脚架自行收缩而摔坏仪器。

② 仪器架设的高度要适中，以适合观测员观测并能很好地完成观测任务为宜。

③ 架设脚架时，三条腿分开的跨度要适中，分得太开容易滑开，并得太拢又容易被碰倒，都会造成事故。若在斜坡上架设仪器，应使两条腿在坡下并适当放长，一条腿在坡上并适当缩短。若在光滑地面上架设仪器，要采取安全措施，防止脚架滑动而摔坏仪器。

④ 在脚架安放稳妥并将仪器放到脚架上后，应一手握住仪器，另一手立即旋紧仪器和脚架间的中心连接螺旋，避免仪器从脚架上掉下摔坏。

⑤ 仪器箱多为薄型有机塑料制成，不能承重。因此，严禁坐在仪器箱上。

(5) 仪器使用过程中的注意事项。

① 仪器在使用过程中，应特别注意仪器的安全。任何时候仪器旁边必须有人看护。禁止无关人员拨弄仪器，尽量将仪器安置在无关人员相对较少处，注意防止行人、车辆碰撞仪器。

② 在阳光下观测必须撑伞，防止日晒和雨淋。雨天应停止观测。

③ 如遇目镜、物镜外表面蒙上水汽而影响观测，应稍等一会儿或用纸片煽风使水汽蒸发。如镜头上有灰尘，应用仪器箱中的软毛刷拂去。严禁用手帕或其他纸张擦拭，以免擦伤镜面。观测结束应及时盖上物镜盖。

④ 操作仪器时，用力要均匀，动作要准确、轻捷。制动螺旋不宜拧得过紧，微动螺旋和角螺旋宜使用中段螺纹，用力过大或动作太猛都会造成对仪器的损伤。

⑤ 转动仪器时，应先松开制动螺旋，然后平稳转动。使用微动螺旋时，应先旋紧制动螺旋。

(6) 仪器迁站时的注意事项。

① 远距离迁站或通过行走不便的地区时，必须将仪器装箱后迁站。

② 在近距离且平坦地区迁站时，可将仪器连同三脚架一起搬迁。首先检查连接螺旋是否旋紧，松开各制动旋钮，再将三脚架腿收拢，然后一手托住仪器的支架或基座，一手抱住脚架，稳步行走。搬迁时切勿跑行。防止摔坏仪器。严禁将仪器横扛在肩上搬迁。

③ 迁站时，要清点所有的仪器和工具，防止丢失。

(7) 仪器装箱时的注意事项。

① 仪器使用完毕，应及时盖上物镜盖，清除仪器表面的灰尘和仪器箱、脚架上的泥土。

② 仪器装箱前，要先松开各制动螺旋，将脚螺旋调至中段并使其大致等高。然后一手握住仪器支架或基座，另一手将中心连接螺旋松开，双手将仪器从脚架上取下放入仪器箱内。

③ 将仪器装入箱内要试盖一下，若箱盖不能合上，说明仪器未正确放置，应重新放置，严禁强压箱盖，以免损坏仪器。在确认安放正确后再将各制动螺旋略微旋紧，防止仪器在箱自由转动而损坏某些部件。

④ 清点箱内附件，若无缺失则将箱盖盖上，扣好搭扣，上锁。

(8) 测量工具的使用。

① 花杆应注意防止横向受力，不得将花杆斜靠在墙上、树上或电线杆上，以防倒下摔断；也不允许在地面上拖曳或当标枪投掷。

② 使用钢尺时，应防止扭曲、打结，防止行人踩踏或车辆碾压，以免折断钢尺。携尺前行时，不得沿地面拖曳，以免钢尺尺面刻画磨损。使用完毕，应将钢尺擦净并涂油防锈。

③ 小件工具如垂球、尺垫等，应用完即收，防止丢失。

4) 测量资料的记录要求

(1) 观测数据必须直接记录在规定的手簿中，不得用其他纸张记录后再转抄。手簿中的规定填写的项目应当用2H或3H铅笔填写完整。

(2) 严禁擦拭、涂改数据，严禁伪造成果。若发现错误，应在错误处用横线划去，将正确数字写在原数上方，不得使原数模糊不清。淘汰某整个部分时可用斜线划去，保持原淘汰的数字仍然清晰。所有记录的修改和观测成果的淘汰，均应在备注栏内注明原因，如测错、记错、算错、超限等。

(3) 观测员读数后，记录员应立即回报读数，经确认后再记录，以防听错、记错。

(4) 禁止连环修改，若已修改了平均数，则不准再修改计算得此平均数的任何一个原始读数。若已修改一个原始读数则不准再改其平均数。假如两个读数均错误，则应当重测重记。

(5) 读数和记录的数据的位数应齐全，例如在普通测量中，水准尺读数0818中的0就不能省略。

(6) 每测站观测结束，应在现场完成计算和检核，确认合格后方可迁站。

10. 实训成绩评定方法

评定学生实训成绩主要依据以下4项。

(1) 实训期间的表现。主要包括实训态度、迟到早退率、出勤率、爱护测量仪器工具的情况。

(2) 操作技能。主要包括对理论知识的掌握程度，使用仪器的熟练程度，作业程序是否符合规范要求。

(3) 原始观测记录、手簿、计算成果和成图质量。主要包括手簿和各种计算表格是否完好无损，书写是否工整清晰，手簿有无擦拭、涂改，数据计算是否正确，各项较差、闭合差是否在规定范围内。数字地形图上各类地形要素的精度及表示是否符合要求，文字说明注记是否规范等。

(4) 实训报告。主要包括实训报告的编写格式和内容是否符合要求，编写水平，分析问题、解决问题的能力及有无独特见解等。

附录A

CASS 9.0的内部编码

地物名称	编码	图层	类别	参数一	参数二	实体类型
三角点	131100	KZD	20	gc113	3	SPECIAL，1
三角点分数线	131110	KZD	附			LINE
三角点高程注记	131111	KZD				TEXT
三角点点名注记	131112	KZD				TEXT
土堆上的三角点	131200	KZD	1	gc014	0	SPECIAL，1
小三角点	131300	KZD	20	gc114	2	SPECIAL，1
小三角点分数线	131310	KZD	附			LINE
小三角点高程注记	131311	KZD				TEXT
小三角点点名注记	131312	KZD				TEXT
土堆上的小三角点	131400	KZD	1	gc015	0	SPECIAL，1
导线点	131500	KZD	20	gc115	2	SPECIAL，1
导线点分数线	131510	KZD	附			LINE
导线点高程注记	131511	KZD				TEXT
导线点点名注记	131512	KZD				TEXT
土堆上的导线点	131600	KZD	1	gc167	0	SPECIAL，1
埋石图根点	131700	KZD	20	gc116	2	SPECIAL，1
埋石图根点分数线	131710	KZD	附			LINE
埋石图根点高程注记	131711	KZD				TEXT
埋石图根点点名注记	131712	KZD				TEXT
不埋石图根点	131800	KZD	20	gc117	2	SPECIAL，1

续表

地物名称	编码	图层	类别	参数一	参数二	实体类型
不埋石图根点分数线	131810	KZD	附			LINE
不埋石图根点高程注记	131811	KZD				TEXT
不埋石图根点点名注记	131812	KZD				TEXT
水准点	132100	KZD	20	gc118	3	SPECIAL，1
水准点分数线	132110	KZD	附			LINE
水准点高程注记	132111	KZD				TEXT
水准点点名注记	132112	KZD				TEXT
GPS控制点	133000	KZD	20	gc168	3	SPECIAL，1
GPS控制点分数线	133010	KZD	附			LINE
GPS控制点高程注记	133011	KZD				TEXT
GPS控制点点名注记	133012	KZD				TEXT
天文点	134100	KZD	20	gc112	2	SPECIAL，1
天文点高程注记	134111	KZD				TEXT
一般房屋	141101	JMD	5	continuous	0	PLINE
砼房屋	141111	JMD	8	continuous	砼	PLINE
砖房屋	141121	JMD	8	continuous	砖	PLINE
铁房屋	141131	JMD	8	continuous	铁	PLINE
钢房屋	141141	JMD	8	continuous	钢	PLINE
木房屋	141151	JMD	8	continuous	木	PLINE
混房屋	141161	JMD	8	continuous	混	PLINE
小比例尺房屋	141103	JMD	17	continuous	*411b	PLINE
简单房屋	141200	JMD	18	jdfw	0	PLINE
简单房屋斜线	141200-1	JMD	附			LINE
建筑房屋	141300	JMD	8	continuous	建	PLINE
破坏房屋	141400	JMD	8	x5	破	PLINE
棚房	141500	JMD	18	pf	0	PLINE
棚房短线	141500-1	JMD	附			LINE
架空房屋	141600	JMD	5	x5	0	PLINE
廊房	141700	JMD	5	x5	0	PLINE
依比例地上窑洞	142111	JMD	6	continuous	0	PLINE
地上窑洞不依比例	142112	JMD	2	gc139	0	POINT

续表

地物名称	编码	图层	类别	参数一	参数二	实体类型
房屋式窑洞	142113	JMD	8	continuous	gc139	PLINE
依比例地下窑洞	142121	JMD	8	4212	gc140	PLINE
地下窑洞	142122	JMD	1	gc140	0	POINT
蒙古包	142200	JMD	1	gc004	0	POINT
蒙古包范围	142201	JMD	7	continuous	gc004	CIRCLE
无墙壁柱廊	143111	JMD	5	x5	0	PLINE
柱廊有墙壁边	143112	JMD	5	continuous	0	PLINE
门廊	143120	JMD	5	x5	0	PLINE
檐廊	143130	JMD	5	x5	0	PLINE
悬空通廊骨架线	143140	ASSIST	10	xktl	0	SPECIAL，2
悬空通廊边线	143140－1	JMD	附			LINE
悬空通廊斜线	143140－2	JMD	附			LINE
建筑物下的通道骨架线	143200	ASSIST	10	qiao	0	SPECIAL，2
建筑物下的通道	143200－1	JMD	附			LINE
建筑物下的通道短线	143200－2	JMD	附			LINE
阳台	140001	JMD	0	yangtai	0	PLINE
台阶骨架线	143301	ASSIST	10	lt	0	SPECIAL，2
台阶线	143301－1	JMD	附			LINE
室外楼梯骨架线	143400	ASSIST		lt	0	SPECIAL，2
室外楼梯线	143400－1	JMD	附			LINE
不规则楼梯	143410	JMD	0	xp	5	SPECIAL，4
不规则楼梯边线	143411	JMD	附			PLINE
不规则楼梯边线	143412	JMD	附			PLINE
不规则楼梯横线	143410－1	JMD	附			LINE
地下室的天窗	143501	JMD	2	gc169	0	POINT
地下建筑物通风口	143502	JMD	1	gc011	0	POINT
围墙门	143601	JMD	3	continuous	0	LINE
有门房的院门	143602	JMD	3	continuous	0	LINE
依比例门墩	143701	JMD	14	0	0	PLINE
不依比例门墩	143702	JMD	2	gc002	0	POINT
门顶	143800	JMD	5	x5	0	PLINE

续表

地物名称	编码	图层	类别	参数一	参数二	实体类型
依比例支柱、墩(虚线)	143911	JMD	5	x14	0	PLINE
依比例支柱、墩(方形)	143912	JMD	14	0	0	PLINE
依比例支柱、墩(圆形)	143913	JMD	4	continuous	0	PLINE
不依比例支柱、墩(方形)	143901	JMD	2	gc002	0	POINT
不依比例支柱、墩(圆形)	143902	JMD	1	gc170	0	POINT
完整的长城及砖石城墙(外侧)	144111	JMD	5	441	0	PLINE
完整的长城及砖石城墙(内侧)	144112	JMD	5	continuous	0	PLINE
破坏的长城及砖石城墙(外侧)	144121	JMD	5	4412a	0	PLINE
破坏的长城及砖石城墙(内侧)	144122	JMD	5	x13	0	PLINE
土城墙(外侧)	144201	JMD	5	442	0	PLINE
土城墙(内侧)	144202	JMD	5	continuous	0	PLINE
土城墙城门	144211	JMD	5	continuous	0	PLINE
土城墙豁口	144212	JMD	3	continuous	0	PLINE
依比例围墙	144301	JMD	11	wall	0.5	PLINE
依比例围墙边线	144301-1	JMD	附			PLINE
依比例围墙短线	144301-2	JMD	附			LINE
不依比例围墙	144302	JMD	5	443	0.3	PLINE
栅栏、栏杆	144400	JMD	5	444	0	PLINE
篱笆	144500	JMD	5	445	0	PLINE
活树篱笆	144600	JMD	18	hs	gc170	PLINE
活树篱笆符号	144600-1	JMD	附			PLINE
活树篱笆符号	144600-2	JMD	附			PLINE
铁丝网	144700	JMD	5	447	0	PLINE
钻孔	151100	DLDW	1	gc093	0	POINT
探井	151200	DLDW	1	gc094	0	POINT
探槽	151300	DLDW	5	continuous	0	POINT
开采的竖井井口(圆)	151401	DLDW	1	gc071	0	POINT
开采的竖井井口(方)	151411	DLDW	1	gc171	0	POINT
开采的斜井井口	151402	DLDW	2	gc072	0	POINT
开采的平洞洞口	151403	DLDW	2	gc073	0	POINT
开采的小矿井	151404	DLDW	1	gc172	0	POINT

续表

地物名称	编码	图层	类别	参数一	参数二	实体类型
废弃的竖井井口(圆)	151501	DLDW	1	gc173	0	POINT
废弃的竖井井口(方)	151511	DLDW	1	gc174	0	POINT
废弃的斜井井口	151502	DLDW	2	gc175	0	POINT
废弃的平洞洞口	151503	DLDW	2	gc074	0	POINT
废弃的小矿井	151504	DLDW	1	gc176	0	POINT
盐井	151600	DLDW	1	gc091	0	POINT
石油、天然气井	151700	DLDW	1	gc092	0	POINT
露天采掘场范围线	151800	DLDW	6	1161	0	PLINE
起重机	152100	DLDW	1	gc016	0	POINT
龙门吊骨架线	152210	ASSIST	10	diaoche	1	SPECIAL，2
龙门吊轨道	152210－1	DLDW	附			LINE
龙门吊实连线	152210－2	DLDW	附			LINE
龙门吊虚连线	152210－3	DLDW	附			LINE
龙门吊柱架	152210－4	DLDW	附			POINT
天吊骨架线	152220	ASSIST	10	diaoche	1	SPECIAL，2
天吊轨道	152220－1	DLDW	附			LINE
天吊实连线	152220－2	DLDW	附			LINE
天吊虚连线	152220－3	DLDW	附			LINE
天吊柱架	152220－4	DLDW	附			POINT
架空传送带骨架线	152310	ASSIST	10	chsdai	1	SPECIAL，2
架空传送带边线	152310－1	DLDW	附			PLINE
架空传送带辅助线	152310－2	DLDW	附			PLINE
架空传送带支柱	152311	DLDW	2	gc002	0	POINT
地面上的传送带骨架线	152320	ASSIST	10	chsdai	1	SPECIAL，2
地面上的传送带边线	152320－1	DLDW	附			PLINE
地面上的传送带辅助线	152320－2	DLDW	附			PLINE
地面下的传送带骨架线	152330	ASSIST	10	chsdai	1	SPECIAL，2
地面下的传送带边线	152330－1	DLDW	附			PLINE
地面下的传送带辅助线	152330－2	DLDW	附			PLINE
漏斗符号	152401	DLDW	1	gc170	0	POINT
漏斗辅助线	152402	DLDW	5	continuous	0	PLINE

续表

地物名称	编码	图层	类别	参数一	参数二	实体类型
斗在中间的漏斗	152410	DLDW	14	fours	1	PLINE
斗在中间的漏斗支柱	152410-1	DLDW	附			POINT
斗在一侧的漏斗	152420	DLDW	14	fours	1	PLINE
斗在一侧的漏斗支柱	152420-1	DLDW	附			POINT
斗在墙上的漏斗	152430	DLDW	2	gc177	0	POINT
斗在坑内的漏斗边线	152440	DLDW	12	round	0	CIRCLE
斗在坑内的漏斗辅助线	152440-1	DLDW	附	continuous	gc170	LINE
斗在坑内的漏斗符号	152440-2	DLDW	附			POINT
斗在坑内的漏斗	152441	DLDW	9			POINT
滑槽右侧	152501	DLDW	15	5251	5252	PLINE
滑槽左侧	152502	DLDW	5	5252	0	PLINE
塔形建筑物	152610	DLDW	1	gc214	0	POINT
塔形建筑物范围	152611	DLDW	7	continuous	gc214	CIRCLE
水塔	152620	DLDW	1	gc102	0	POINT
水塔范围	152621	DLDW	7	continuous	gc102	CIRCLE
水塔烟囱	152630	DLDW	1	gc030	0	POINT
水塔烟囱范围	152631	DLDW	7	continuous	gc030	CIRCLE
烟囱	152700	DLDW	1	gc095	0	POINT
烟囱范围	152701	DLDW	7	continuous	gc095	CIRCLE
烟道	152702	DLDW	5	continuous	0	PLINE
架空烟道	152703	DLDW	5	x5	0	PLINE
依比例液体、气体储存设备(圆)	152811	DLDW	12	round	0	CIRCLE
依比例液体、气体储存设备(圆)辅助线	152811-1	DLDW	附	continuous	gc070	LINE
依比例液体、气体储存设备(非圆)	152812	DLDW	8	gc070	0	PLINE
不依比例液体、气体储存设备	152802	DLDW	1			POINT
露天设备	152900	DLDW	1	gc018	0	POINT
露天设备范围(非圆)	152901	DLDW	8	1161	gc018	PLINE
露天设备范围(圆)	152902	DLDW	7	continuous	gc018	CIRCLE
依比例粮仓	153101	DLDW	12	round	0	CIRCLE

续表

地物名称	编码	图层	类别	参数一	参数二	实体类型
依比例粮仓辅助线	153101-1	DLDW	附			LINE
不依比例粮仓	153102	DLDW	1	gc034	0	POINT
粮仓群边界	153103	DLDW	17	1161	gc034	PLINE
粮仓群符号	153103-1	DLDW	附			POINT
风车	153200	DLDW	1	gc035	0	POINT
水磨房、水车	153300	DLDW	1	gc036	0	POINT
水轮泵、抽水机站	153400	DLDW	1	gc104	0	POINT
打谷场、球场	153500	DLDW	8	1161	球	PLINE
饲养场	153600	DLDW	8	continuous	牲	PLINE
温室、花房	153700	DLDW	8	continuous	温室	PLINE
高于地面水池	153801	DLDW	8	10421	水	PLINE
低于地面水池	153802	DLDW	8	continuous	水	PLINE
有盖的水池	153803	DLDW	14	fours	0	PLINE
有盖的水池辅助线	153803-1	DLDW	附			LINE
依比例肥气池	153901	DLDW	17	continuous	*1061	PLINE
不依比例肥气池	153902	DLDW	1	gc178	0	POINT
气象站	154100	DLDW	1	gc075	0	POINT
雷达站	154200	DLDW	1	gc032	0	POINT
环保检测站	154300	DLDW	1	gc033	0	POINT
水文站	154400	DLDW	1	gc054	0	POINT
宣传橱窗骨架线	154500	ASSIST	13	ggp	0	PLINE
宣传橱窗线	154500-1	DLDW	附			LINE
学校	154600	DLDW	1	gc136	0	POINT
卫生所	154700	DLDW	1	gc138	0	POINT
有看台露天体育场	154810	DLDW	5	continuous	0	PLINE
有看台露天体育场司令台	154811	DLDW	5	continuous	0	PLINE
有看台露天体育场门洞	154812	DLDW	5	continuous	0	PLINE
无看台露天体育场	154820	DLDW	5	continuous	0	PLINE
露天舞台	154830	DLDW	8	continuous	台	PLINE
游泳池	154900	DLDW	8	continuous	泳	PLINE
加油站	155100	DLDW	1	gc096	0	POINT

续表

地物名称	编码	图层	类别	参数一	参数二	实体类型
路灯	155210	DLDW	1	gc097	0	POINT
杆式照射灯	155221	DLDW	1	gc019	0	POINT
桥式照射灯基塔	155222	DLDW	14	fours	0	PLINE
桥式照射灯基塔辅助线	155222-1	DLDW	附			LINE
桥式照射灯虚线	155223	DLDW	5	x5	0	PLINE
塔式照射灯	155224	DLDW	1	gc179	0	POINT
喷水池	155300	DLDW	1	gc020	0	POINT
喷水池范围	155301	DLDW	7	continuous	gc020	CIRCLE
假石山	155400	DLDW	1	gc021	0	POINT
假石山范围	155401	DLDW	9	1161	gc021	PLINE
垃圾台	155500	DLDW	1	gc022	0	POINT
岗亭、岗楼	155600	DLDW	1	gc101	0	POINT
无线电杆、塔范围	155701	DLDW	8	continuous	gc132	PLINE
无线电杆、塔	155702	DLDW	1	gc132	0	POINT
电视发射塔	155800	DLDW	1	gc180	0	POINT
避雷针	155900	DLDW	1	gc103	0	POINT
依比例纪念碑	156101	DLDW	8	continuous	gc105	PLINE
纪念碑	156102	DLDW	1	gc105	0	POINT
依比例碑、柱、墩	156201	DLDW	8	continuous	gc106	PLINE
碑、柱、墩	156202	DLDW	1	gc106	0	POINT
依比例塑像	156301	DLDW	8	continuous	gc107	PLINE
塑像	156302	DLDW	1	gc107	0	POINT
旗杆	156400	DLDW	1	gc098	0	POINT
彩门、牌坊、牌楼	156500	DLDW	5	x14	0	PLINE
依比例亭	156601	DLDW	8	continuous	gc100	PLINE
亭	156602	DLDW	1	gc100	0	POINT
依比例钟楼、城楼、鼓楼	157101	DLDW	8	continuous	gc023	PLINE
钟楼、城楼、鼓楼	157102	DLDW	1	gc023	0	POINT
依比例旧碉堡	157201	DLDW	7	continuous	gc024	CIRCLE
旧碉堡	157202	DLDW	1	gc024	0	POINT
依比例宝塔、经塔	157301	DLDW	8	continuous	gc029	PLINE

续表

地物名称	编码	图层	类别	参数一	参数二	实体类型
宝塔、经塔	157302	DLDW	1	gc029	0	POINT
烽火台	157400	DLDW	5	574	0	PLINE
依比例庙宇	157501	DLDW	8	continuous	gc108	PLINE
庙宇	157502	DLDW	1	gc108	0	POINT
依比例土地庙	157601	DLDW	8	continuous	gc025	PLINE
土地庙	157602	DLDW	1	gc025	0	POINT
依比例教堂	157701	DLDW	8	continuous	gc026	PLINE
教堂	157702	DLDW	1	gc026	0	POINT
依比例清真寺	157801	DLDW	8	continuous	gc027	PLINE
清真寺	157802	DLDW	1	gc027	0	POINT
依比例敖包、经堆	157901	DLDW	9	1161	gc028	PLINE
敖包、经堆	157902	DLDW	1	gc028	0	POINT
过街天桥	158100	DLDW	5	continuous	0	PLINE
过街地道出入口	158201	DLDW	14	fours	0	POINT
过街地道出入口辅助线	158201-1	DLDW	附			LINE
过街地道	158202	DLDW	5	x5	0	LINE
依比例地下建筑物地表出入口	158301	DLDW	14	fours	0	POINT
依比例地下建筑物出入口辅助线	158301-1	DLDW	附			LINE
不依比例地下建筑物地表出入口	158302	DLDW	2	gc010	0	POINT
地磅	158400	DLDW	1	gc017	0	POINT
雨罩下的地磅	158402	DLDW	8	x5	gc017	PLINE
露天的地磅	158403	DLDW	8	1161	gc017	PLINE
有平台露天货栈	158501	DLDW	8	continuous	货栈	PLINE
无平台露天货栈	158502	DLDW	8	1161	货栈	PLINE
堆式窑	158601	DLDW	12	round	0	CIRCLE
堆式窑辅助线	158601-1	DLDW	附			LINE
堆式窑符号	158601-2	DLDW	附			POINT
窑	158602	DLDW	1	gc181	0	POINT
台式窑	158603	DLDW	8	continuous	gc181	PLINE
独立坟	158701	DLDW	1	gc110	0	POINT

续表

地物名称	编码	图层	类别	参数一	参数二	实体类型
独立坟范围	158711	DLDW	9	1161	gc110	PLINE
坟群边界	158702	DLDW	17	1161	gc111	PLINE
坟群符号	158702-1	DLDW	附			POINT
散坟	158703	DLDW	1	gc111	0	POINT
厕所	158800	DLDW	8	continuous	厕	PLINE
依比例一般铁路	161101	DLSS	11	tl1	−1.435	PLINE
依比例一般铁路边线	161101-1	DLSS	附			PLINE
依比例一般铁路横线	161101-2	DLSS	附			PLINE
不依比例一般铁路	161102	DLSS	16	x17	0.8	PLINE
不依比例一般铁路边线	161102-1	DLSS	附			PLINE
依比例电气化铁路	161201	DLSS	11	tl1	−1.435	PLINE
依比例电气化铁路边线	161201-1	DLSS	附			PLINE
依比例电气化铁路横线	161201-2	DLSS	附			PLINE
不依比例电气化铁路	161202	DLSS	16	x17	0.8	PLINE
不依比例电气化铁路边线	161202-1	DLSS	附			PLINE
依比例电气化铁路电线架骨架线	161203	ASSIST	13	ggp	0	PLINE
依比例电气化铁路电线架辅助线	161203-1	DLSS	附			LINE
依比例电气化铁路电线架电杆	161203-2	DLSS	附			POINT
不依比例电气化铁路电线架	161204	DLSS	2	gc182	0	POINT
依比例窄轨铁路	161301	DLSS	11	tl1	1.435	PLINE
依比例窄轨铁路边线	161301-1	DLSS	附			PLINE
依比例窄轨铁路横线	161301-2	DLSS	附			PLINE
不依比例窄轨铁路	161302	DLSS	16	x18	0.6	PLINE
不依比例窄轨铁路边线	161302-1	DLSS	附			PLINE
依比例建筑中铁路	161401	DLSS	11	tl1	-1.435	PLINE
依比例建筑中铁路边线	161401-1	DLSS	附			PLINE
依比例建筑中铁路横线	161401-2	DLSS	附			PLINE
不依比例建筑中铁路	161402	DLSS	16	x20	0.8	PLINE
不依比例建筑中铁路边线	161402-1	DLSS	附			PLINE
依比例轻便铁路	161501	DLSS	11	tl1	1.435	PLINE
依比例轻便铁路边线	161501-1	DLSS	附			PLINE

续表

地物名称	编码	图层	类别	参数一	参数二	实体类型
依比例轻便铁路横线	161501-2	DLSS	附			LINE
依比例轻便铁路圆点	161501-3	DLSS	附			POINT
不依比例轻便铁路	161502	DLSS	16	x21	0.6	PLINE
不依比例轻便铁路边线	161502-1	DLSS	附			PLINE
电车轨道	161600	DLSS	6	continuous	0	PLINE
电车轨道电杆骨架线	161601	ASSIST	附	ggp	0	PLINE
电车轨道电杆连线	161601-1	DLSS	附			LINE
电车轨道电杆	161601-2	DLSS	13			POINT
依比例缆车轨道	161701	DLSS	11	tl1	—0.8	PLINE
依比例缆车轨道边线	161701-1	DLSS	附			PLINE
依比例缆车轨道横线	161701-2	DLSS	附			LINE
不依比例缆车轨道	161702	DLSS	11	tl1	—0.6	PLINE
不依比例缆车轨道边线	161702-1	DLSS	附			PLINE
不依比例缆车轨道横线	161702-2	DLSS	附			LINE
依比例架空索道	161810	DLSS	5	continuous	0	PLINE
架空索道柱架	161811	DLSS	5	continuous	0	PLINE
不依比例架空索道	161800	DLSS	18	gkg	0	PLINE
不依比例架空索道符号	161800-1	DLSS	附			POINT
有雨棚的站台	162110	DLSS	5	continuous	0	PLINE
站台雨棚	162111	DLSS	14	pf	0	PLINE
站台雨棚短线	162111-1	DLSS	附			LINE
站台雨棚圆点	162111-2	DLSS	附			POINT
露天的站台	162120	DLSS	5	continuous	0	PLINE
天桥	162200	DLSS	5	continuous	0	PLINE
天桥台阶骨架线	162201	ASSIST	10	lt	0	PLINE
天桥台阶线	162201-1	DLSS	附			LINE
地道	162300	DLSS	5	x5	0	PLINE
高柱色灯信号机	162401	DLSS	1	gc183	0	POINT
矮柱色灯信号机	162402	DLSS	1	gc184	0	POINT
臂板信号机	162500	DLSS	1	gc203	0	POINT
水鹤	162600	DLSS	1	gc204	0	POINT

续表

地物名称	编码	图层	类别	参数一	参数二	实体类型
车挡	162700	DLSS	5	continuous	0.5	PLINE
转车盘	162800	DLSS	4	continuous	0	CIRCLE
高速公路	163100	DLSS	6	continuous	0.4	PLINE
高速公路收费站	163101	DLSS	5	continuous	0	PLINE
等级公路主线	163200	DLSS	6	continuous	0.4	PLINE
等级公路边线	163210	DLSS	6	continuous	0.2	PLINE
等外公路	163300	DLSS	6	continuous	0.2	PLINE
建筑中高速公路	163400	DLSS	6	x2	0.4	PLINE
建筑中等级公路	163500	DLSS	6	x3	0.4	PLINE
建筑中等外公路	163600	DLSS	6	x3	0.2	PLINE
大车路虚线边	164100	DLSS	6	x2	0.2	PLINE
大车路实线边	164110	DLSS	6	continuous	0.2	PLINE
依比例乡村路虚线	164201	DLSS	6	x3	0.2	PLINE
依比例乡村路实线	164211	DLSS	6	continuous	0.2	PLINE
不依比例乡村路	164202	DLSS	6	x2	0.3	PLINE
小路	164300	DLSS	6	x3	0.3	PLINE
内部道路	164400	DLSS	6	x6	0	PLINE
阶梯路	164500	DLSS	6	continuous	0	PLINE
高架路	164600	DLSS	6	continuous	0.3	PLINE
依比例涵洞骨架线	165101	ASSIST	10	hda	0	PLINE
依比例涵洞实线	165101-1	DLSS	附			LINE
依比例涵洞虚线	165101-2	DLSS	附			LINE
依比例涵洞短线	165101-3	DLSS	附			LINE
不依比例涵洞	165102	DLSS	2	gc037	0	POINT
隧道里的铁路线	165210	DLSS	6	x5	0	PLINE
依比例隧道入口	165201	DLSS	5	10422	0	PLINE
不依比例隧道入口	165202	DLSS	5	continuous	0	PLINE
已加固路堑	165301	DLSS	6	653	0	PLINE
未加固路堑	165302	DLSS	6	833	0	PLINE
已加固路堤	165401	DLSS	6	653	0	PLINE
未加固路堤	165402	DLSS	6	833	0	PLINE

续表

地物名称	编码	图层	类别	参数一	参数二	实体类型
明峒	165500	DLSS	18	pf	0	PLINE
明峒符号	165500-1	DLSS	附	x5	0	POINT
明峒里的铁路线	165510	DLSS	6			PLINE
里程碑	165601	DLSS	1	gc038	0	POINT
坡度表	165602	DLSS	1	gc039	0	POINT
路标	165603	DLSS	1	gc052	0	POINT
汽车站	165604	DLSS	1	gc076	0	POINT
挡土墙	165700	DLSS	6	657	0.3	PLINE
有栏木的铁路平交路口骨架线	165810	ASSIST	10	qiao	0	PLINE
有栏木的铁路平交路口线	165810-1	DLSS	附			LINE
有栏木的铁路平交路口短线	165810-2	DLSS	附			LINE
栏木线	165811	DLSS	13	ggp	1	PLINE
栏木支柱	165811-1	DLSS	附			POINT
无栏木的铁路平交路口骨架线	165820	ASSIST	10	qiao	0	PLINE
无栏木的铁路平交路口线	165820-1	DLSS	附			LINE
无栏木的铁路平交路口短线	165820-2	DLSS	附			LINE
铁路在上面的立体交叉路骨架线	165910	ASSIST	10	jiaocha	0	PLINE
铁路在上面的立体交叉路	165910-1	DLSS	附			LINE
铁路在上面的立体交叉路墩	165910-2	DLSS	附			POINT
铁路在下面的立体交叉路骨架线	165920	ASSIST	10	jiaocha	0	PLINE
铁路在下面的立体交叉路	165920-1	DLSS	附			LINE
铁路在下面的立体交叉路墩	165920-2	DLSS	附			POINT
铁路桥骨架线	166100	ASSIST	10	qiao	0	PLINE
铁路桥边线	166100-1	DLSS	附			LINE
铁路桥短线	166100-2	DLSS	附			LINE
铁路桥桥墩	166101	DLSS	2	gc002	0	POINT
公路桥桥墩	166201	DLSS	2	gc002	0	POINT
一般公路桥骨架线	166210	ASSIST	10	qiao	0	PLINE
一般公路桥边线	166210-1	DLSS	附			LINE

续表

地物名称	编码	图层	类别	参数一	参数二	实体类型
一般公路桥短线	166210-2	DLSS	附			LINE
有人行道公路桥骨架线	166220	ASSIST	10	qiao	0	PLINE
有人行道公路桥边线	166220-1	DLSS	附			LINE
有人行道公路桥短线	166220-2	DLSS	附			LINE
公路桥人行道	166221	DLSS	5	continuous	0	PLINE
有输水槽公路桥骨架线	166230	ASSIST	10	qiao	0	PLINE
有输水槽公路桥边线	166230-1	DLSS	附			LINE
有输水槽公路桥短线	166230-2	DLSS	附			LINE
双层桥骨架线	166300	ASSIST	10	qiao	0	PLINE
双层桥内线	166300-1	DLSS	附			LINE
双层桥短线	166300-2	DLSS	附			LINE
双层桥外线	166300-3	DLSS	附			LINE
双层桥引桥	166310	DLSS	6	continuous	0	PLINE
双层桥桥墩	166301	DLSS	2	gc002	0	POINT
依比例人行桥骨架线	166401	ASSIST	10	qiao	0	PLINE
依比例人行桥边线	166401-1	DLSS	附			LINE
依比例人行桥短线	166401-2	DLSS	附			LINE
依比例人行桥横线	166401-3	DLSS	附			LINE
不依比例人行桥	166402	DLSS	13	ggp	1	PLINE
不依比例人行桥短线	166402-1	DLSS	附			LINE
依比例级面桥骨架线	166501	ASSIST	10	qiao	0	PLINE
依比例级面桥边线	166501-1	DLSS	附			LINE
依比例级面桥短线	166501-2	DLSS	附			LINE
依比例级面桥横线	166501-3	DLSS	附			LINE
不依比例级面桥	166502	DLSS	13	ggp	1	PLINE
不依比例级面桥短线	166502-1	DLSS	附			LINE
不依比例级面桥横线	166502-2	DLSS	附			LINE
铁索桥骨架线	166600	ASSIST	10	xktl	0	PLINE
铁索桥边线	166600-1	DLSS	附			LINE
铁索桥横线	166600-2	DLSS	附			LINE
铁索桥端	166600-3	DLSS	附			CIRCLE

续表

地物名称	编码	图层	类别	参数一	参数二	实体类型
亭桥骨架线	166700	ASSIST	10	qiao	0	PLINE
亭桥边线	166700-1	DLSS	附			LINE
亭桥短线	166700-2	DLSS	附			LINE
亭桥横线	166700-3	DLSS	附			LINE
渡口	167100	DLSS	5	x5	0	PLINE
漫水路面虚线	167210	DLSS	5	x3	0	PLINE
漫水路面实线	167220	DLSS	5	continuous	0	PLINE
徙涉场	167300	DLSS	5	1161	0	PLINE
跳墩	167400	DLSS	5	674	0	PLINE
过河缆骨架线	167500	ASSIST	13	ggp	0	PLINE
过河缆索	167500-1	DLSS	附			LINE
过河缆吊斗	167500-2	DLSS	附			PLINE
过河缆端	167500-3	DLSS	附			CIRCLE
顺岸式固定码头	167610	DLSS	6	continuous	0	PLINE
堤坝式固定码头	167620	DLSS	6	continuous	0	PLINE
浮码头	167700	DLSS	5	continuous	0	PLINE
浮码头架空过道骨架线	167710	ASSIST	10	xktl	0	PLINE
浮码头架空过道边线	167710-1	DLSS	附			LINE
浮码头架空过道斜线	167710-2	DLSS	附			LINE
停泊场	167800	DLSS	1	gc055	0	POINT
航行灯塔	168101	DLSS	1	gc056	0	POINT
航行灯桩	168102	DLSS	1	gc057	0	POINT
航行灯船	168103	DLSS	1	gc147	0	POINT
左岸航行浮标	168201	DLSS	1	gc058	0	POINT
右岸航行浮标	168202	DLSS	1	gc059	0	POINT
立标、岸标	168300	DLSS	1	gc061	0	POINT
系船浮筒	168400	DLSS	1	gc060	0	POINT
过江管线标	168500	DLSS	1	gc062	0	POINT
信号杆	168600	DLSS	1	gc063	0	POINT
通航起讫点	168700	DLSS	2	gc185	0	POINT
露出的沉船	169001	DLSS	1	gc064	0	POINT

续表

地物名称	编码	图层	类别	参数一	参数二	实体类型
淹没的沉船	169002	DLSS	1	gc065	0	POINT
沉船范围线	169012	DLSS	9	1161	gc065	PLINE
急流	169003	DLSS	2	gc066	0	POINT
急流范围线	169013	DLSS	9	1161	gc066	PLINE
旋涡	169004	DLSS	1	gc067	0	POINT
旋涡范围线	169014	DLSS	9	1161	gc067	PLINE
岸滩、水中滩	169005	DLSS	17	1161	* 1061	PLINE
石滩符号	169006	DLSS	1	gc186	0	POINT
地面上的输电线骨架线	171101	ASSIST	18	gkg	1	PLINE
地面上的输电线电杆	171101-1	GXYZ	附			POINT
地面上的输电线箭头	171101-2	GXYZ	附			POINT
地面上的输电线	171101-3	GXYZ	附			LINE
地面上的输电线箭头	171111	GXYZ	附			POINT
地面下的输电线	171102	GXYZ	5	711b	0	PLINE
输电线电缆标	171103	GXYZ	2	gc234	0	POINT
地面上的配电线骨架线	171201	ASSIST	18	gkg	1	PLINE
地面上的配电线电杆	171201-1	GXYZ	附			POINT
地面上的配电线箭头	171201-2	GXYZ	附			POINT
地面上的配电线	171201-3	GXYZ	附			LINE
地面上的配电线箭头	171211	GXYZ	附			POINT
地面下的配电线	171202	GXYZ	5	712b	0	PLINE
配电线电缆标	171203	GXYZ	2	gc234	0	POINT
电杆	171300	GXYZ	1	gc170	0	POINT
电线架骨架线	171400	ASSIST	13	ggp	0	PLINE
电线架	171400-1	GXYZ	附			LINE
电线架电杆	171400-2	GXYZ	附			POINT
依比例电线塔	171501	GXYZ	14	fours	0	PLINE
依比例电线塔斜线	171501-1	GXYZ	附			LINE
不依比例电线塔	171502	GXYZ	2	gc002	0	POINT
电线杆上变压器骨架线	171600	ASSIST	13	ggp	0	PLINE
电线杆上变压器	171600-1	GXYZ	附			PLINE

续表

地物名称	编码	图层	类别	参数一	参数二	实体类型
电线杆上变压器电杆	171600－2	GXYZ	附			POINT
电线杆上变压器(单杆)	171610	GXYZ	2	gc187	0	POINT
电线入地口	171700	GXYZ	2	gc232	0	POINT
依比例变电室	171801	GXYZ	8	continuous	gc129a	PLINE
变电室符号	171811	GXYZ	1	gc129a	0	POINT
不依比例变电室	171802	GXYZ	1	gc129	0	POINT
地面上的通信线骨架线	172001	ASSIST	18	gkg	1	PLINE
地面上的通信线电杆	172001－1	GXYZ	附			POINT
地面上的通信线箭头	172001－2	GXYZ	附			POINT
地面上的通信线	172001－3	GXYZ	附			LINE
地面上的通信线箭头	172011	GXYZ	附			POINT
地面下的通信线	172002	GXYZ	5	72b	0	PLINE
通信线电缆标	172003	GXYZ	2	gc234	0	POINT
通信线入地口	172004	GXYZ	2	gc232	0	POINT
依比例架空管道墩架	173103	GXYZ	14	fours	0	PLINE
依比例架空管道墩架斜线	173103－1	GXYZ				LINE
不依比例架空管道墩架	173104	GXYZ	2	gc002	0	POINT
架空的上水管道	173110	GXYZ	5	continuous	0	PLINE
架空的下水管道	173120	GXYZ	5	continuous	0	PLINE
架空的煤气管道	173130	GXYZ	5	continuous	0	PLINE
架空的热力管道	173140	GXYZ	5	continuous	0	PLINE
架空的工业管道	173150	GXYZ	5	continuous	0	PLINE
地面上的上水管道	173210	GXYZ	5	732	0	PLINE
地面上的下水管道	173220	GXYZ	5	732	0	PLINE
地面上的煤气管道	173230	GXYZ	5	732	0	PLINE
地面上的热力管道	173240	GXYZ	5	732	0	PLINE
地面上的工业管道	173250	GXYZ	5	732	0	PLINE
地面下的上水管道	173310	GXYZ	5	x1	0	PLINE
地面下的下水管道	173320	GXYZ	5	x1	0	PLINE
地面下的煤气管道	173330	GXYZ	5	x1	0	PLINE
地面下的热力管道	173340	GXYZ	5	x1	0	PLINE

续表

地物名称	编码	图层	类别	参数一	参数二	实体类型
地面下的工业管道	173350	GXYZ	5	x1	0	PLINE
有管堤的上水管道	173410	GXYZ	16	x16	1	PLINE
有管堤的上水管道左边线	173410-1	GXYZ	附			PLINE
有管堤的上水管道右边线	173410-2	GXYZ	附			PLINE
有管堤的下水管道	173420	GXYZ	16	x16	1	PLINE
有管堤的下水管道左边线	173420-1	GXYZ	附			PLINE
有管堤的下水管道右边线	173420-2	GXYZ	附			PLINE
有管堤的煤气管道	173430	GXYZ	16	x16	1	PLINE
有管堤的煤气管道左边线	173430-1	GXYZ	附			PLINE
有管堤的煤气管道右边线	173430-2	GXYZ	附			PLINE
有管堤的热力管道	173440	GXYZ	16	x16	1	PLINE
有管堤的热力管道左边线	173440-1	GXYZ	附			PLINE
有管堤的热力管道右边线	173440-2	GXYZ	附			PLINE
有管堤的工业管道	173450	GXYZ	16	x16	1	PLINE
有管堤的工业管道左边线	173450-1	GXYZ	附			PLINE
有管堤的工业管道右边线	173450-2	GXYZ	附			PLINE
上水检修井	174100	GXYZ	1	gc042	0	POINT
下水、雨水检修井	174200	GXYZ	1	gc043	0	POINT
下水暗井	174300	GXYZ	1	gc045	0	POINT
煤气、天然气检修井	174400	GXYZ	1	gc046	0	POINT
热力检修井	174500	GXYZ	1	gc047	0	POINT
电信人孔	174601	GXYZ	1	gc048	0	POINT
电信手孔	174602	GXYZ	1	gc049	0	POINT
电力检修井	174700	GXYZ	1	gc050	0	POINT
工业、石油检修井	174800	GXYZ	1	gc157	0	POINT
不明用途的检修井	174900	GXYZ	1	gc188	0	POINT
污水篦子园形	175101	GXYZ	1	gc053	0	POINT
污水篦子长形	175102	GXYZ	2	gc041	0	POINT
消火栓	175200	GXYZ	1	gc133	0	POINT
阀门	175300	GXYZ	1	gc134	0	POINT
水龙头	175400	GXYZ	1	gc135	0	POINT

续表

地物名称	编码	图层	类别	参数一	参数二	实体类型
常年河水涯线	181101	SXSS	6	continuous	0	POINT
高水界	181102	SXSS	6	x0	0	POINT
流向	181103	SXSS	2	gc086	0	POINT
涨潮	181104	SXSS	2	gc233	0	POINT
落潮	181105	SXSS	2	gc086	0	POINT
时令河	181200	SXSS	6	x0	0	PLINE
消失河段	181300	SXSS	6	1161	0	PLINE
地下河段、渠段入口	181410	SXSS	6	continuous	0	PLINE
已明流路地下河段、渠段	181420	SXSS	6	1161	0	PLINE
常年湖	182100	SXSS	6	continuous	0	PLINE
时令湖	182200	SXSS	6	x5	0	PLINE
水库水边线	182300	SXSS	6	continuous	0	PLINE
水库溢洪道右边	182311	SXSS	15	8231	8232	PLINE
水库溢洪道左边	182312	SXSS	6	8232	0	PLINE
水库引水孔	182330	SXSS	2	gc189	0	POINT
有坎池塘	182401	SXSS	9	10421	塘	PLINE
无坎池塘	182402	SXSS	9	continuous	塘	PLINE
一般单线沟渠	183101	SXSS	6	continuous	0.3	PLINE
一般双线沟渠	183102	SXSS	6	continuous	0	PLINE
单层沟渠堤岸	183210	SXSS	6	832	0	PLINE
双层沟渠堤岸右边	183221	SXSS	15	832a	832	PLINE
双层沟渠堤岸左边	183222	SXSS	6	832	0	PLINE
沟渠沟堑	183300	SXSS	6	833	0	PLINE
地下灌渠	183400	SXSS	6	X1	0.3	PLINE
地下灌渠出水口	183401	SXSS	2	gc190	0	POINT
双线干沟右边	183501	SXSS	15	8352	8351	PLINE
双线干沟左边	183502	SXSS	6	8351	0	PLINE
单线干沟	183503	SXSS	6	8353	0.3	PLINE
依比例通车水闸骨架线	184101	ASSIST	10	sz	0	PLINE
依比例通车水闸线	184101-1	SXSS	附			LINE
依比例不通车水闸骨架线	184102	ASSIST	10	sz	0	PLINE

续表

地物名称	编码	图层	类别	参数一	参数二	实体类型
依比例不通车水闸线	184102-1	SXSS	附			LINE
不依比例能走人水闸	184103	SXSS	1	gc191	0	POINT
不依比例不能走人水闸	184104	SXSS	1	gc192	0	POINT
水闸房屋	184105	SXSS	8	continuous	gc192	PLINE
滚水坝(虚线)	184201	SXSS	5	x5	0	PLINE
滚水坝(坎线)	184202	SXSS	5	842	0	PLINE
拦水坝右边	184301	SXSS	15	8431	8432	PLINE
拦水坝左边	184302	SXSS	6	8432	0	PLINE
斜坡式防波堤	184410	SXSS	6	10411	0	PLINE
直立式防波堤	184420	SXSS	6	10421	0	PLINE
石垄式防波堤	184430	SXSS	6	1054	0	PLINE
防洪墙	184510	SXSS	11	wall	0.5	PLINE
防洪墙边线	184510-1	SXSS	附			PLINE
防洪墙横线	184510-2	SXSS	附			PLINE
直立式防洪墙	184520	SXSS	11	wall	0.5	PLINE
直立式防洪墙边线	184520-1	SXSS	附			PLINE
直立式防洪墙横线	184520-2	SXSS	附			LINE
有栏杆的防洪墙	184530	SXSS	11	wall	0.5	PLINE
有栏杆的防洪墙边线	184530-1	SXSS	附			PLINE
有栏杆的防洪墙细横线	184530-2	SXSS	附			LINE
有栏杆的防洪墙粗横线	184530-3	SXSS	附			LINE
有栏杆的直立式防洪墙	184531	SXSS	11	wall	0.5	PLINE
有栏杆的直立式防洪墙边线	184531-1	SXSS	附			PLINE
有栏杆的直立式防洪墙细横线	184531-2	SXSS	附			LINE
有栏杆的直立式防洪墙粗横线	184531-3	SXSS	附			LINE
斜坡式栅栏坎	184541	SXSS	6	84541	0	PLINE
直立式栅栏坎	184542	SXSS	6	84542	0	PLINE
斜坡式土堤右边	184611	SXSS	15	833a	833	PLINE
斜坡式土堤左边	184612	SXSS	6	833	0	PLINE
坎式土堤右边	184621	SXSS	15	10421a	10421	PLINE
坎式土堤左边	184622	SXSS	6	10421	0	PLINE

续表

地物名称	编码	图层	类别	参数一	参数二	实体类型
垅	184602	SXSS	6	8462	0.2	PLINE
带柱的输水槽骨架线	184710	ASSIST	10	qiao	0	PLINE
带柱的输水槽边线	184710-1	SXSS	附			LINE
带柱的输水槽短线	184710-2	SXSS	附			LINE
带柱的输水槽支柱	184710-3	SXSS	附			POINT
不带柱的输水槽骨架线	184720	ASSIST	10	qiao	0	PLINE
不带柱的输水槽边线	184720-1	SXSS	附			LINE
不带柱的输水槽短线	184720-2	SXSS	附			LINE
倒虹吸通道	184810	SXSS	6	x6	0	PLINE
倒虹吸入水口	184820	SXSS	5	continuous	0	PLINE
依比例水井	185101	SXSS	7	continuous	gc146	CIRCLE
水井	185102	SXSS	1	gc146	0	POINT
坎儿井	185200	SXSS	6	x3	0.3	PLINE
泉	185300	SXSS	2	gc068	0	POINT
瀑布、跌水	185400	SXSS	6	854	0	PLINE
土质的有滩陡岸	185510	SXSS	6	10421	0	PLINE
石质的有滩陡岸	185520	SXSS	6	1033b	0	PLINE
土质的无滩陡岸	185530	SXSS	6	10421	0	PLINE
石质的无滩陡岸	185540	SXSS	6	1033b	0	PLINE
海岸线	186100	SXSS	6	continuous	0.2	PLINE
干出线	186200	SXSS	6	862	0	PLINE
等深线首曲线	186301	SXSS	19	x11	0.15	PLINE
等深线计曲线	186302	SXSS	19	x11	0.3	PLINE
水深点	186400	SXSS	0	gcd	0	SPECIAL，1
水深点整数	186411	SXSS	附			PLINE
水深点小数	186412	SXSS	附			POINT
沙滩	186510	SXSS	17	862	*1061	PLINE
沙砾滩石块	186521	SXSS	2	gc201	0	POINT
淤泥滩边界	186540	SXSS	17	862	*865	PLINE
淤泥滩符号	186540-1	SXSS	附			POINT
单个淤泥滩符号	186541	SXSS	附			POINT

续表

地物名称	编码	图层	类别	参数一	参数二	实体类型
岩滩、珊瑚滩	186550	SXSS	6	865	0	PLINE
贝类养殖滩符号	186561	SXSS	1	gc194	0	POINT
红树滩符号	186571	SXSS	1	gc170	0	POINT
水产养殖场	186600	SXSS	6	1161	0	PLINE
危险岸	186700	SXSS	6	1161	0	PLINE
依比例明礁	186811	SXSS	9	continuous	gc195	PLINE
不依比例单个明礁	186812	SXSS	1	gc195	0	POINT
不依比例丛礁(明礁)	186813	SXSS	1	gc196	0	POINT
危险区域(明礁)	186814	SXSS	9	1161	gc195	PLINE
依比例干出礁	186821	SXSS	9	continuous	gc197	PLINE
不依比例单个干出礁	186822	SXSS	1	gc197	0	POINT
不依比例丛礁(干出礁)	186823	SXSS	1	gc198	0	POINT
危险区域(干出礁)	186824	SXSS	9	1161	gc197	PLINE
依比例适淹礁	186831	SXSS	9	continuous	gc199	PLINE
不依比例单个适淹礁	186832	SXSS	1	gc199	0	POINT
不依比例丛礁(适淹礁)	186833	SXSS	1	gc237	0	POINT
危险区域(适淹礁)	186834	SXSS	9	1161	gc199	PLINE
依比例暗礁	186841	SXSS	9	continuous	gc238	PLINE
不依比例单个暗礁	186842	SXSS	1	gc238	0	POINT
不依比例丛礁(暗礁)	186843	SXSS	1	gc239	0	POINT
危险区域(暗礁)	186844	SXSS	9	1161	gc238	PLINE
国界	191101	JJ	5	911a	0.8	PLINE
国界的界桩、界碑	191111	JJ	1	gc240	0	POINT
未定国界	191102	JJ	5	911b	0	PLINE
省、直辖市已定界	191201	JJ	5	912a	0.6	PLINE
省、直辖市未定界	191202	JJ	5	x22	0.6	PLINE
地区、地级市已定界	191301	JJ	5	913a	0.4	PLINE
地区、地级市未定界	191302	JJ	5	x23	0.4	PLINE
县、县级市已定界	191401	JJ	5	914a	0.3	PLINE
县、县级市未定界	191402	JJ	5	x24	0.3	PLINE
乡镇已定界	191501	JJ	5	915a	0.2	PLINE

续表

地物名称	编码	图层	类别	参数一	参数二	实体类型
乡镇未定界	191502	JJ	5	x25	0.2	PLINE
村界	191600	JJ	5	916	0.2	PLINE
组界	191700	JJ	5	917	0.2	PLINE
特殊地区界	192100	JJ	5	x27	0.2	PLINE
自然保护区界	192200	JJ	5	922	0.2	PLINE
等高线首曲线	201101	DGX	19	continuous	0.15	PLINE
等高线计曲线	201102	DGX	19	continuous	0.3	PLINE
等高线间曲线	201103	DGX	19	x12	0.15	PLINE
示坡线	201300	DGX	3	continuous	0	LINE
一般高程点	202101	GCD	0	gcd	0	SPECIAL，1
高程点注记	202111	GCD	附			TEXT
特殊高程点	202200	DMTZ	1	gc245	0	POINT
沙土的崩崖	203110	DMTZ	6	10421	0	PLINE
石质的崩崖	203120	DMTZ	6	1033b	0	PLINE
滑坡范围线	203200	DMTZ	6	1161	0	PLINE
土质的陡崖	203310	DMTZ	0	kan	10421	PLINE
石质的陡崖	203320	DMTZ	0	kan	1033b	PLINE
陡石山	203410	DMTZ	6	1033b	0	PLINE
露岩地范围线	203420	DMTZ	17	1161	gc201	PLINE
露岩地符号	203420-1	DMTZ	1	gc201	0	POINT
单个露岩地符号	203421	DMTZ	附			POINT
冲沟	203500	DMTZ	6	10421	0	PLINE
干河床、干涸湖	203600	DMTZ	6	x0	0	PLINE
依比例地裂缝	203701	DMTZ	5	continuous	0	PLINE
不依比例地裂缝	203702	DMTZ	2	gc202	0	POINT
岩溶漏斗	203800	DMTZ	2	gc241	0	POINT
未加固斜坡	204101	DMTZ	6	10411	0	PLINE
加固斜坡	204102	DMTZ	6	10412	0	PLINE
未加固陡坎	204201	DMTZ	0	kan	10421	PLINE
加固陡坎	204202	DMTZ	0	kan	10422	PLINE
梯田坎	204300	DMTZ	6	10421	0	PLINE

续表

地物名称	编码	图层	类别	参数一	参数二	实体类型
自然斜坡	204400	DMTZ	0	xp	1	SPECIAL，4
自然斜坡坡顶线	204401	DMTZ	附			PLINE
自然斜坡坡底线	204402	DMTZ	附			PLINE
自然斜坡线	204400-1	DMTZ	附			LINE
加固自然斜坡	204410	DMTZ	0	xp	3	SPECIAL，4
加固自然斜坡坡顶线	204411	DMTZ	附			PLINE
加固自然斜坡坡底线	204412	DMTZ	附			PLINE
加固自然斜坡线	204410-1	DMTZ	附			LINE
加固自然斜坡点	204410-2	DMTZ	附			LINE
自然陡崖	204420	DMTZ	0	xp	6	SPECIAL，4
自然陡崖坡顶线	204421	DMTZ	附			PLINE
自然陡崖坡底线	204422	DMTZ	附			PLINE
自然陡崖线	204420-1	DMTZ	附			LINE
自然陡崖线	204420-2	DMTZ	附			LINE
依比例山洞	205101	DMTZ	6	continuous	0	PLINE
不依比例山洞	205102	DMTZ	2	gc242	0	POINT
依比例独立石	205201	DMTZ	9	continuous	gc201	PLINE
不依比例独立石	205202	DMTZ	2	gc201	0	POINT
依比例石堆	205301	DMTZ	9	1161	gc087	PLINE
不依比例石堆	205302	DMTZ	2	gc087	0	POINT
依比例石垄	205401	DMTZ	6	1161	0	PLINE
不依比例石垄	205402	DMTZ	6	1054	0	PLINE
依比例土堆范围	205501	DMTZ	6	1161	0	PLINE
依比例土堆斜坡线	205502	DMTZ	6	10411	0	PLINE
不依比例土堆	205503	DMTZ	1	gc243	0	POINT
依比例坑穴	205601	DMTZ	6	854	0	PLINE
不依比例坑穴	205602	DMTZ	1	gc244	0	POINT
乱掘地范围	205701	DMTZ	6	1161	0	PLINE
乱掘地陡坎	205702	DMTZ	6	10421	0	PLINE
沙地	206100	DMTZ	17	continuous	*1061	PLINE
沙砾地石块	206201	DMTZ	2	gc201	0	POINT

续表

地物名称	编码	图层	类别	参数一	参数二	实体类型
石块地边界	206300	DMTZ	17	continuous	gc090	PLINE
石块地符号	206300-1	DMTZ	附			POINT
单个石块地符号	206301	DMTZ	1	gc090	0	POINT
线状石块地	206302	DMTZ	18	hs	gc090	PLINE
线状石块地符号	206302-1	DMTZ	附			POINT
盐碱地边界	206400	DMTZ	17	continuous	gc213	PLINE
盐碱地符号	206400-1	DMTZ	1			POINT
单个盐碱地符号	206401	DMTZ	附	gc213	0	POINT
线状盐碱地	206402	DMTZ		hs	gc213	PLINE
线状盐碱地符号	206402-1	DMTZ	附			POINT
依比例小草丘地	206501	DMTZ		1161	gc089	PLINE
不依比例小草丘地边界	206502	DMTZ		continuous	gc089	PLINE
不依比例小草丘地符号	206502-1	DMTZ				POINT
单个小草丘地符号	206503	DMTZ	附	gc089	0	POINT
线状小草丘地	206504	DMTZ	附	hs	gc089	PLINE
线状小草丘地符号	206504-1	DMTZ	18			POINT
龟裂地边界	206600	DMTZ	17	continuous	gc088	PLINE
龟裂地符号	206600-1	DMTZ	附			POINT
单个龟裂地符号	206601	DMTZ	2	gc088	0	POINT
线状龟裂地	206602	DMTZ	附	hs	gc088	PLINE
线状龟裂地符号	206602-1	DMTZ	18			POINT
能通行沼泽地	206701	DMTZ	17	continuous	*1067a	PLINE
不能通行沼泽地	206702	DMTZ	17	continuous	*1067b	PLINE
盐田、盐场范围线	206800	DMTZ	6	1161	0	PLINE
台田	206900	DMTZ	6	8353	0.3	PLINE
稻田边界	211100	ZBTZ	17	1161	gc120	PLINE
稻田符号	211100-1	ZBTZ	附			POINT
单个稻田符号	211101	ZBTZ	2	gc120	0	POINT
线状稻田	211102	ZBTZ	附	hs	gc120	PLINE
线状稻田符号	211102-1	ZBTZ	18			POINT
单线田埂	211110	ZBTZ	6	continuous	0.2	PLINE

续表

地物名称	编码	图层	类别	参数一	参数二	实体类型
双线田埂右边	211121	ZBTZ	15	10421a	10421	PLINE
双线田埂左边	211122	ZBTZ	6	10421	0	PLINE
旱地边界	211200	ZBTZ	17	1161	gc119	PLINE
旱地符号	211200-1	ZBTZ	附			POINT
单个旱地符号	211201	ZBTZ	2	gc119	0	POINT
线状旱地	211202	ZBTZ	附	hs	gc119	PLINE
线状旱地符号	211202-1	ZBTZ	18			POINT
水生经济作物地边界	211300	ZBTZ	17	continuous	gc126	PLINE
水生经济作物地符号	211300-1	ZBTZ	附			POINT
单个水生经济作物地符号	211301	ZBTZ	2	gc126	0	POINT
线状水生经济作物地	211302	ZBTZ	附	hs	gc126	PLINE
线状水生经济作物地符号	211302-1	ZBTZ	18			POINT
菜地边界	211400	ZBTZ	17	1161	gc123	PLINE
菜地符号	211400-1	ZBTZ	附			POINT
单个菜地符号	211401	ZBTZ	2	gc123	0	POINT
线状菜地	211402	ZBTZ	附	hs	gc123	PLINE
线状菜地符号	211402-1	ZBTZ	18			POINT
果园边界	212100	ZBTZ	17	1161	gc125	PLINE
果园符号	212100-1	ZBTZ	附			POINT
单个果园符号	212101	ZBTZ	2	gc125	0	POINT
线状果园	212102	ZBTZ	附	hs	gc125	PLINE
线状果园符号	212102-1	ZBTZ	18			POINT
桑园边界	212200	ZBTZ	17	1161	gc205	PLINE
桑园符号	212200-1	ZBTZ	附			POINT
单个桑园符号	212201	ZBTZ	2	gc205	0	POINT
线状桑园	212202	ZBTZ	附	hs	gc205	PLINE
线状桑园符号	212202-1	ZBTZ	18			POINT
茶园边界	212300	ZBTZ	17	1161	gc206	PLINE
茶园符号	212300-1	ZBTZ	附			POINT
单个茶园符号	212301	ZBTZ	2	gc206	0	POINT
线状茶园	212302	ZBTZ	附	hs	gc206	PLINE

续表

地物名称	编码	图层	类别	参数一	参数二	实体类型
线状茶园符号	212302-1	ZBTZ	18			POINT
橡胶园边界	212400	ZBTZ	17	1161	gc207	PLINE
橡胶园符号	212400-1	ZBTZ	附			POINT
单个橡胶园符号	212401	ZBTZ	2	gc207	0	POINT
线状橡胶园	212402	ZBTZ	附	hs	gc207	PLINE
线状橡胶园符号	212402-1	ZBTZ	18			POINT
其他园林边界	212500	ZBTZ	17	1161	gc165	PLINE
其他园林符号	212500-1	ZBTZ	附			POINT
单个其他园林符号	212501	ZBTZ	2	gc165	0	POINT
线状其他园林	212502	ZBTZ	附	hs	gc165	PLINE
线状其他园林符号	212502-1	ZBTZ	18			POINT
有林地边界	213100	ZBTZ	17	1161	gc122	PLINE
有林地符号	213100-1	ZBTZ	附			POINT
单个有林地符号	213101	ZBTZ	2	gc122	0	POINT
线状有林地	213102	ZBTZ	附	hs	gc122	PLINE
线状有林地符号	213102-1	ZBTZ	18			POINT
大面积灌木林边界	213201	ZBTZ	17	1161	gc160	PLINE
大面积灌木林符号	213201-1	ZBTZ	附			POINT
独立灌木丛	213202	ZBTZ	1	gc160	0	POINT
狭长灌木林(沿道路)	213203	ZBTZ	18	hs	gc170	PLINE
狭长灌木林(沿道路)符号	213203-1	ZBTZ	附	hs	gc251	POINT
狭长灌木林(沿道路)符号	213203-2	ZBTZ	附			POINT
狭长灌木林(沿沟渠)	213204	ZBTZ	19			PLINE
狭长灌木林(沿沟渠)符号	213204-1	ZBTZ	附			POINT
狭长灌木林(沿沟渠)符号	213204-2	ZBTZ	附			POINT
疏林边界	213300	ZBTZ	17	continuous	gc208	PLINE
疏林符号	213300-1	ZBTZ	1	gc208	0	POINT
单个疏林符号	213301	ZBTZ	附			POINT
线状疏林	213302	ZBTZ	附	hs	gc208	PLINE
线状疏林符号	213302-1	ZBTZ	18			POINT
未成林边界	213400	ZBTZ	17	1161	gc200-gc170	PLINE

续表

地物名称	编码	图层	类别	参数一	参数二	实体类型
未成林符号一	213400-1	ZBTZ	附			POINT
未成林符号二	213400-2	ZBTZ	附			POINT
单个未成林符号一	213401	ZBTZ	1	gc200	0	POINT
单个未成林符号二	213402	ZBTZ	1	gc170	0	POINT
苗圃边界	213500	ZBTZ	17	1161	gc170	PLINE
苗圃符号	213500-1	ZBTZ	1	gc170	0	POINT
单个苗圃符号	213501	ZBTZ	附			POINT
线状苗圃	213502	ZBTZ	附			PLINE
线状苗圃符号	213502-1	ZBTZ	18	hs	gc170	POINT
迹地边界	213600	ZBTZ	17	1161	gc200-gc121	PLINE
迹地符号一	213600-1	ZBTZ	附			POINT
迹地符号二	213600-2	ZBTZ	附			POINT
单个迹地符号一	213601	ZBTZ	1	gc200	0	POINT
单个迹地符号二	213602	ZBTZ	1	gc121	0	POINT
散树	213701	ZBTZ	1	gc122	0	POINT
行树	213702	ZBTZ	18	hs	gc170	PLINE
行树符号	213702-1	ZBTZ	附			POINT
阔叶独立树	213801	ZBTZ	1	gc143	0	POINT
针叶独立树	213802	ZBTZ	1	gc144	0	POINT
果树独立树	213803	ZBTZ	1	gc145	0	POINT
椰子、槟榔独立树	213804	ZBTZ	1	gc069	0	POINT
大面积竹林边界	213901	ZBTZ	17	1161	gc246	PLINE
大面积竹林符号	213901-1	ZBTZ	附			POINT
单个大面积竹林符号	213900	ZBTZ	1	gc246	0	POINT
独立竹丛	213902	ZBTZ	1	gc210	0	POINT
狭长的竹林	213903	ZBTZ	18	hs	gc246	PLINE
狭长的竹林符号	213903-1	ZBTZ	附			POINT
天然草地	214100	ZBTZ	18	continuous	gc121	PLINE
天然草地符号	214100-1	ZBTZ	附			POINT
单个天然草地符号	214101	ZBTZ	2	gc121	0	POINT
线状天然草地	214102	ZBTZ	附	hs	gc121	PLINE

续表

地物名称	编码	图层	类别	参数一	参数二	实体类型
线状天然草地符号	214102-1	ZBTZ	18			POINT
改良草地边界	214200	ZBTZ	17	continuous	gc121-gc211	PLINE
改良草地符号一	214200-1	ZBTZ	附			POINT
改良草地符号二	214200-2	ZBTZ	附			POINT
单个改良草地符号一	214201	ZBTZ	1	gc121	0	POINT
单个改良草地符号二	214202	ZBTZ	1	gc211	0	POINT
人工草地	214300	ZBTZ	17	continuous	gc211	PLINE
人工草地符号	214300-1	ZBTZ	附			POINT
单个人工草地符号	214301	ZBTZ	1	gc211	0	POINT
线状人工草地	214302	ZBTZ	18	hs	gc211	PLINE
线状人工草地符号	214302-1	ZBTZ	附			POINT
芦苇地	215100	ZBTZ	18	continuous	gc212	PLINE
芦苇地符号	215100-1	ZBTZ	附			POINT
单个芦苇地符号	215101	ZBTZ	2	gc212	0	POINT
线状芦苇地	215102	ZBTZ	附			PLINE
线状芦苇地符号	215102-1	ZBTZ	18	hs	gc212	POINT
半荒植物地	215200	ZBTZ	17	continuous	gc163	PLINE
半荒植物地符号	215200-1	ZBTZ	附			POINT
单个半荒植物地符号	215201	ZBTZ	2	gc163	0	POINT
线状半荒植物地	215202	ZBTZ	附	hs	gc163	PLINE
线状半荒植物地符号	215202-1	ZBTZ	18			POINT
植物稀少地	215300	ZBTZ	17	continuous	gc164	PLINE
植物稀少地符号	215300-1	ZBTZ	附			POINT
单个植物稀少地符号	215301	ZBTZ	2	gc164	0	POINT
线状植物稀少地	215302	ZBTZ	附	hs	gc164	PLINE
线状植物稀少地符号	215302-1	ZBTZ	18			POINT
花圃	215400	ZBTZ	17	1161	gc124	PLINE
花圃符号	215400-1	ZBTZ	附			POINT
单个花圃符号	215401	ZBTZ	2	gc124	0	POINT
线状花圃	215402	ZBTZ	附	hs	gc124	PLINE
线状花圃符号	215402-1	ZBTZ	18			POINT

续表

地物名称	编码	图层	类别	参数一	参数二	实体类型
地类界	216100	ZBTZ	6	1161	0	PLINE
防火带	216200	ZBTZ	6	continuous	0	PLINE
界址线	300000	JZD	18	jjj	0.3	PLINE
界址点圆圈	301000	JZD	附			CIRCLE
地号地类分数线	302001	JZD	附			LINE
宗地地号注记	302002	JZD	附			TEXT
宗地地类注记	302003	JZD	附			TEXT
宗地权利人注记	302004	JZD	附			TEXT
宗地面积注记	302005	JZD	附			TEXT
宗地边长注记	302010	JZD	附			TEXT
界址圆点	302020	JZD	附			POINT
街道线	300010	JZD	5	915a	0.2	PLINE
街坊线	300020	JZD	5	916	0.2	PLINE

附录B

1∶500 1∶1000 1∶2000 地形图图式(部分)

(注:“编号”一栏可方便执行本标准规定时,对照国际图式进行查询。“编号”为 GB/T 20257.1—2007 和符号编号)

编号	符号名称	符号式样			符号细部图	多色图色植
		1∶500	1∶1000	1∶2000		
4.1	测量控制点					
4.1.1	三角点 a. 土堆上的 张湾岭、黄土岗——点名 156.718、203.623——高程 5.0——比高	3.0 △ 张湾岭/156.718 a 5.0 黄土岗/203.623			1.0 0.5 1.0	K100
4.1.2	小三角点 a. 土堆上的 摩天岭、张庄——点名 294.91、156.71——高程 4.0——比高	3.0 ▽ 摩天岭/294.91 a 4.0 张庄/156.71			1.0 0.5 1.0	K100
4.1.3	导线点 a. 土堆上的 I16、I23——等级、点号 84.46、94.40——高程 2.4——比高	2.0 ⊙ I16/84.46 a 2.4 I23/94.40				K100
4.1.4	埋石图根点 a. 土堆上的 12、16——点号 275.46、175.64——高程 2.5——比高	2.0 12/275.46 a 2.5 16/175.64			2.0 0.5 0.5 1.0	K100

续表

编号	符号名称	符号式样			符号细部图	多色图色植
		1∶500	1∶1000	1∶2000		
4.1.5	不埋石图根点 19——点号 84.47——高程	2.0 ⊡ 19/84.47				K100
4.1.6	水准点 Ⅱ——等级 京石 5——点名点号 32.805——高程	2.0 ⊗ Ⅱ京石5/32.805				K100
4.1.7	卫星定位等级点 B——等级 14——点号 495.263——高程	3.0 B14/495.263				K100
4.2	**水系**					
4.2.1	地面河流 a. 岸线 b. 高水位岸线 清江——河流名称	0.5 3.0 1.0 b a 清 江				a. C100 面色 C10 b. M40Y100K0
4.2.4	时令河 a. 不固定水涯线 (7—9)——有水月份	3.0 1.0 (7—9) a				C100 面色 C10
4.2.5	干河床(干涸河)	3.0 1.0				M40Y100K30
4.2.6	运河、沟渠 a. 运河 b. 沟渠 b1. 渠首	a 0.25 b b1 0.3				C100 面色 C10

续表

编号	符号名称	符号式样			符号细部图	多色图色植
		1：500	1：1000	1：2000		
4.2.7	沟堑 a. 已加固的 b. 未加固的 2.6——比高	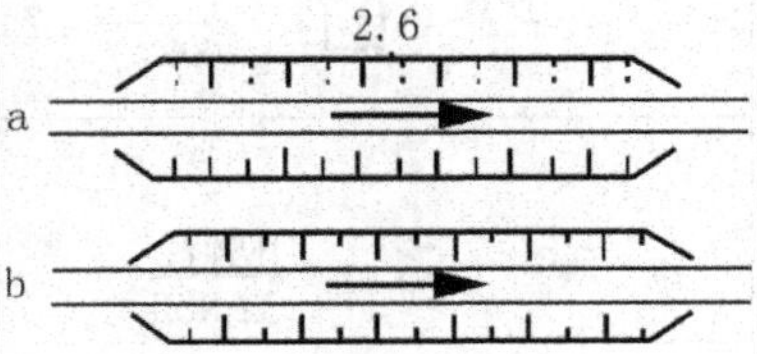 2.6 a b				K100
4.2.10	输水渡槽(高架渠)	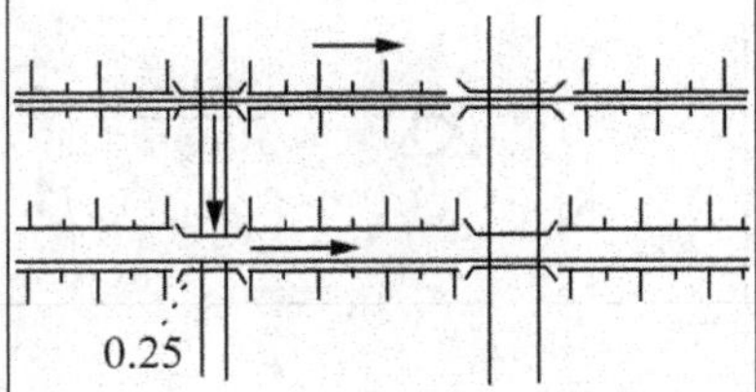 0.25			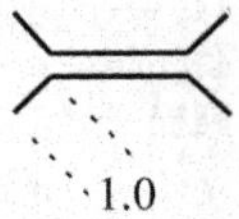 1.0	K100
4.2.13	涵洞 a. 依比例尺的 b. 半依比例尺的	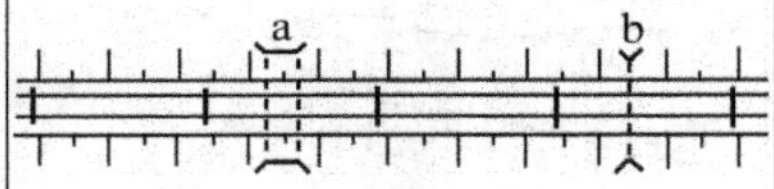 a b			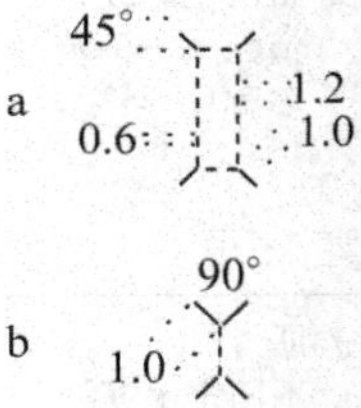 a 45° 1.2 0.6 1.0 b 90° 1.0	K100
4.2.14	干沟 2.5——深度	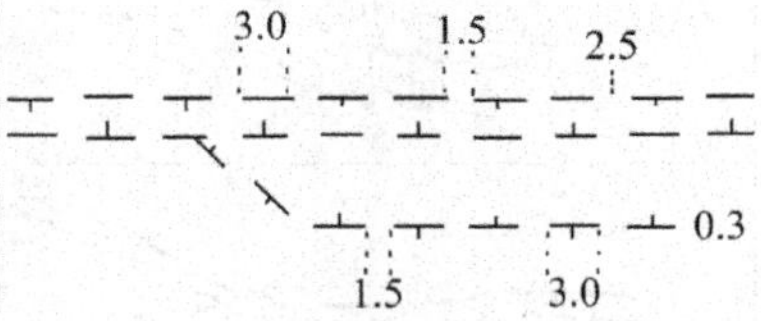 3.0 1.5 2.5 0.3 1.5 3.0				M40Y100K30
4.2.15	湖泊 龙湖——湖泊名称 (咸)——水质	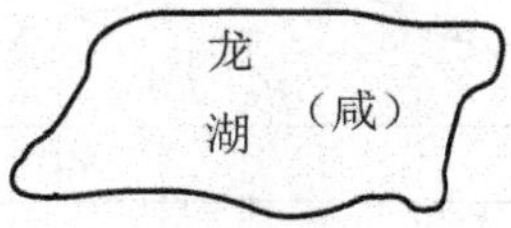 龙湖（咸）				C100 面色 C10
4.2.16	池塘	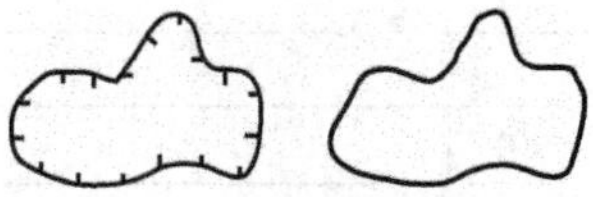				C100 面色 C10

续表

编号	符号名称	符号式样 1：500	符号式样 1：1000	符号式样 1：2000	符号细部图	多色图色植
4.2.19	水库 a. 毛湾水库——水库名称 b. 溢洪道 54.7——溢洪道堰底面高程 c. 泄洪洞口、出水口 d. 拦水坝、堤坝 d1. 拦水坝 d2. 堤坝水泥——建筑材料 75.2——坝顶高程 59——坝水(m) e. 建筑中水库	毛湾水库 a 54.7 3.0 $\frac{75.2}{59}$水泥 d1 b 1.5 c d2 1.0 建 3.0 e			C 45° 1.0	a. C100 面色 C10 b. M40Y100K30 c. C100 d. K100 e. 100 面色 C10
4.2.28	泉（矿泉、温泉、毒泉、间流泉、地热泉） 51.2——泉口高程 温——泉水性质	51.2 温			1.5 0.8 0.9 0.8 0.1～0.3 0.6	C100
4.2.29	水井、机井 a. 依比例尺的 b. 不依比例尺的 51.2——井口高程 5.2——井口至水面深度 咸——水质	a $\frac{51.2}{5.2}$ b 咸			3.2 1.6	C100
4.2.31	贮水池、水窖、地热池 a. 高于地面的 b. 低于地面的 净——净化池 c. 有盖的	a b 净 c				C100 面色 C10
4.2.34	河流流向及流速 0.3——流速(m/s)	0.3 7.5			30° 1.2	C100
4.2.35	沟渠流向 a. 往复流向 b. 单向流向	a b			7.5	C100

续表

编号	符号名称	符号式样 1:500	符号式样 1:1000	符号式样 1:2000	符号细部图	多色图色植
4.2.37	堤 a. 堤顶宽依比例尺 24.5——坝顶高程 b. 坝顶宽不依比例尺 2.5——比高	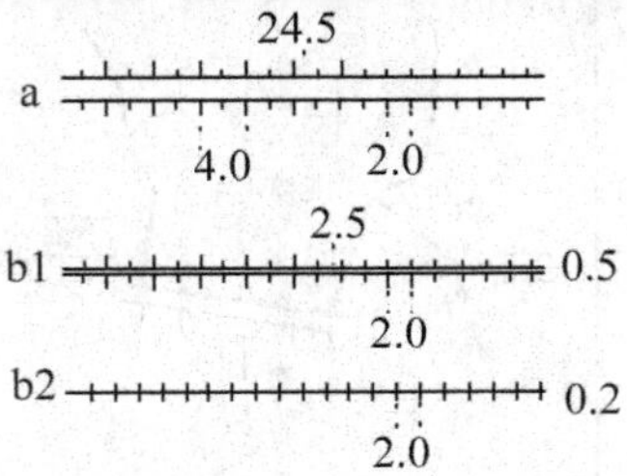 a 24.5 4.0 2.0 b1 2.5 0.5 2.0 b2 0.2 2.0				K100
4.2.38	水闸 a. 能通车的 5——闸门孔数 82.4——水底高程 砼——建筑结构 b. 不能通车的 c. 不能走人的 d. 水闸上的房屋 e. 水闸房屋 3——层数	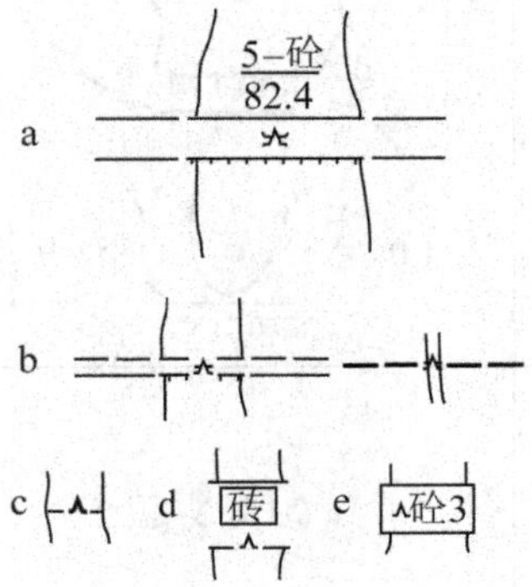 a 5-砼 82.4 b c d 砖 e 砼3			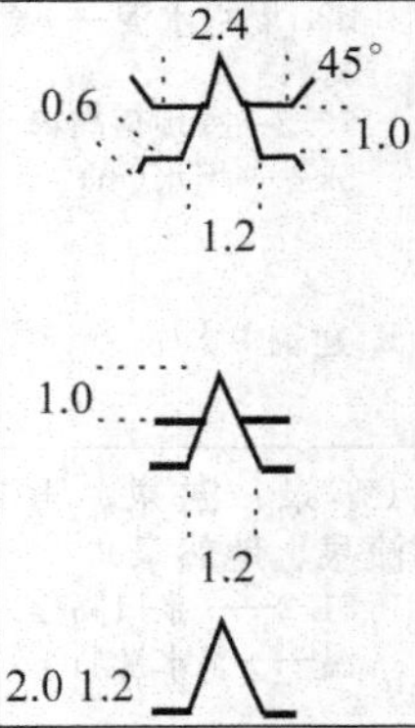 2.4 45° 0.6 1.0 1.2 1.0 1.2 2.0 1.2	K100
4.2.40	扬水站、水轮泵、抽水站 a. 设置在房屋内的	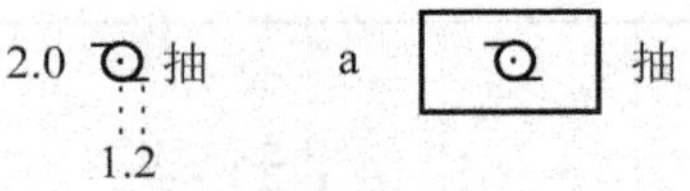 2.0 抽 1.2 a 抽				K100
4.2.42	拦水坝 a. 能通车的 72.4——坝顶高程 95——坝长 砼——建筑材料 b. 不能通车的	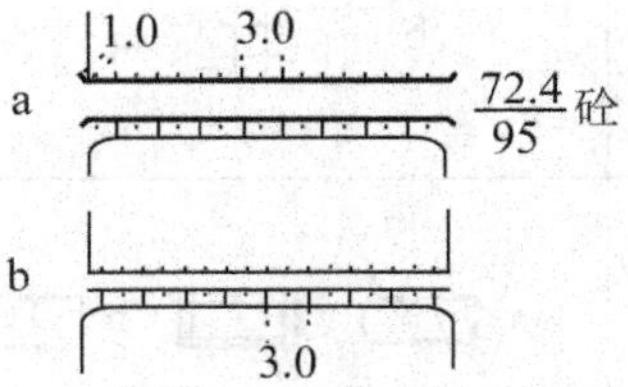 a 1.0 3.0 72.4/95 砼 b 3.0				K100
4.2.43	加固岸 a. 一般加固岸 b. 有栅栏的 c. 有防洪墙体的 d. 防洪墙上有栏杆的	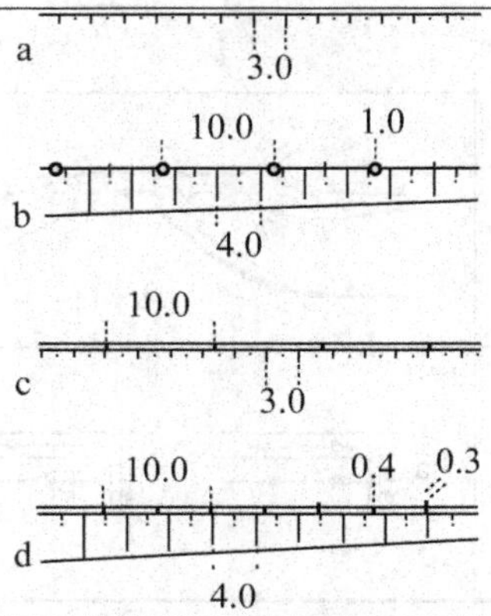 a 3.0 b 10.0 1.0 4.0 c 10.0 3.0 d 10.0 0.4 0.3 4.0				K100

续表

编号	符号名称	符号式样 1∶500	符号式样 1∶1000	符号式样 1∶2000	符号细部图	多色图色植
4.2.45	防波堤、制水坝 a. 斜坡式 b. 直立式 c. 石垄式	a　b		c	c 1.2 1.6 2.0	K100
4.3	**居民地及设施**					
4.3.1	单幢房屋 a. 一般房屋 b. 有地下室的房屋 c. 突出房屋 d. 简易房屋 混、钢——房屋结构 1、3、28——房屋层数 -2——地下房屋层数	a 混1　b 混3-2 0.5 2.0 1.0 c 钢28　d 简		3 c 28 1.0		K100
4.3.2	建筑中房屋	建				K100
4.3.3	棚房 a. 四边有墙的 b. 一边有墙的 c. 无墙的	a 1.0 b 1.0 c 1.0 1.0 0.5				K100
4.3.4	破坏房屋	破 2.0 1.0				K100
4.3.5	架空房 3、4——楼层 /1、/2——空层层数	砼4 砼3/1 砼4　4 3/2 4 2.5 0.5　2.5 0.5				K100

续表

编号	符号名称	符号式样 1:500	符号式样 1:1000	符号式样 1:2000	符号细部图	多色图色植
4.3.6	廊房 a. 廊房 b. 飘楼	a 混3 1.0 2.5 0.5 b 混3 2.5 0.5				K100
4.3.7	窑洞 a. 地面上的 a1. 依比例尺的 a2. 不依比例尺的 a3. 房屋式的窑洞 b. 地面下的 b1. 依比例尺的 b2. 不依比例尺的	a a1 a2 a3 b b1 b2			2.0 0.8 1.6	K100
4.3.8	蒙古包、放牧点 a. 依比例尺的 b. 不依比例尺的 (3—6)——居住月份	a (3-6) b 1.6 3.2 (3-6)			0.4	K100
4.3.14	探井(试坑) a. 依比例尺的 b. 不依比例尺的	a b 3.0 2.0				K100
4.3.15	探槽	探				K100
4.3.16	钻孔 涌——钻孔说明	0.8 2.5 涌				K100
4.3.19	水塔 a. 依比例尺的 b. 不依比例尺的	a b 3.6 2.0			2.0 1.0 3.0 1.2	K100
4.3.20	水塔烟囱 a. 依比例尺的 b. 不依比例尺的	a b 3.6 2.0			1.0 0.6 0.2 0.6 2.8 1.6 1.3	K100
4.3.41	学校		2.5 文		0.5 0.4 R6 0.4 文	K100

续表

编号	符号名称	符号式样			符号细部图	多色图色植
		1：500	1：1000	1：2000		
4.3.42	医疗点			2.8	2.2 0.8 2.2	C100K100
4.3.43	体育馆、科技馆、博物馆、展览馆	砼5科 0.6				K100
4.3.44	宾馆、饭店	砼5 H			0.7 0.3 0.4 2.8 H 1.4	K100
4.3.45	商场、超市	砼4 M			0.5 0.5 0.4 3.0 M 0.4 0.3	K100
4.3.46	剧院、电影院	砼2			1.1 2.2 2.8 1.1	K100
4.3.47	露天体育场、网球场、运动场、球场 a. 有看台的 a1. 主席台 a2. 门洞 b. 无看台的	a 工人体育场 a2 45° 1.0 a1 b 体育场 球				K100
4.3.55	电话亭				0.5 3.0 1.8	K100
4.3.56	厕所	厕				K100
4.3.57	垃圾场	垃圾场				K100

续表

编号	符号名称	符号式样 1:500	1:1000	1:2000	符号细部图	多色图色植
4.3.58	垃圾台 a. 依比例尺的 b. 不依比例尺的	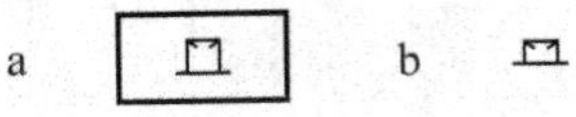 a　b			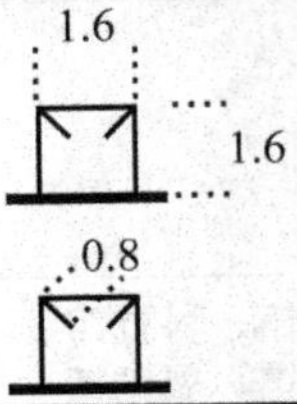 1.6　1.6　0.8	K100
4.3.59	坟地、公墓 a. 依比例尺的 b. 不依比例尺的	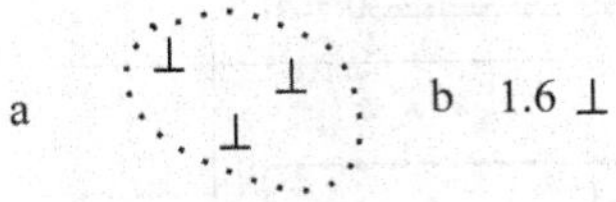 a　b 1.6				K100
4.3.60	独立大坟 a. 依比例尺的 b. 不依比例尺的	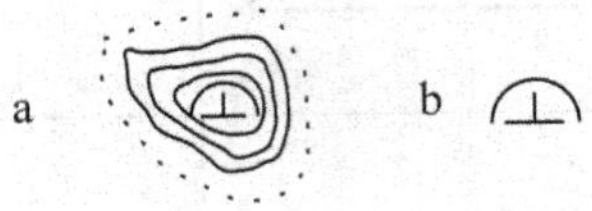 a　b			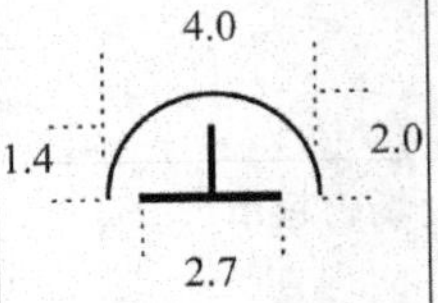 4.0　1.4　2.0　2.7	K100
4.3.64	碑、柱、墩				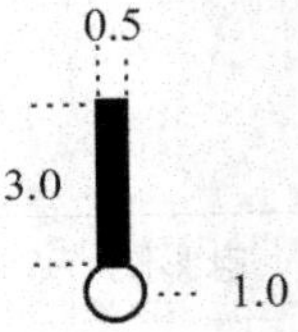 0.5　3.0　1.0	K100
4.3.65	纪念碑、北回归线标志塔 a. 依比例尺的 b. 不依比例尺的	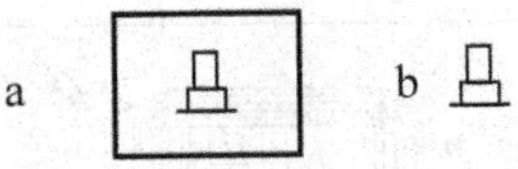 a　b			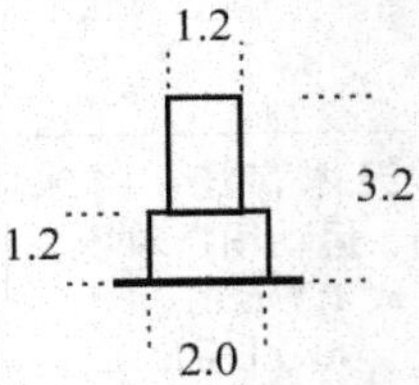 1.2　3.2　1.2　2.0	K100
4.3.67	钟楼、鼓楼、城楼、古关塞 a. 依比例尺的 b. 不依比例尺的	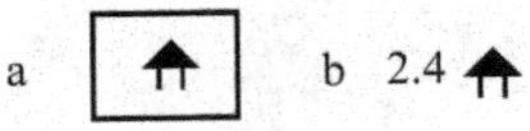 a　b 2.4			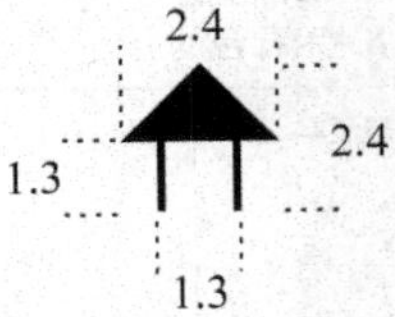 2.4　2.4　1.3　1.3	K100
4.3.68	亭 a. 依比例尺的 b. 不依比例尺的	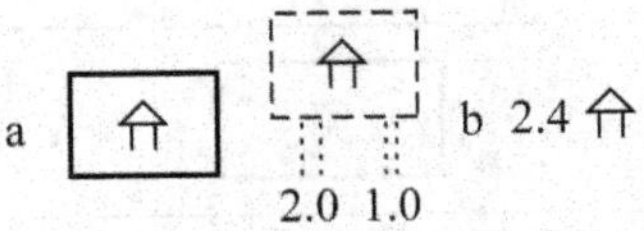 a　2.0　1.0　b 2.4			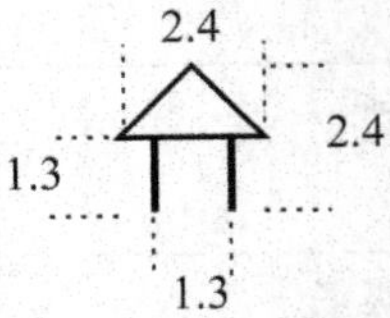 2.4　2.4　1.3　1.3	K100
4.3.70	旗杆	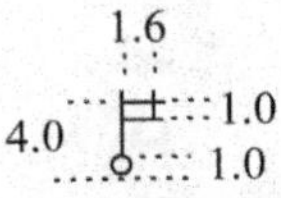 1.6　1.0　4.0　1.0				K100

续表

编号	符号名称	符号式样 1∶500	符号式样 1∶1000	符号式样 1∶2000	符号细部图	多色图色植
4.3.71	塑像、雕像 a. 依比例尺的 b. 不依比例尺的	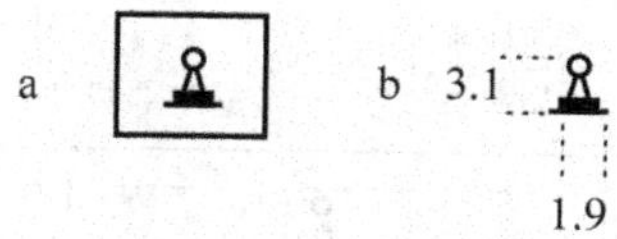 a b 3.1 1.9			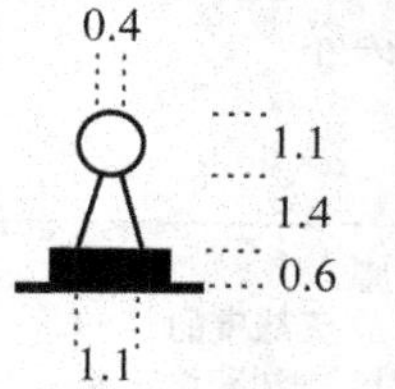 0.4 1.1 1.4 0.6 1.1	K100
4.3.72	庙宇	 混			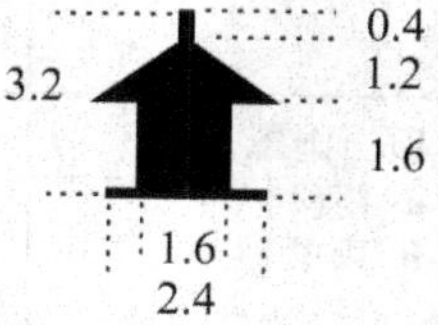 0.4 1.2 3.2 1.6 1.6 2.4	K100
4.3.73	清真寺	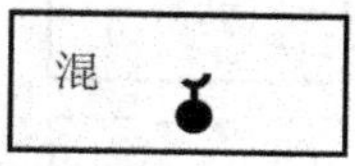 混			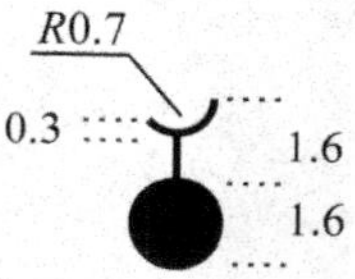 R0.7 0.3 1.6 1.6	K100
4.3.74	教堂	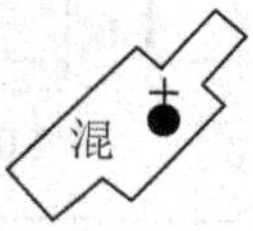 混			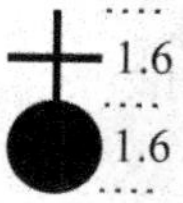 1.6 1.6	K100
4.3.87	围墙 a. 依比例尺的 b. 不依比例尺的	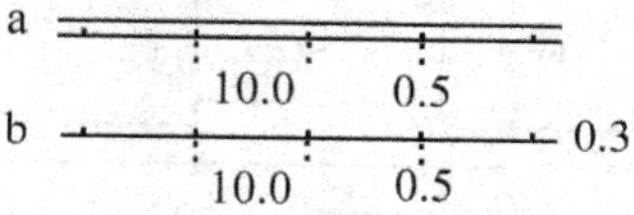 a 10.0 0.5 b 10.0 0.5 0.3			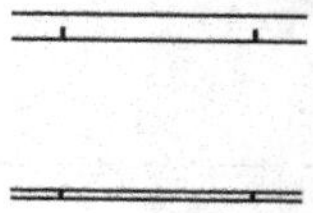	K100
4.3.88	栅栏、栏杆	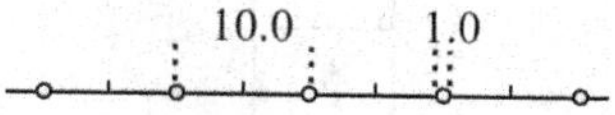 10.0 1.0				K100
4.3.89	篱笆	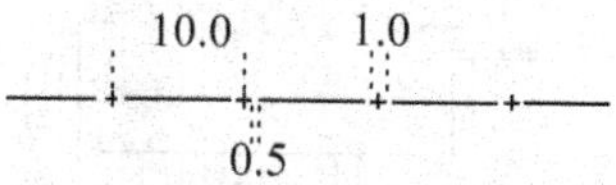 10.0 1.0 0.5				K100
4.3.90	活树篱笆	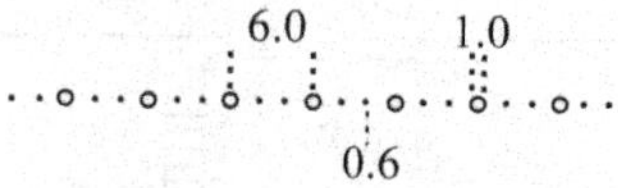 6.0 1.0 0.6				K100
4.3.91	铁丝网、电网	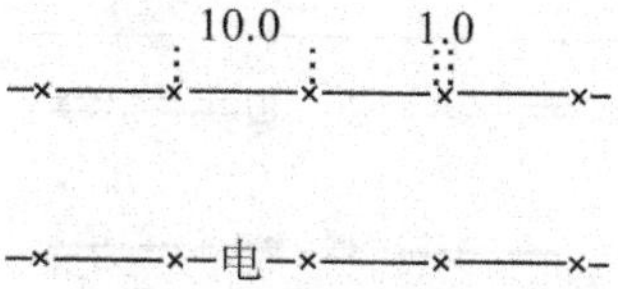 10.0 1.0 电				K100

续表

编号	符号名称	符号式样			符号细部图	多色图色植
		1∶500	1∶1000	1∶2000		
4.3.92	地类界	1.6 0.3				与所表示的地物颜色一致
4.3.95	柱廊 a. 无墙壁的 b. 一边有墙壁的	a 1.0 0.5 1.0 b				K100
4.3.96	门顶、雨罩 a. 门顶 b. 雨罩	a 1.0 0.5 b 混5 雨 1.0 1.0 0.5				K100
4.3.97	阳台	砖5 2.0 1.0				K100
4.3.98	檐廊、挑廊 a. 檐廊 b. 挑廊	a 砼4 1.0 0.5 b 砼4 2.0 1.0				K100
4.3.99	悬空通廊	砼4 砼4				K100
4.3.100	门洞、下跨道	砖 5			1.0 1.0 2.0	K100
4.3.101	台阶	0.6 1.0 1.0				K100
4.3.102	室外楼梯 a. 上楼方向	砼8 a				K100
4.3.104	门墩 a. 依比例尺的 b. 不依比例尺的	a 1.0 b				K100

续表

编号	符号名称	符号式样			符号细部图	多色图色植
		1∶500	1∶1000	1∶2000		
4.3.106	路灯				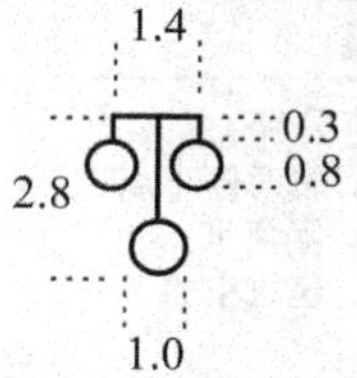 1.4 0.3 0.8 2.8 1.0	K100
4.3.107	照射灯 a. 杆式 b. 桥式 c. 塔式	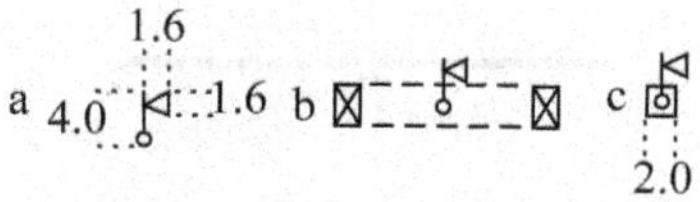 a 1.6 4.0 1.6 b c 2.0				K100
4.3.108	岗亭、岗楼 a. 依比例尺的 b. 不依比例尺的	 a b			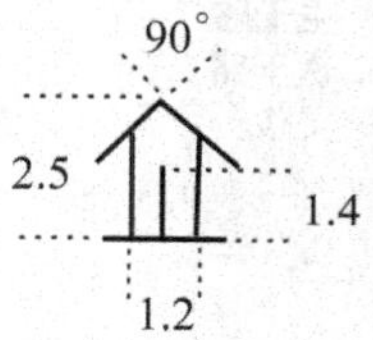 90° 2.5 1.4 1.2	K100
4.3.109	宣传橱窗、广告牌 a. 双柱或多柱的 b. 单柱的	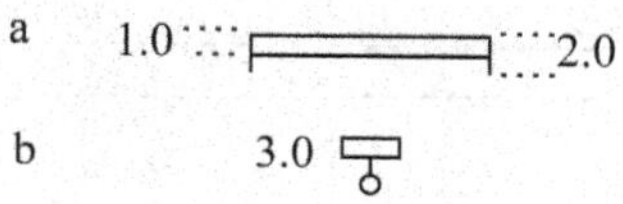 a 1.0 2.0 b 3.0			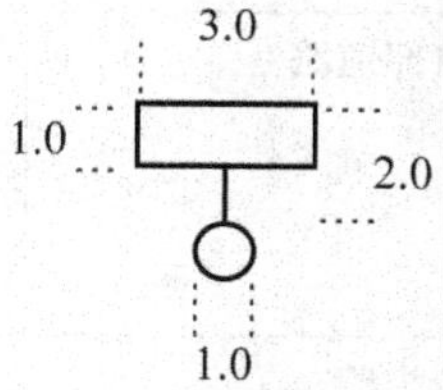 3.0 1.0 2.0 1.0	K100
4.3.110	喷水池				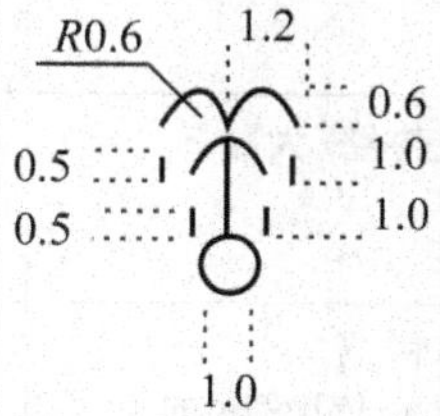 R0.6 1.2 0.6 1.0 1.0 0.5 0.5 1.0	K100 面色 C10
4.3.111	假石山				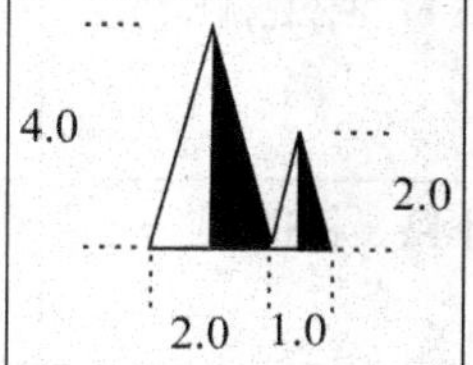 4.0 2.0 2.0 1.0	K100
4.3.112	避雷针	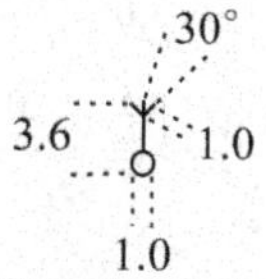 30° 3.6 1.0 1.0				K100

续表

编号	符号名称	符号式样			符号细部图	多色图色植
		1∶500	1∶1000	1∶2000		
4.4	**交通**					
4.4.4	高速公路 a. 临时停车点 b. 隔离带 c. 建筑中的	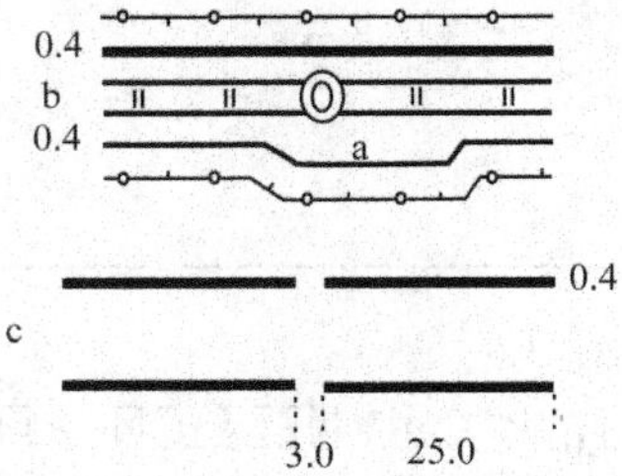 0.4 b 0.4 a c 0.4 3.0 25.0				K100
4.4.14	街道 a. 主干路 b. 次干路 c. 支路	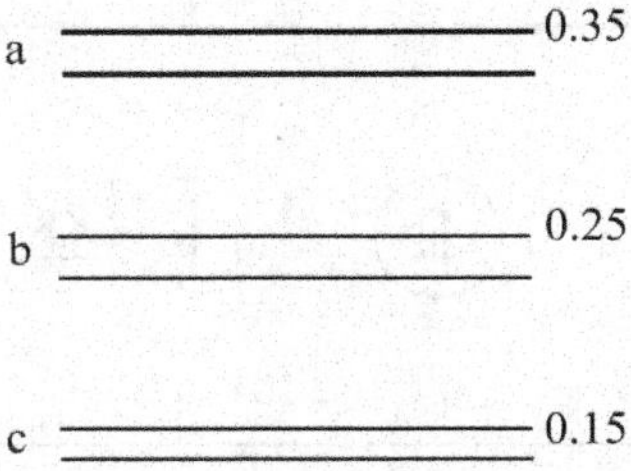 a 0.35 b 0.25 c 0.15				K100
4.4.15	内部道路	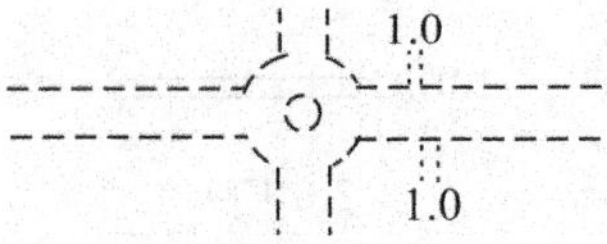 1.0 1.0				K100
4.4.16	阶梯路	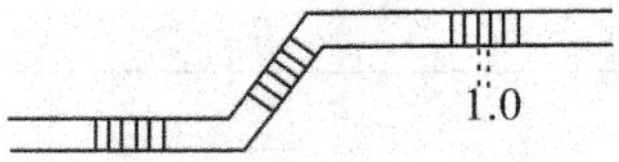 1.0				K100
4.4.17	机耕路(大路)	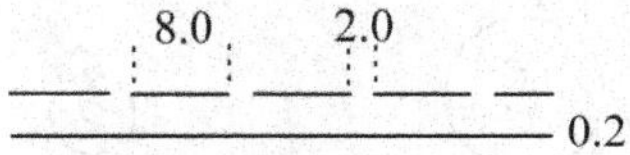 8.0 2.0 0.2				K100
4.4.18	乡村路 a. 依比例尺的 b. 不依比例尺的	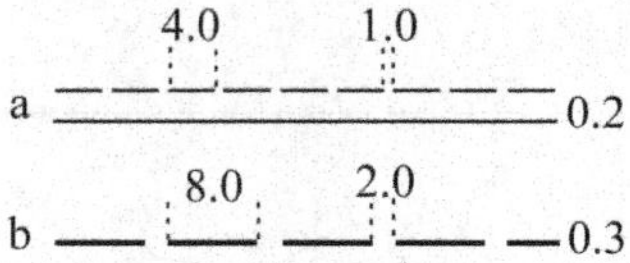 4.0 1.0 a 0.2 8.0 2.0 b 0.3				K100
4.4.19	小路、栈道	 4.0 1.0 0.3				K100
4.4.21	汽车停车站	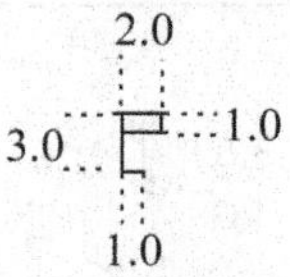 2.0 3.0 1.0 1.0				K100

续表

编号	符号名称	符号式样 1：500	符号式样 1：1000	符号式样 1：2000	符号细部图	多色图色植
4.4.22	加油站、加气站 油——加油站	油			3.6　1.6　1.0	K100
4.4.23	停车场	3.3 P			1.4　0.4　1.1　1.4　0.4　0.25 0.9	K100
4.4.24	街道信号灯 a. 车道信号灯 b. 人行模道信号灯	a 1.3 1.0 1.6　b 3.6 1.6				K100
4.4.29	过街天桥、地下通道 a. 天桥 b. 地道	a　b				K100
4.4.35	隧道 a. 依比例尺的出入口 b. 不依比例尺的出入口	a　b 1.0 45°				K100
4.4.38	路堑 a. 已加固的 b. 未加固的	a　b				K100
4.4.39	路堤 a. 已加固的 b. 未加固的	a　b				K100
4.4.40	公路零公里标志 a. 中国零公里标志 b. 省市零公里标志	a　b			a 3.0 b (2.4)　0.5(0.4)　1.3(1.0)	K100
4.4.42	里程碑、坡度标 a. 里程碑 25——公里数 b. 坡度标	a 3.0 25 2.0 b	2.4 1.6		1.5	K100

续表

编号	符号名称	符号式样			符号细部图	多色图色植
		1：500	1：1000	1：2000		
4.5	管线					
4.5.1 4.5.1.1 4.5.1.2 4.5.1.3	高压输电线 架空的 a. 电杆 35——电压(kV) 地面下的 a. 电缆标 输电线入地口 a. 依比例尺的 b. 不依比例尺的	a 35 4.0 a 8.0 1.0 4.0 a b			0.8 30° 0.8 1.0 1.0 0.4 0.2 0.7 2.0 0.3 1.0 1.0 2.0 0.6	K100
4.5.2 4.5.2.1 4.5.2.2 4.5.2.3	配电线 架空的 a. 电杆 地面下的 a. 电缆标 配电线入地口	a 8.0 a 8.0 1.0 4.0			1.0 2.0 0.6	K100
4.5.3 4.5.3.1 4.5.3.2 4.5.3.3 4.5.3.4 4.5.3.5 4.5.3.6	电力线附属设施 电杆 电线架 电线塔(铁塔) a. 依比例尺的 b. 不依比例尺的 电缆标 电缆交接箱 电力检修井孔	1.0 a 4.0 1.0 b 4.0 2.0 1.0 2.0			1.0 2.0 0.5 0.5 60° 0.6	K100
4.5.4	变电室(所) a. 室内的 b. 露天的	a b 3.2 1.6			0.8 1.2 a 1.0 30° 60° 60° 1.0	K100

续表

编号	符号名称	符号式样			符号细部图	多色图色植
		1∶500	1∶1000	1∶2000		
4.5.5	变压器 a. 电线杆上的变压器	a			2.0 1.2 1.0	K100
4.5.6 4.5.6.1	陆地通信线 地面上的 a. 电杆	a 1.0 0.5 8.0			1.0 2.0 1.0 0.5 0.5	K100
4.5.6.2	地面下的 a. 电缆标	a 8.0 1.0 4.0				
4.5.6.3	通信线入地口	8.0				
4.5.6.4	电信交接箱				1.0 120°	
4.5.6.5	电信检修井孔 a. 电信人孔 b. 电信手孔	a 2.0 b 2.0			1.0 90°	
4.5.7 4.5.7.1	管道 架空的 a. 依比例尺的墩架 b. 不依比例尺的墩架	a 热 1.0 b 热				K100
4.5.7.2	地面上的	水 1.0 10.0				
4.5.7.3	地面下的及入地口	污 1.0 4.0				
4.5.7.4	有管堤的 热、水、污——输送物名称	1.0 水 2.0				
4.5.8	管道检修井孔 a. 给水检修井孔 b. 排水(污水)检修井孔 c. 排水暗井 d. 煤气、天然气、液化气检修井孔 e. 热力检修井孔 f. 工业、石油检修井孔 g. 不明用途的井孔	a 2.0 b 2.0 c 2.0 d 2.0 e 2.0 f 2.0 g 2.0			1.2 1.4 0.6 60° 0.6	K100

续表

编号	符号名称	符号式样			符号细部图	多色图色植
		1∶500	1∶1000	1∶2000		
4.5.9	管道其他附属设施 a. 水龙头 b. 消火栓 c. 阀门 d. 污水、雨水箅子	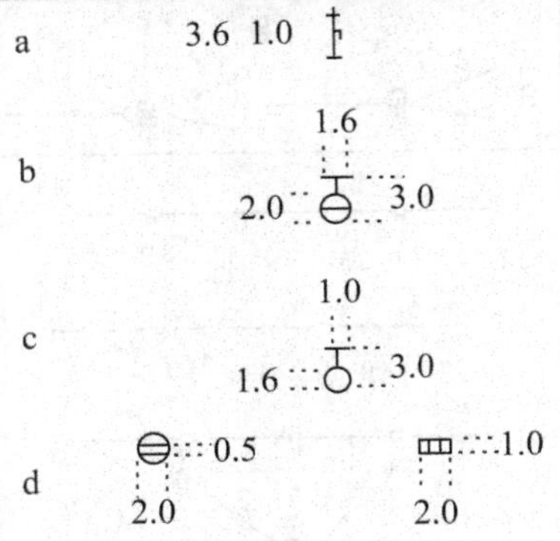 a 3.6 1.0 b 1.6 2.0 3.0 c 1.0 1.6 3.0 d 0.5 2.0 1.0 2.0			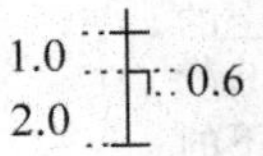 1.0 0.6 2.0	K100
4.6	**境界**					
4.6.1	国界 a. 已定界和界桩、界碑及编号 b. 未定界	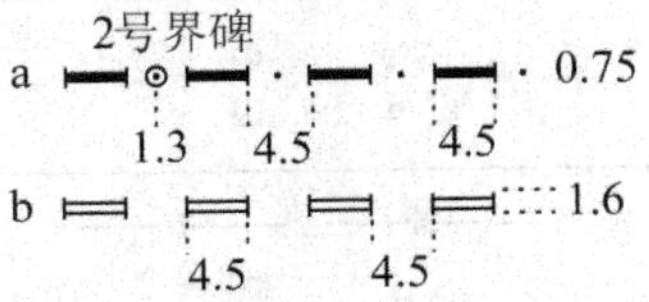 a 2号界碑 0.75 1.3 4.5 4.5 b 1.6 4.5 4.5			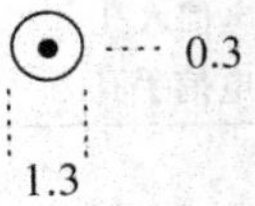 0.3 1.3	K100
4.6.2	省级行政区界线和界标 a. 已定界 b. 未定界 c. 界标	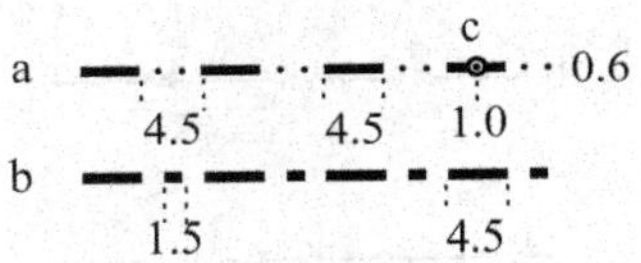 a c 0.6 4.5 4.5 1.0 b 1.5 4.5			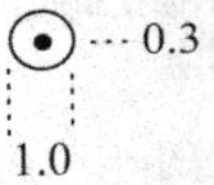 0.3 1.0	K100
4.6.3	特别行政区界线	 0.5 3.5 1.0 4.5				K100
4.6.4	地级行政区界线 a. 已定界和界标 b. 未定界	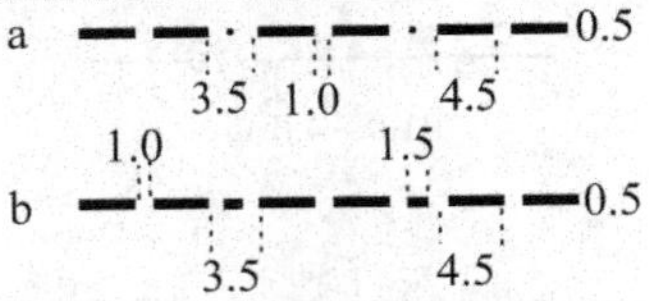 a 0.5 3.5 1.0 4.5 b 1.0 1.5 0.5 3.5 4.5				K100
4.6.5	县级行政区界线 a. 已定界和界标 b. 未定界	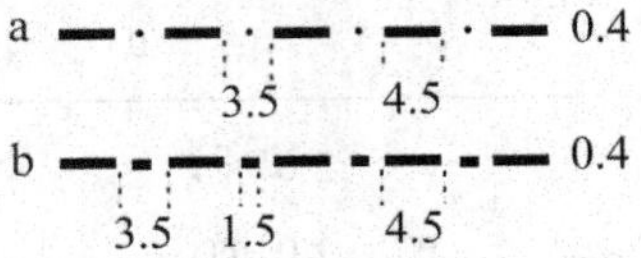 a 0.4 3.5 4.5 b 0.4 3.5 1.5 4.5				K100
4.6.6	乡、镇级界线 a. 已定界 b. 未定界	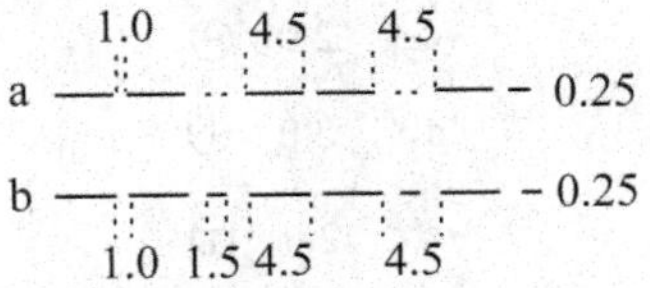 a 1.0 4.5 4.5 0.25 b 0.25 1.0 1.5 4.5 4.5				K100
4.6.7	村界	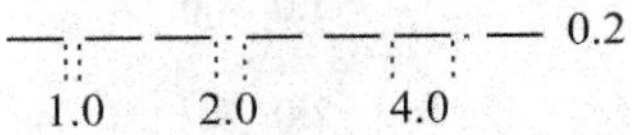 0.2 1.0 2.0 4.0				K100

续表

编号	符号名称	符号式样			符号细部图	多色图色植
		1∶500	1∶1000	1∶2000		
4.6.8	特殊地区界线	3.3 1.6 0.8 0.4				K100
4.6.9	开发区、保税区界线	3.3 1.6 0.8 0.2				M100
4.6.10	自然、文化保护区界线	3.3 1.6 0.2 0.8				M100
4.7	**地貌**					
4.7.1	等高线及其注记 a. 首曲线 b. 计曲线 c. 间曲线 25——高程	a 0.15 b 25 03 c 1.0 6.0 0.15				K40Y100K30
4.7.2	示坡线	0.8				K40Y100K30
4.7.3	高程点及其注记 1520.3、－15.3——高程	0.5 • 1520.3 • －15.3				K100
4.7.15	陡崖、陡坎 a. 土质的 b. 石质的 18.6、22.5——比高	a 18.6 300 b 22.5 700			a 2.0 b 2.0 0.3 0.6 0.6 0.8 2.4 0.7 0.3	K40Y100K30
4.7.16	人工陡坎 a. 未加固的 b. 已加固的	a 2.0 b 3.0				K100
4.7.19	崩崖 a. 沙土崩崖 b. 石崩崖	a b			1.5 0.9 1.5 0.9 1.5 0.9	K40Y100K30

续表

编号	符号名称	符号式样 1:500	1:1000	1:2000	符号细部图	多色图色植
4.7.20	滑坡	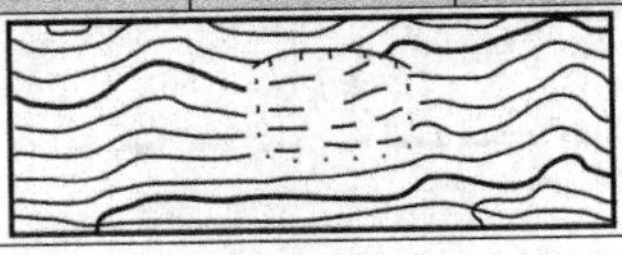				K40Y100K300
4.7.21	斜坡 a. 未加固的 b. 已加固的	a 2.0 4.0 b				a. K40Y100 K300 b. K100
4.7.22	梯田坎 2.5——比高	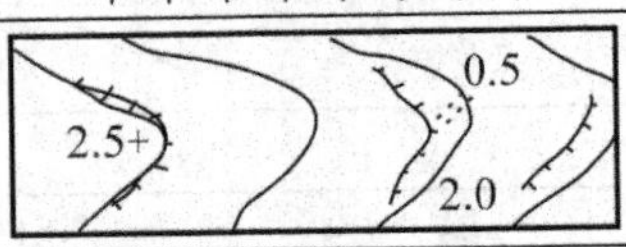 2.5+ 0.5 2.0				K100
4.7.23	石垄 a. 依比例尺的 b. 半依比例尺的	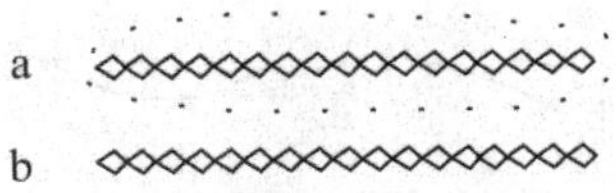 a b			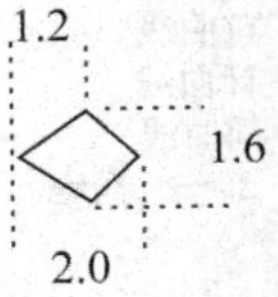 1.2 1.6 2.0	K100
4.8	**植被与土质**					
4.8.1	稻田 a. 田埂	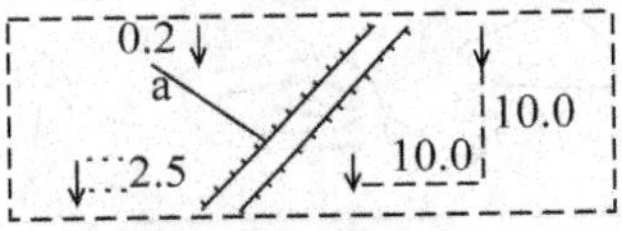 0.2 a 2.5 10.0 10.0			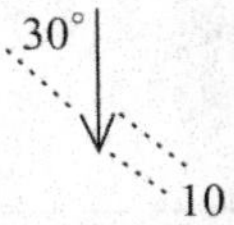 30° 10	C100Y100
4.8.2	旱地	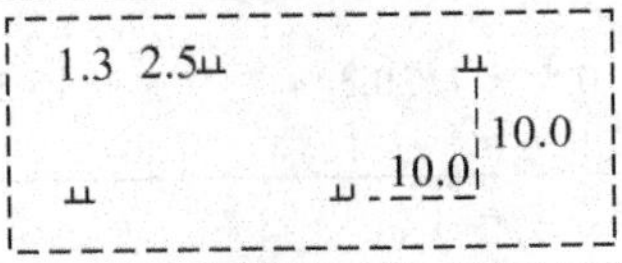 1.3 2.5 10.0 10.0				C100Y100
4.8.3	菜地	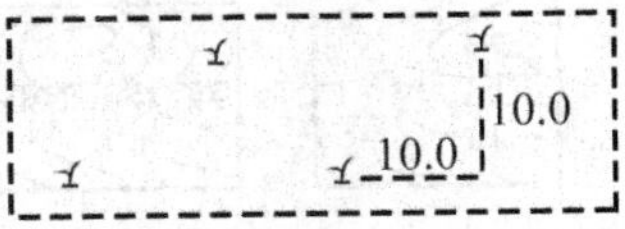 10.0 10.0			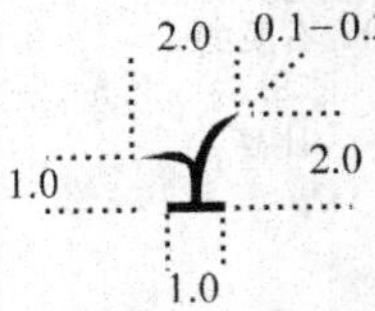 2.0 0.1-0.3 1.0 2.0 1.0	C100Y100
4.8.4	水生作物地 a. 非常年积水的 菱——品种名称	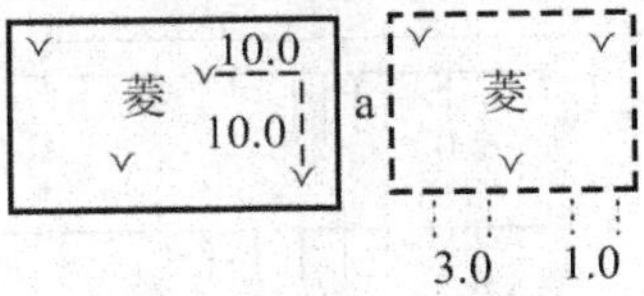 菱 10.0 10.0 a 菱 3.0 1.0			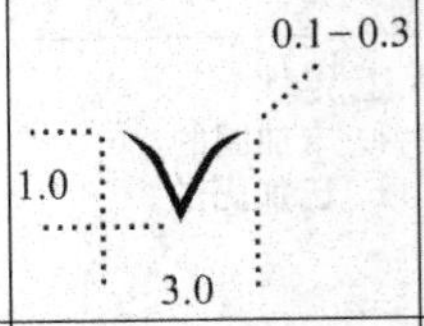 0.1-0.3 1.0 3.0	C100Y100
4.8.5	台田、条田	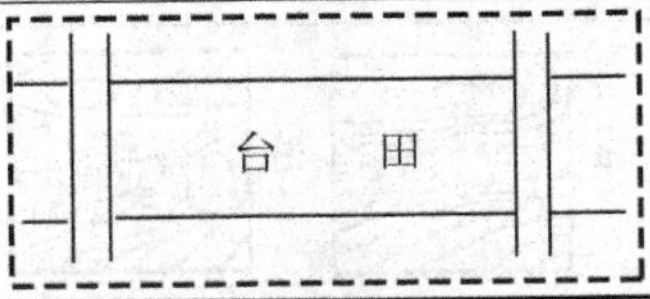 台 田				C100

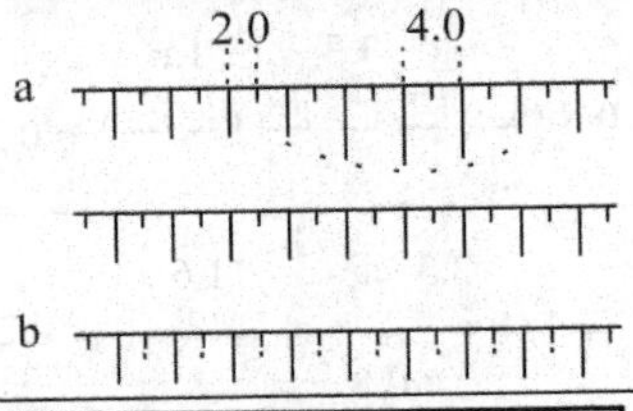

续表

编号	符号名称	符号式样 1:500	符号式样 1:1000	符号式样 1:2000	符号细部图	多色图色植
4.8.6 4.8.6.1	园地 经济林 a. 果园 b. 桑园 c. 茶园 d. 橡胶园 e. 其他经济林	a 1.2 2.5 10.0 10.0 b 2.5 1.0 10.0 10.0 c 1.0 2.5 10.0 10.0 d 2.5 1.0 10.0 10.0 e 2.5 1.2 10.0 10.0				C100Y100
4.8.6.2	经济作物地	1.0 2.5 10.0 10.0				
4.8.14	零星树木	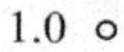 1.0				C100Y100
4.8.15	行树 a. 乔木行树 b. 灌木行树	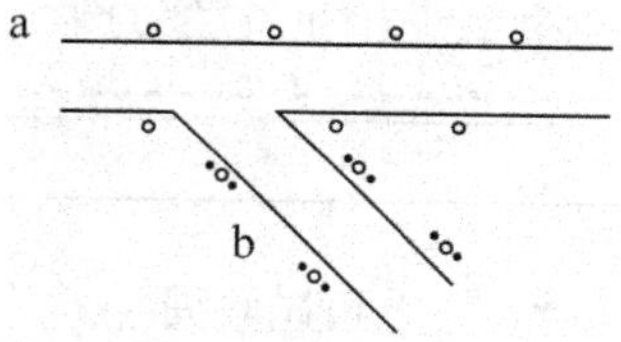 a b				C100Y100
4.8.16	独立树 a. 阔叶 b. 针叶 c. 棕榈、椰子、槟榔 d. 果树 e. 特殊树	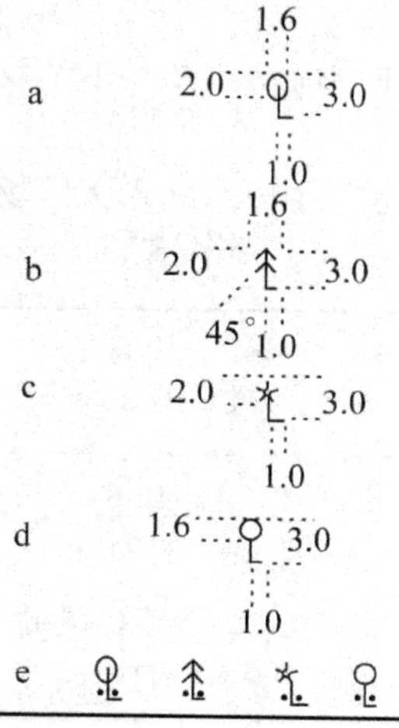 a 1.6 2.0 3.0 1.0 b 1.6 2.0 3.0 45° 1.0 c 2.0 3.0 1.0 d 1.6 3.0 1.0 e			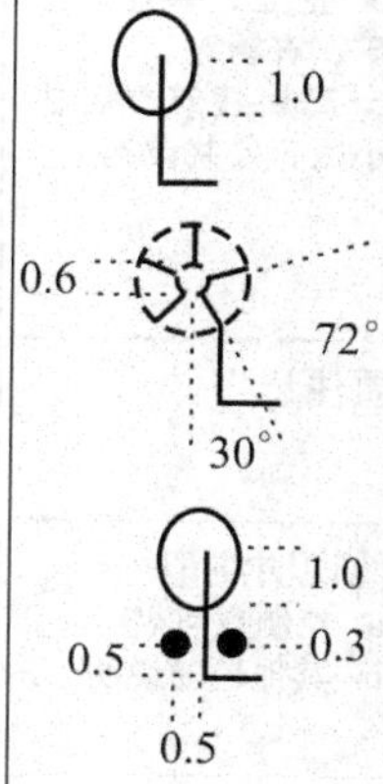 1.0 0.6 72° 30° 1.0 0.5 0.3 0.5	C100Y100

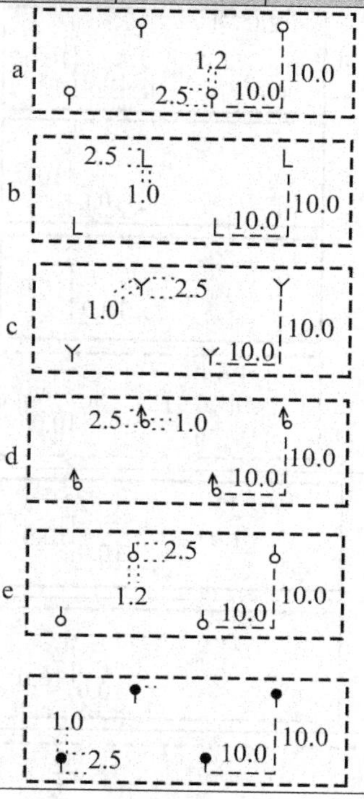

续表

编号	符号名称	符号式样			符号细部图	多色图色植
		1∶500	1∶1000	1∶2000		
4.8.18	草地 a. 天然草地 b. 改良草地 c. 人工牧草地 d. 人工绿地	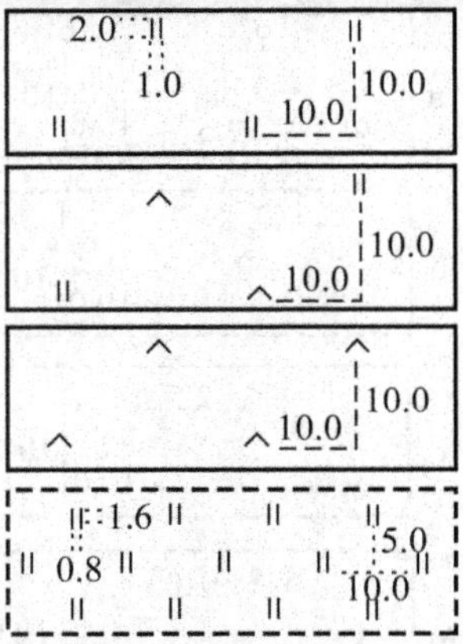 a 2.0 1.0 10.0 10.0 b 10.0 10.0 c 10.0 10.0 d 1.6 0.8 5.0 10.0			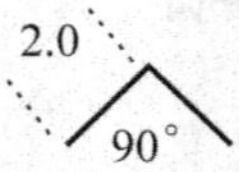 2.0 90°	C100Y100
4.8.19	半荒草地	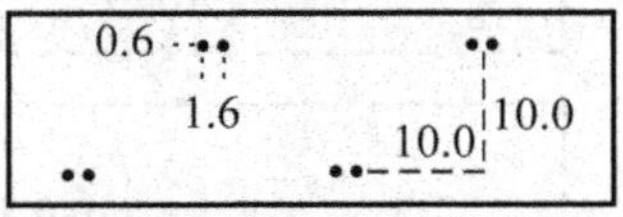 0.6 1.6 10.0 10.0				C100Y100
4.8.20	荒草地	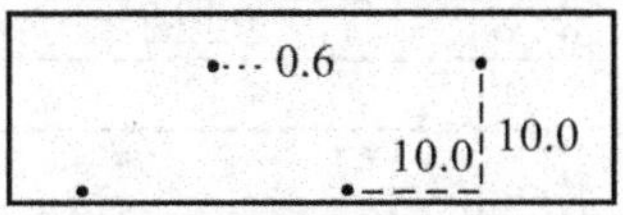 0.6 10.0 10.0				C100Y100
4.8.21	花圃、花坛	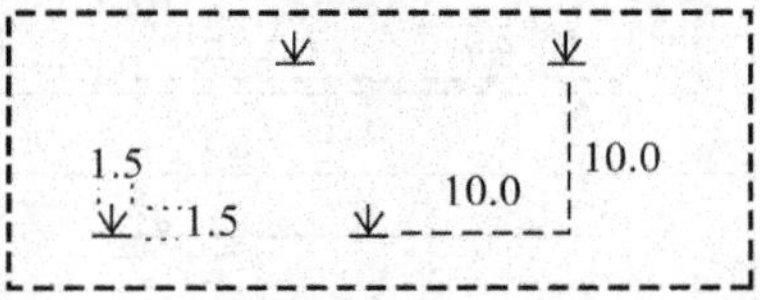 1.5 1.5 10.0 10.0				C100Y100
4.9	**注记**					
4.9.2 4.9.2.1	各种说明注记 居民地名称说明注记 a. 政府机关 b. 企业、事业、工矿、农场 c. 高层建筑、居住小区、公共设施	a 市民政局 宋体(3.5) b 日光岩幼儿园 兴隆农场 宋体(2.5 3.0) c 二七纪念塔 兴庆广场 宋体(2.5~3.5)				K100
4.9.2.2	性质注记	砼 松 咸 细等线体(2.5)				与相应地物符号颜色一致
4.9.2.3	其他说明注记 a. 控制点点名 b. 其他地物说明	a 张湾岭 细等线体(3.0) b 八号主井 自然保护区 细等线体(2.0~3.5)				与相应地物符号颜色一致

参 考 文 献

[1] 蒋辉，潘庆林，刘三枝．数字化测图技术及应用[M]. 北京：国防工业出版社，2006.
[2] 徐宇飞．数字测图技术[M]. 郑州：黄河水利出版社，2005.
[3] 纪勇．数字测图技术应用教程[M]. 郑州：黄河水利出版社，2008.
[4] 杨晓明，等．数字测图[M]. 北京：测绘出版社，2005.
[5] 潘正风，等．数字测图原理与方法[M]. 武汉：武汉大学出版社，2004.
[6] 何保喜．全站仪测量技术[M]．郑州：黄河水利出版社，2005.
[7] 钟来星，李世平．数字化测图技术[M]．北京：煤炭工业出版社，2007.
[8] 冯大福．数字测图[M]. 重庆：重庆大学出版社，2010.

北京大学出版社高职高专土建系列教材书目

序号	书　　名	书　　号	编著者	定价	出版时间	配套情况
"互联网+"创新规划教材						
1	建筑构造(第二版)	978-7-301-26480-5	肖　芳	42.00	2016.1	PPT/APP/二维码
2	建筑装饰构造(第二版)	978-7-301-26572-7	赵志文等	39.50	2016.1	PPT/二维码
3	建筑工程概论	978-7-301-25934-4	申淑荣等	40.00	2015.8	PPT/二维码
4	市政管道工程施工	978-7-301-26629-8	雷彩虹	46.00	2016.5	PPT/二维码
5	市政道路工程施工	978-7-301-26632-8	张雪丽	49.00	2016.5	PPT/二维码
6	建筑三维平法结构图集(第二版)	978-7-301-29049-1	傅华夏	68.00	2018.1	APP
7	建筑三维平法结构识图教程(第二版)	978-7-301-29121-4	傅华夏	68.00	2018.1	APP/PPT
8	建筑工程制图与识图(第2版)	978-7-301-24408-1	白丽红	34.00	2016.8	APP/二维码
9	建筑设备基础知识与识图(第2版)	978-7-301-24586-6	靳慧征等	47.00	2016.8	二维码
10	建筑结构基础与识图	978-7-301-27215-2	周　晖	58.00	2016.9	APP/二维码
11	建筑构造与识图	978-7-301-27838-3	孙　伟	40.00	2017.1	APP/二维码
12	建筑工程施工技术(第三版)	978-7-301-27675-4	钟汉华等	66.00	2016.11	APP/二维码
13	工程建设监理案例分析教程(第二版)	978-7-301-27864-2	刘志麟等	50.00	2017.1	PPT/二维码
14	建筑工程质量与安全管理(第二版)	978-7-301-27219-0	郑　伟	55.00	2016.8	PPT/二维码
15	建筑工程计量与计价——透过案例学造价(第2版)	978-7-301-23852-3	张　强	59.00	2017.1	PPT/二维码
16	城乡规划原理与设计(原城市规划原理与设计)	978-7-301-27771-3	谭婧婧等	43.00	2017.1	PPT/素材/二维码
17	建筑工程计量与计价	978-7-301-27866-6	吴育萍等	49.00	2017.1	PPT/二维码
18	建筑工程计量与计价(第3版)	978-7-301-25344-1	肖明和等	65.00	2017.1	APP/二维码
19	市政工程计量与计价(第三版)	978-7-301-27983-0	郭良娟等	59.00	2017.2	PPT/二维码
20	高层建筑施工	978-7-301-28232-8	吴俊臣	65.00	2017.4	PPT/答案
21	建筑施工机械(第二版)	978-7-301-28247-2	吴志强等	35.00	2017.5	PPT/答案
22	市政工程概论	978-7-301-28260-1	郭　福等	46.00	2017.5	PPT/二维码
23	建筑工程测量(第二版)	978-7-301-28296-0	石　东等	51.00	2017.5	PPT/二维码
24	工程项目招投标与合同管理(第三版)	978-7-301-28439-1	周艳冬	44.00	2017.7	PPT/二维码
25	建筑制图(第三版)	978-7-301-28411-7	高丽荣	38.00	2017.7	PPT/APP/二维码
26	建筑制图习题集(第三版)	978-7-301-27897-0	高丽荣	35.00	2017.7	APP
27	建筑力学(第三版)	978-7-301-28600-5	刘明晖	55.00	2017.8	PPT/二维码
28	中外建筑史(第三版)	978-7-301-28689-0	袁新华等	42.00	2017.9	PPT/二维码
29	建筑施工技术(第三版)	978-7-301-28575-6	陈雄辉	54.00	2018.1	PPT/二维码
30	建筑工程经济(第三版)	978-7-301-28723-1	张宁宁等	36.00	2017.9	PPT/答案/二维码
31	建筑材料与检测	978-7-301-28809-2	陈玉萍	44.00	2017.10	PPT/二维码
32	建筑识图与构造	978-7-301-28876-4	林秋怡等	46.00	2017.11	PPT/二维码
33	建筑工程材料	978-7-301-28982-2	向积波等	42.00	2018.1	PPT/二维码
34	建筑力学与结构(少学时版)(第二版)	978-7-301-29022-4	吴承霞等	46.00	2017.12	PPT/答案
35	建筑工程测量(第三版)	978-7-301-29113-9	张敬伟等	49.00	2018.1	PPT/答案/二维码
36	建筑工程测量实验与实训指导(第三版)	978-7-301-29112-2	张敬伟等	29.00	2018.1	答案/二维码
37	安装工程计量与计价(第四版)	978-7-301-16737-3	冯钢	59.00	2018.1	PPT/答案/二维码
38	建筑工程施工组织设计(第二版)	978-7-301-29103-0	鄢维峰等	37.00	2018.1	PPT/答案/二维码
39	建筑材料与检测(第2版)	978-7-301-25347-2	梅　杨等	35.00	2015.2	PPT/答案/二维码
40	建设工程监理概论（第三版）	978-7-301-28832-0	徐锡权等	44.00	2018.2	PPT/答案/二维码
41	建筑供配电与照明工程	978-7-301-29227-3	羊　梅	38.00	2018.2	PPT/答案/二维码
42	建筑工程资料管理(第二版)	978-7-301-29210-5	孙　刚等	47.00	2018.3	PPT/二维码
43	建设工程法规(第三版)	978-7-301-29221-1	皇甫婧琪	44.00	2018.4	PPT/素材/二维码
44	AutoCAD 建筑制图教程(第三版)	978-7-301-29036-1	郭　慧	49.00	2018.4	PPT/素材/二维码
45	房地产投资分析	978-7-301-27529-0	刘永胜	47.00	2016.9	PPT/二维码
46	建筑施工技术	978-7-301-28756-9	陆艳侠	58.00	2018.1	PPT/二维码
"十二五"职业教育国家规划教材						
1	★建筑工程应用文写作(第2版)	978-7-301-24480-7	赵立等	50.00	2014.8	PPT
2	★土木工程实用力学(第2版)	978-7-301-24681-8	马景善	47.00	2015.7	PPT
3	★建设工程监理(第2版)	978-7-301-24490-6	斯　庆	35.00	2015.1	PPT/答案
4	★建筑节能工程与施工	978-7-301-24274-2	吴明军等	35.00	2015.5	PPT
5	★建筑工程经济(第2版)	978-7-301-24492-0	胡六星等	41.00	2014.9	PPT/答案

序号	书　　名	书　　号	编著者	定价	出版时间	配套情况
6	★建设工程招投标与合同管理(第 3 版)	978-7-301-24483-8	宋春岩	40.00	2014.9	PPT/答案/试题/教案
7	★工程造价概论	978-7-301-24696-2	周艳冬	31.00	2015.1	PPT/答案
8	★建筑工程计量与计价(第 3 版)	978-7-301-25344-1	肖明和等	65.00	2017.1	APP/二维码
9	★建筑工程计量与计价实训(第 3 版)	978-7-301-25345-8	肖明和等	29.00	2015.7	
10	★建筑装饰施工技术(第 2 版)	978-7-301-24482-1	王　军	37.00	2014.7	PPT
11	★工程地质与土力学(第 2 版)	978-7-301-24479-1	杨仲元	41.00	2014.7	PPT
	基础课程					
1	建设法规及相关知识	978-7-301-22748-0	唐茂华等	34.00	2013.9	PPT
2	建筑工程法规实务(第 2 版)	978-7-301-26188-0	杨陈慧等	49.50	2017.6	PPT
3	建筑法规	978-7-301-19371-6	董伟等	39.00	2011.9	PPT
4	建设工程法规	978-7-301-20912-7	王先恕	32.00	2012.7	PPT
5	AutoCAD 建筑绘图教程(第 2 版)	978-7-301-24540-8	唐英敏等	44.00	2014.7	PPT
6	建筑 CAD 项目教程(2010 版)	978-7-301-20979-0	郭　慧	38.00	2012.9	素材
7	建筑工程专业英语(第二版)	978-7-301-26597-0	吴承霞	24.00	2016.2	PPT
8	建筑工程专业英语	978-7-301-20003-2	韩薇等	24.00	2012.2	PPT
9	建筑识图与构造(第 2 版)	978-7-301-23774-8	郑贵超	40.00	2014.2	PPT/答案
10	房屋建筑构造	978-7-301-19883-4	李少红	26.00	2012.1	PPT
11	建筑识图	978-7-301-21893-8	邓志勇等	35.00	2013.1	PPT
12	建筑识图与房屋构造	978-7-301-22860-9	贠禄等	54.00	2013.9	PPT/答案
13	建筑构造与设计	978-7-301-23506-5	陈玉萍	38.00	2014.1	PPT/答案
14	房屋建筑构造	978-7-301-23588-1	李元玲等	45.00	2014.1	PPT
15	房屋建筑构造习题集	978-7-301-26005-0	李元玲	26.00	2015.8	PPT/答案
16	建筑构造与施工图识读	978-7-301-24470-8	南学平	52.00	2014.8	PPT
17	建筑工程识图实训教程	978-7-301-26057-9	孙　伟	32.00	2015.12	PPT
18	建筑制图习题集(第 2 版)	978-7-301-24571-2	白丽红	25.00	2014.8	
19	◎建筑工程制图(第 2 版)(附习题册)	978-7-301-21120-5	肖明和	48.00	2012.8	PPT
20	建筑制图与识图(第 2 版)	978-7-301-24386-2	曹雪梅	38.00	2015.8	PPT
21	建筑制图与识图习题册	978-7-301-18652-7	曹雪梅等	30.00	2011.4	
22	建筑制图与识图(第二版)	978-7-301-25834-7	李元玲	32.00	2016.9	PPT
23	建筑制图与识图习题集	978-7-301-20425-2	李元玲	24.00	2012.3	PPT
24	新编建筑工程制图	978-7-301-21140-3	方筱松	30.00	2012.8	PPT
25	新编建筑工程制图习题集	978-7-301-16834-9	方筱松	22.00	2012.8	
	建筑施工类					
1	建筑工程测量	978-7-301-19992-3	潘益民	38.00	2012.2	PPT
2	建筑工程测量	978-7-301-28757-6	赵　昕	50.00	2018.1	PPT/二维码
3	建筑工程测量实训(第 2 版)	978-7-301-24833-1	杨凤华	34.00	2015.3	答案
4	建筑工程测量	978-7-301-22485-4	景　铎等	34.00	2013.6	PPT
5	建筑施工技术	978-7-301-16726-7	叶　雯等	44.00	2010.8	PPT/素材
6	建筑施工技术	978-7-301-19997-8	苏小梅	38.00	2012.1	PPT
7	基础工程施工	978-7-301-20917-2	董　伟等	35.00	2012.7	PPT
8	建筑施工技术实训(第 2 版)	978-7-301-24368-8	周晓龙	30.00	2014.7	
9	土木工程力学	978-7-301-16864-6	吴明军	38.00	2010.4	PPT
10	PKPM 软件的应用(第 2 版)	978-7-301-22625-4	王　娜等	34.00	2013.6	
11	◎建筑结构(第 2 版)(上册)	978-7-301-21106-9	徐锡权	41.00	2013.4	PPT/答案
12	◎建筑结构(第 2 版)(下册)	978-7-301-22584-4	徐锡权	42.00	2013.6	PPT/答案
13	建筑结构学习指导与技能训练(上册)	978-7-301-25929-0	徐锡权	28.00	2015.8	PPT
14	建筑结构学习指导与技能训练(下册)	978-7-301-25933-7	徐锡权	28.00	2015.8	PPT
15	建筑结构	978-7-301-19171-2	唐春平等	41.00	2011.8	PPT
16	建筑结构基础	978-7-301-21125-0	王中发	36.00	2012.8	PPT
17	建筑结构原理及应用	978-7-301-18732-6	史美东	45.00	2012.8	PPT
18	建筑结构与识图	978-7-301-26935-0	相秉志	37.00	2016.2	
19	建筑力学与结构	978-7-301-20988-2	陈水广	32.00	2012.8	PPT
20	建筑力学与结构	978-7-301-23348-1	杨丽君等	44.00	2014.1	PPT
21	建筑结构与施工图	978-7-301-22188-4	朱希文等	35.00	2013.3	PPT
22	建筑材料(第 2 版)	978-7-301-24633-7	林祖宏	35.00	2014.8	PPT
23	建筑材料检测试验指导	978-7-301-16729-8	王美芬等	18.00	2010.10	
24	建筑材料与检测(第二版)	978-7-301-26550-5	王　辉	40.00	2016.1	PPT
25	建筑材料与检测试验指导(第二版)	978-7-301-28471-1	王　辉	23.00	2017.7	PPT

序号	书　　名	书　　号	编著者	定价	出版时间	配套情况
26	建筑材料选择与应用	978-7-301-21948-5	申淑荣等	39.00	2013.3	PPT
27	建筑材料检测实训	978-7-301-22317-8	申淑荣等	24.00	2013.4	
28	建筑材料	978-7-301-24208-7	任晓菲	40.00	2014.7	PPT/答案
29	建筑材料检测试验指导	978-7-301-24782-2	陈东佐等	20.00	2014.9	PPT
30	建筑工程商务标编制实训	978-7-301-20804-5	钟振宇	35.00	2012.7	PPT
31	◎地基与基础(第2版)	978-7-301-23304-7	肖明和等	42.00	2013.11	PPT/答案
32	地基与基础	978-7-301-16130-2	孙平平等	26.00	2010.10	PPT
33	地基与基础实训	978-7-301-23174-6	肖明和等	25.00	2013.10	PPT
34	土力学与地基基础	978-7-301-23675-8	叶火炎等	35.00	2014.1	PPT
35	土力学与基础工程	978-7-301-23590-4	宁培淋等	32.00	2014.1	PPT
36	土力学与地基基础	978-7-301-25525-4	陈东佐	45.00	2015.2	PPT/答案
37	建筑工程质量事故分析(第2版)	978-7-301-22467-0	郑文新	32.00	2013.9	PPT
38	建筑工程施工组织实训	978-7-301-18961-0	李源清	40.00	2011.6	PPT
39	建筑施工组织与进度控制	978-7-301-21223-3	张廷瑞	36.00	2012.9	PPT
40	建筑施工组织项目式教程	978-7-301-19901-5	杨红玉	44.00	2012.1	PPT/答案
41	钢筋混凝土工程施工与组织	978-7-301-19587-1	高　雁	32.00	2012.5	PPT
42	建筑施工工艺	978-7-301-24687-0	李源清等	49.50	2015.1	PPT/答案
工程管理类						
1	建筑工程经济	978-7-301-24346-6	刘晓丽等	38.00	2014.7	PPT/答案
2	施工企业会计(第2版)	978-7-301-24434-0	辛艳红等	36.00	2014.7	PPT/答案
3	建筑工程项目管理(第2版)	978-7-301-26944-2	范红岩等	42.00	2016. 3	PPT
4	建设工程项目管理(第二版)	978-7-301-24683-2	王　辉	36.00	2014.9	PPT/答案
5	建设工程项目管理(第2版)	978-7-301-28235-9	冯松山等	45.00	2017.6	PPT
6	建筑施工组织与管理(第2版)	978-7-301-22149-5	翟丽旻等	43.00	2013.4	PPT/答案
7	建设工程合同管理	978-7-301-22612-4	刘庭江	46.00	2013.6	PPT/答案
8	建筑工程招投标与合同管理	978-7-301-16802-8	程超胜	30.00	2012.9	PPT
9	工程招投标与合同管理实务	978-7-301-19035-7	杨甲奇等	48.00	2011.8	PPT
10	工程招投标与合同管理实务	978-7-301-19290-0	郑文新等	43.00	2011.8	PPT
11	建设工程招投标与合同管理实务	978-7-301-20404-7	杨云会等	42.00	2012.4	PPT/答案/习题
12	工程招投标与合同管理	978-7-301-17455-5	文新平	37.00	2012.9	PPT
13	工程项目招投标与合同管理(第2版)	978-7-301-24554-5	李洪军等	42.00	2014.8	PPT/答案
14	建设工程监理概论	978-7-301-15518-9	曾庆军等	24.00	2009.9	PPT
15	建筑工程安全管理(第2版)	978-7-301-25480-6	宋　健等	42.00	2015.8	PPT/答案
16	施工项目质量与安全管理	978-7-301-21275-2	钟汉华	45.00	2012.10	PPT/答案
17	工程造价控制(第2版)	978-7-301-24594-1	斯　庆	32.00	2014.8	PPT/答案
18	工程造价管理(第二版)	978-7-301-27050-9	徐锡权等	44.00	2016.5	PPT
19	工程造价控制与管理	978-7-301-19366-2	胡新萍等	30.00	2011.11	PPT
20	建筑工程造价管理	978-7-301-20360-6	柴　琦等	27.00	2012.3	PPT
21	工程造价管理(第2版)	978-7-301-28269-4	曾　浩等	38.00	2017.5	PPT/答案
22	工程造价案例分析	978-7-301-22985-9	甄　凤	30.00	2013.8	PPT
23	建设工程造价控制与管理	978-7-301-24273-5	胡芳珍等	38.00	2014.6	PPT/答案
24	◎建筑工程造价	978-7-301-21892-1	孙咏梅	40.00	2013.2	PPT
25	建筑工程计量与计价	978-7-301-26570-3	杨建林	46.00	2016.1	PPT
26	建筑工程计量与计价综合实训	978-7-301-23568-3	龚小兰	28.00	2014.1	
27	建筑工程估价	978-7-301-22802-9	张　英	43.00	2013.8	PPT
28	安装工程计量与计价综合实训	978-7-301-23294-1	成春燕	49.00	2013.10	素材
29	建筑安装工程计量与计价	978-7-301-26004-3	景巧玲等	56.00	2016.1	PPT
30	建筑安装工程计量与计价实训(第2版)	978-7-301-25683-1	景巧玲等	36.00	2015.7	
31	建筑水电安装工程计量与计价(第二版)	978-7-301-26329-7	陈连姝	51.00	2016.1	PPT
32	建筑与装饰装修工程工程量清单(第2版)	978-7-301-25753-1	翟丽旻等	36.00	2015.5	PPT
33	建筑工程清单编制	978-7-301-19387-7	叶晓容	24.00	2011.8	PPT
34	建设项目评估(第二版)	978-7-301-28708-8	高志云等	38.00	2017.9	PPT
35	钢筋工程清单编制	978-7-301-20114-5	贾莲英	36.00	2012.2	PPT
36	建筑装饰工程预算(第2版)	978-7-301-25801-9	范菊雨	44.00	2015.7	PPT
37	建筑装饰工程计量与计价	978-7-301-20055-1	李茂英	42.00	2012.2	PPT
38	建筑工程安全技术与管理实务	978-7-301-21187-8	沈万岳	48.00	2012.9	PPT
建筑设计类						
1	建筑装饰CAD项目教程	978-7-301-20950-9	郭　慧	35.00	2013.1	PPT/素材

序号	书　名	书　号	编著者	定价	出版时间	配套情况
2	建筑设计基础	978-7-301-25961-0	周圆圆	42.00	2015.7	
3	室内设计基础	978-7-301-15613-1	李书青	32.00	2009.8	PPT
4	建筑装饰材料(第2版)	978-7-301-22356-7	焦　涛等	34.00	2013.5	PPT
5	设计构成	978-7-301-15504-2	戴碧锋	30.00	2009.8	PPT
6	设计色彩	978-7-301-21211-0	龙黎黎	46.00	2012.9	PPT
7	设计素描	978-7-301-22391-8	司马金桃	29.00	2013.4	PPT
8	建筑素描表现与创意	978-7-301-15541-7	于修国	25.00	2009.8	
9	3ds Max 效果图制作	978-7-301-22870-8	刘　晗等	45.00	2013.7	PPT
10	Photoshop 效果图后期制作	978-7-301-16073-2	脱忠伟等	52.00	2011.1	素材
11	3ds Max & V-Ray 建筑设计表现案例教程	978-7-301-25093-8	郑恩峰	40.00	2014.12	PPT
12	建筑表现技法	978-7-301-19216-0	张　峰	32.00	2011.8	PPT
13	装饰施工读图与识图	978-7-301-19991-6	杨丽君	33.00	2012.5	PPT
	规划园林类					
1	居住区景观设计	978-7-301-20587-7	张群成	47.00	2012.5	PPT
2	居住区规划设计	978-7-301-21031-4	张　燕	48.00	2012.8	PPT
3	园林植物识别与应用	978-7-301-17485-2	潘利等	34.00	2012.9	PPT
4	园林工程施工组织管理	978-7-301-22364-2	潘利等	35.00	2013.4	PPT
5	园林景观计算机辅助设计	978-7-301-24500-2	于化强等	48.00	2014.8	PPT
6	建筑·园林·装饰设计初步	978-7-301-24575-0	王金贵	38.00	2014.10	PPT
	房地产类					
1	房地产开发与经营(第2版)	978-7-301-23084-8	张建中等	33.00	2013.9	PPT/答案
2	房地产估价(第2版)	978-7-301-22945-3	张　勇等	35.00	2013.9	PPT/答案
3	房地产估价理论与实务	978-7-301-19327-3	褚菁晶	35.00	2011.8	PPT/答案
4	物业管理理论与实务	978-7-301-19354-9	裴艳慧	52.00	2011.9	PPT
5	房地产营销与策划	978-7-301-18731-9	应佐萍	42.00	2012.8	PPT
6	房地产投资分析与实务	978-7-301-24832-4	高志云	35.00	2014.9	PPT
7	物业管理实务	978-7-301-27163-6	胡大见	44.00	2016.6	
	市政与路桥					
1	市政工程施工图案例图集	978-7-301-24824-9	陈亿琳	43.00	2015.3	PDF
2	市政工程计价	978-7-301-22117-4	彭以舟等	39.00	2013.3	PPT
3	市政桥梁工程	978-7-301-16688-8	刘　江等	42.00	2010.8	PPT/素材
4	市政工程材料	978-7-301-22452-6	郑晓国	37.00	2013.5	PPT
5	道桥工程材料	978-7-301-21170-0	刘水林等	43.00	2012.9	PPT
6	路基路面工程	978-7-301-19299-3	偶昌宝等	34.00	2011.8	PPT/素材
7	道路工程技术	978-7-301-19363-1	刘　雨等	33.00	2011.12	PPT
8	城市道路设计与施工	978-7-301-21947-8	吴颖峰	39.00	2013.1	PPT
9	建筑给排水工程技术	978-7-301-25224-6	刘　芳等	46.00	2014.12	PPT
10	建筑给水排水工程	978-7-301-20047-6	叶巧云	38.00	2012.2	PPT
11	数字测图技术	978-7-301-22656-8	赵　红	36.00	2013.6	PPT
12	数字测图技术实训指导	978-7-301-22679-7	赵　红	27.00	2013.6	PPT
13	道路工程测量(含技能训练手册)	978-7-301-21967-6	田树涛等	45.00	2013.2	PPT
14	道路工程识图与 AutoCAD	978-7-301-26210-8	王容玲等	35.00	2016.1	PPT
	交通运输类					
1	桥梁施工与维护	978-7-301-23834-9	梁　斌	50.00	2014.2	PPT
2	铁路轨道施工与维护	978-7-301-23524-9	梁　斌	36.00	2014.1	PPT
3	铁路轨道构造	978-7-301-23153-1	梁　斌	32.00	2013.10	PPT
4	城市公共交通运营管理	978-7-301-24108-0	张洪满	40.00	2014.5	PPT
5	城市轨道交通车站行车工作	978-7-301-24210-0	操　杰	31.00	2014.7	PPT
6	公路运输计划与调度实训教程	978-7-301-24503-3	高福军	31.00	2014.7	PPT/答案
	建筑设备类					
1	建筑设备识图与施工工艺(第2版)(新规范)	978-7-301-25254-3	周业梅	44.00	2015.12	PPT
2	水泵与水泵站技术	978-7-301-22510-3	刘振华	40.00	2013.5	PPT
3	智能建筑环境设备自动化	978-7-301-21090-1	余志强	40.00	2012.8	PPT
4	流体力学及泵与风机	978-7-301-25279-6	王　宁等	35.00	2015.1	PPT/答案

注：为"互联网+"创新规划教材；★为"十二五"职业教育国家规划教材；◎为国家级、省级精品课程配套教材，省重点教材。相关教学资源如电子课件、习题答案、样书等可通过以下方式联系我们。

联系方式：010-62756290，010-62750667，yxlu@pup.cn，pup_6@163.com，欢迎来电咨询。